面向数字化时代高等学校计算机系列教材

计算机科学导论

申艳光 薛红梅 编著

清华大学出版社
北京

内 容 简 介

本书以"导知识、导意识、导思维"为编写宗旨,既对于计算机学科进行科学化和系统化的描述,为读者搭起计算机学科知识体系框架;又注重展现计算机学科的思维方式,以提高读者的计算思维能力、计算意识、计算能力和可持续发展的能力。本书分理论篇和项目实例与实训篇,其中理论篇共7章,内容包括认识计算文化与计算思维、0和1的思维——信息在计算机内的表示、系统思维——计算机系统基础、算法思维、数据思维、网络化思维、伦理思维与职业素养,阐述现代工程师应具备的素质要求,每章后还有基础知识练习和能力拓展与训练题,从多方位、多角度培养学生的工程能力;项目实例与实训篇共3章,内容包括常用办公软件的功能讲解和相应的实验实训。为便于读者学习,对于一些重点、难点和抽象的知识点,本书提供了动画短片和小视频,可以通过扫描二维码进行在线学习,此外还配备教学课件。

本书既可作为大中专院校和相关计算机技术培训的教材,也可作为办公自动化从业人员的参考用书。

版权所有,侵权必究。举报:010-62782989,beiqinquan@tup.tsinghua.edu.cn。

图书在版编目(CIP)数据

计算机科学导论/申艳光,薛红梅编著.--北京:清华大学出版社,2024.9.--(面向数字化时代高等学校计算机系列教材). -- ISBN 978-7-302-66824-4

Ⅰ.TP3

中国国家版本馆 CIP 数据核字第 2024SE9338 号

责任编辑:龙启铭
封面设计:刘 键
责任校对:徐俊伟
责任印制:刘海龙

出版发行:清华大学出版社
    网　　址:https://www.tup.com.cn,https://www.wqxuetang.com
    地　　址:北京清华大学学研大厦 A 座 邮　编:100084
    社 总 机:010-83470000 邮　购:010-62786544
    投稿与读者服务:010-62776969,c-service@tup.tsinghua.edu.cn
    质量反馈:010-62772015,zhiliang@tup.tsinghua.edu.cn
    课件下载:https://www.tup.com.cn,010-83470236
印 装 者:三河市铭诚印务有限公司
经　　销:全国新华书店
开　　本:185mm×260mm 印　张:13.5 字　数:333 千字
版　　次:2024 年 9 月第 1 版 印　次:2024 年 9 月第 1 次印刷
定　　价:39.80 元

产品编号:105088-01

面向数字化时代高等学校计算机系列教材
编审委员会

主　任：

蒋宗礼　教育部高等学校计算机类专业教学指导委员会副主任委员
　　　　国家级教学名师　北京工业大学教授

委　员：（排名不分先后）

陈　兵	陈　武	陈永乐	崔志华	范士喜	方兴军	方志军	高文超
胡鹤轩	黄　河	黄　岚	蒋运承	邝　坚	李向阳	林卫国	刘　昶
毛启容	秦红武	秦磊华	饶　泓	孙副振	王　洁	文继荣	吴　帆
肖　亮	肖鸣宇	谢　明	熊　轲	严斌宇	杨　烜	杨　燕	于元隆
于振华	岳　昆	张桂芸	张　虎	张　锦	张秋实	张兴军	张玉玲
赵喜清	周世杰	周益民					

前言

教育不是注满一桶水,而是点燃一把火,打开一扇门。期望这本书能够点燃读者内心探索信息技术奥秘的火种,帮助读者走向光辉灿烂的未来。

"计算机科学导论"课程是计算机科学、软件工程等学科的专业基础课程,也是电子信息类专业学生了解计算机科学的引导性课程。

作为导论课程,应该导什么?

人之发展,首在思维,一个人的科学思维能力的养成,必然伴随着创新能力的提高。工程师应该具备工程思维、科学思维和系统思维三种思维模式。其中科学思维包括三种:以观察和归纳自然规律为特征的实证思维;以推理和演绎为特征的逻辑思维;以抽象化和自动化为特征的计算思维。计算思维是计算机科学和软件工程学科的灵魂。

因此,本书以"导知识、导意识、导思维"为编写宗旨,既讲授计算机学科的内涵与发展趋势,对于计算机学科进行科学化和系统化的描述,给读者搭起计算机学科知识体系框架;又注重展现计算机学科的思维方式,以提高读者的计算思维能力、计算意识、计算能力和可持续发展的能力。

本书特色如下:

(1) 把计算思维的要素、方法融入问题和案例,从"计算思维导入→算法和数据结构内涵解析→算法策略→算法设计实现"四个层面,通过"警察抓小偷"和"国际会议排座"等各原创案例,在深度和广度上层层递进,实现思维、知识和应用的深度融合。

(2) 实施悦趣化教学法,落实学生主体地位。

将重点和难点内容以"百钱买百鸡"和"公主的婚姻"等自制动画短片的形式呈现。实验操作部分给出了详细操作步骤,力求达到"教师易教、学生乐学、技能实用"的目标。

(3) 围绕现代工程师应具备的素质要求,多方位、多角度培养学生的工程能力。

利用"能力拓展与训练"的"实践与探索""角色模拟""分析与认证"等内容多方位、多角度培养学生的工程能力,包括终身学习能力、团队工作和交流能力、社会及企业环境下构建产品的系统能力、可持续发展的计算机应用能力等。

(4) 将课程思政潜移默化、润物细无声地融入教学内容中。

在书中引领式隐性引入课程思政,引导学生树立正确的"三观",拓展学生科学视野,培养大国工匠精神,提升社会责任感和民族自豪感。实现知识传授、能力培养与价值引领的有机融合。

  本书是河北工程大学和东软教育科技集团有限公司校企合作成果之一。由于作者的水平有限及时间仓促，书中难免存在不足之处，恳请读者批评指正，以使其更臻完善！

编 者

2024 年 1 月

目 录

理 论 篇

第1章 认识计算文化与计算思维 /3

1.1 计算与计算机科学 ······ 3
 1.1.1 计算工具的发展史 ······ 3
 1.1.2 计算文化和计算机科学 ······ 4
1.2 计算思维 ······ 8
 1.2.1 计算思维的概念 ······ 8
 1.2.2 计算思维中的思维方式 ······ 10
 1.2.3 计算思维的本质 ······ 11
1.3 计算模型与计算机 ······ 13
 1.3.1 图灵机 ······ 13
 1.3.2 冯·诺依曼机 ······ 14
 1.3.3 计算机的发展 ······ 15
 1.3.4 计算机的特点 ······ 16
 1.3.5 计算机的分类 ······ 16
基础知识练习 ······ 18
能力拓展与训练 ······ 18

第2章 0和1的思维——信息在计算机内的表示 /19

2.1 数值的表示 ······ 19
2.2 字符编码 ······ 25
2.3 汉字编码 ······ 27
2.4 多媒体信息的表示 ······ 29
 2.4.1 多媒体技术的基本概念 ······ 29
 2.4.2 多媒体处理的关键技术 ······ 29
基础知识练习 ······ 31
能力拓展与训练 ······ 31

第3章 系统思维——计算机系统基础 /32

3.1 计算机系统的基本概念 ······ 32

    3.1.1 计算机硬件系统……………………………………………………… 32
    3.1.2 计算机软件系统……………………………………………………… 33
  3.2 计算机操作系统…………………………………………………………… 37
    3.2.1 操作系统的基本概念与作用………………………………………… 37
    3.2.2 操作系统用户接口…………………………………………………… 38
    3.2.3 常用的操作系统……………………………………………………… 39
    3.2.4 操作系统的管理功能………………………………………………… 40
    3.2.5 操作系统中的计算思维……………………………………………… 42
    3.2.6 我国操作系统的发展………………………………………………… 42
  3.3 文件管理系统……………………………………………………………… 43
    3.3.1 文件与文件系统……………………………………………………… 43
    3.3.2 文件的命名…………………………………………………………… 44
    3.3.3 文件目录与目录结构………………………………………………… 45
  3.4 处理器系统………………………………………………………………… 47
    3.4.1 处理器的结构组成…………………………………………………… 47
    3.4.2 CPU 的主要性能指标………………………………………………… 48
    3.4.3 计算机的基本工作原理……………………………………………… 48
  3.5 存储器系统………………………………………………………………… 50
    3.5.1 存储单位……………………………………………………………… 50
    3.5.2 内存储器……………………………………………………………… 50
    3.5.3 外存储器……………………………………………………………… 51
    3.5.4 存储体系……………………………………………………………… 53
  3.6 总线、主板和输入/输出系统……………………………………………… 54
    3.6.1 总线系统……………………………………………………………… 54
    3.6.2 系统主板……………………………………………………………… 55
    3.6.3 输入/输出设备………………………………………………………… 56
    3.6.4 计算机的启动过程…………………………………………………… 58
  基础知识练习……………………………………………………………………… 60
  能力拓展与训练…………………………………………………………………… 60

第 4 章 算法思维 /62

  4.1 算法的概念………………………………………………………………… 62
    4.1.1 什么是算法…………………………………………………………… 62
    4.1.2 算法的分类…………………………………………………………… 62
    4.1.3 算法应具备的特征…………………………………………………… 63
  4.2 算法的设计与分析………………………………………………………… 63
    4.2.1 问题求解的步骤……………………………………………………… 63
    4.2.2 数学建模……………………………………………………………… 64
    4.2.3 算法的描述…………………………………………………………… 65

  4.2.4 常用的算法设计策略 ·············· 68
  4.2.5 算法分析 ·············· 80
4.3 算法的实现——程序设计语言 ·············· 82
  4.3.1 程序设计语言的分类 ·············· 82
  4.3.2 语言处理程序 ·············· 83
  4.3.3 常用的高级语言 ·············· 84
基础知识练习 ·············· 86
能力拓展与训练 ·············· 87

第 5 章 数据思维 /88

5.1 数据的组织和管理 ·············· 88
  5.1.1 数据结构 ·············· 88
  5.1.2 文件系统和数据库 ·············· 93
5.2 挖掘数据的潜在价值——数据挖掘与数据仓库 ·············· 95
  5.2.1 大数据 ·············· 96
  5.2.2 数据挖掘 ·············· 98
  5.2.3 数据仓库 ·············· 99
基础知识练习 ·············· 100
能力拓展与训练 ·············· 100

第 6 章 网络化思维 /101

6.1 计算机网络的基本知识 ·············· 101
  6.1.1 计算机网络的基本概念 ·············· 101
  6.1.2 计算机网络硬件 ·············· 102
6.2 计算机网络软件 ·············· 105
  6.2.1 计算机网络软件的组成 ·············· 105
  6.2.2 计算机网络协议的概念 ·············· 105
  6.2.3 OSI/RM 参考模型 ·············· 105
  6.2.4 TCP/IP ·············· 106
6.3 Internet 概述 ·············· 108
  6.3.1 Internet 的 IP 地址 ·············· 108
  6.3.2 Internet 的域名系统 ·············· 109
  6.3.3 Internet 提供的主要服务 ·············· 111
基础知识练习 ·············· 112
能力拓展与训练 ·············· 113

第 7 章 伦理思维与职业素养 /114

7.1 工程伦理 ·············· 114
  7.1.1 工程伦理关注的主要问题 ·············· 114

  7.1.2　处理工程伦理问题的基本原则 …………………………………………… 114
  7.1.3　工程中的风险与防范 …………………………………………………………… 115
  7.1.4　工程活动中的环境伦理 ………………………………………………………… 116
 7.2　信息伦理 …………………………………………………………………………………… 117
  7.2.1　尊重知识产权 …………………………………………………………………… 117
  7.2.2　尊重隐私 ………………………………………………………………………… 119
  7.2.3　公平参与 ………………………………………………………………………… 120
  7.2.4　无害和道德性 …………………………………………………………………… 120
 7.3　以道驭术——IT 工程师的道德修养 ……………………………………………………… 120
  7.3.1　IT 工程师的责任 ………………………………………………………………… 120
  7.3.2　信息产业人员道德规范 ………………………………………………………… 123
  7.3.3　IT 工程师的职业美德 …………………………………………………………… 124
 7.4　科技文献检索与写作 ……………………………………………………………………… 126
  7.4.1　文献检索 ………………………………………………………………………… 126
  7.4.2　文献阅读 ………………………………………………………………………… 129
  7.4.3　技术文档的编写 ………………………………………………………………… 130
  7.4.4　科技论文的撰写 ………………………………………………………………… 132
基础知识练习 ………………………………………………………………………………………… 136
能力拓展与训练 ……………………………………………………………………………………… 137
课程大作业 …………………………………………………………………………………………… 137

项目实例与实训篇

第 8 章　WPS 文字处理　　/141

 8.1　认识 WPS 文字 …………………………………………………………………………… 141
 8.2　文档基本操作 ……………………………………………………………………………… 142
  8.2.1　文档的基本操作 ………………………………………………………………… 142
  8.2.2　文档的编辑操作 ………………………………………………………………… 143
  8.2.3　查找与替换 ……………………………………………………………………… 144
 8.3　项目实例：求职档案 ……………………………………………………………………… 145
  8.3.1　项目实例要求 …………………………………………………………………… 145
  8.3.2　项目实例实现 …………………………………………………………………… 146
  8.3.3　项目实例进阶 …………………………………………………………………… 151
  8.3.4　项目实例交流 …………………………………………………………………… 152
 8.4　实验 1：文档编辑排版及表格制作 ……………………………………………………… 152
  8.4.1　基本技能实验 …………………………………………………………………… 152
  8.4.2　实训拓展 ………………………………………………………………………… 155
 8.5　实验 2：图文混排 ………………………………………………………………………… 156
  8.5.1　基本技能实验 …………………………………………………………………… 156

8.5.2 实训拓展 …… 157

第 9 章　WPS 表格处理　　/158

9.1 认识 WPS 表格 …… 158
　9.1.1 WPS 表格工作界面 …… 158
　9.1.2 WPS 表格基本概念 …… 159
9.2 项目实例 1：学生管理 …… 159
　9.2.1 项目实例要求 …… 159
　9.2.2 项目实例实现 …… 160
　9.2.3 项目实例交流 …… 169
9.3 项目实例 2：教师工资管理 …… 170
　9.3.1 项目实例要求 …… 170
　9.3.2 项目实例实现 …… 170
　9.3.3 项目实例进阶 …… 173
　9.3.4 项目实例交流 …… 174
9.4 实验 1：WPS 工作表的基本编辑 …… 174
　9.4.1 基本技能实验 …… 174
　9.4.2 实训拓展 …… 176
9.5 实验 2：WPS 图表的基本操作 …… 178
　9.5.1 基本技能实验 …… 178
　9.5.2 实训拓展 …… 179
9.6 实验 3：WPS 数据库的应用 …… 180
　9.6.1 基本技能实验 …… 180
　9.6.2 实训拓展 …… 182
本章附录　单元格中出现的常见提示信息 …… 183

第 10 章　WPS 演示文稿制作　　/185

10.1 WPS 演示简介 …… 185
10.2 项目实例 1：电子贺卡 …… 186
　10.2.1 项目实例要求 …… 186
　10.2.2 项目实例实现 …… 186
　10.2.3 项目实例进阶 …… 189
　10.2.4 项目实例交流 …… 189
10.3 项目实例 2：公司简介 …… 190
　10.3.1 项目实例要求 …… 190
　10.3.2 项目实例实现 …… 190
　10.3.3 项目实例进阶 …… 195
　10.3.4 项目实例交流 …… 195
10.4 实验：制作演示文稿 …… 195

            10.4.1　基本技能实验 ……………………………………………… 195
            10.4.2　实训拓展 …………………………………………………… 197

第 11 章　综合项目实训　　/199

            11.1.1　综合项目实训目标 ………………………………………… 199
            11.1.2　综合项目实训任务和要求 ………………………………… 199

参考文献　　/201

理 论 篇

知之者不如好之者,好之者不如乐之者。

——孔子《论语》

第1章 认识计算文化与计算思维

1.1 计算与计算机科学

1.1.1 计算工具的发展史

最早的计算工具诞生在中国。中国古代最早采用的一种计算工具叫筹策,又被称为算筹。这种算筹多用竹子制成,也有用木头、兽骨的。约二百七十根一束,放在布袋里可随身携带,如图 1.1 所示。直到今天仍在使用的算盘,是中国古代计算工具领域中的另一项发明,如图 1.2 所示。1982 年,中国的人口普查还使用了算盘作为记数工具,可见,充满智慧的古代中国人是多么伟大。

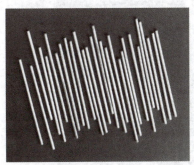
图 1.1 中国的算筹

图 1.2 中国的算盘

后来,基于齿轮技术设计的计算设备,在西方国家逐渐发展成近代机械式计算机。这些机器在灵活性上得到进一步提高,执行算法的能力和效率也大大加强和提高。1642 年,年仅 19 岁的法国物理学家布莱斯·帕斯卡(Blaise Pascal,1623—1662)制造出第一台机械式计算器 Pascaline。这台计算器是手摇的,也称为"手摇计算器",它只能够计算加法和减法,如图 1.3 所示。在这台计算器中有一些互相联锁的齿轮,一个转过十位的齿轮会使另一个齿轮转过一位,人们可以像拨电话号码盘那样,把数字拨进去,计算结果就会出现在另一个窗口中。1694 年,莱布尼兹在德国将其改进成可以进行乘除的计算。

1946 年 2 月,世界上第一台电子数字计算机"埃尼阿克"(ENIAC)在美国宾夕法尼亚大学诞生,其全称是"电子数字积分器和计算器(Electronic Numerical Integrator and Calculator)",如图 1.4 所示。它与以前的计算工具相比,计算速度快、精度高、能按给定的程序自动进行计算。当时美国陆军为了计算兵器的弹道,由美国宾夕法尼亚大学莫尔电机工程学院的约翰·莫奇利(John Mauchly)和约翰·埃克特(J.Presper Eckert)等共同研制而成。设计这台计算机的总工程师埃克特当时年仅 24 岁。ENIAC 共用了 18 000 多只电

图 1.3　法国的机械计算器

子管,重量达 30 吨,占地 170 平方米,每小时耗电 150 千瓦,可谓"庞然大物"。它每秒钟只能作五千次加法运算;存储容量小,而且全部指令还没有存放在存储器中;操作复杂、稳定性差。尽管如此,它标志着科学技术的发展进入了新的时代——电子计算机时代。

图 1.4　第一台电子计算机 ENIAC

1.1.2　计算文化和计算机科学

1. 计算与计算文化

计算是依据一定的法则对有关符号串进行变换的过程。

计算的可行性是计算机科学的理论基础。计算的可行性理论起源于对数学基础问题的研究。可计算性理论是计算机科学的理论基础之一。可计算性理论确定了哪些问题可能用计算机解决,哪些问题不可能用计算机解决。

文化可以定义为人类在社会历史发展过程中所创造的物质财富和精神财富的总和,它是一个群体(可以是国家、民族、企业、家庭等)在一定时期内形成的思想、理念、行为、风俗、习惯、代表人物,以及由这个群体整体意识所辐射出来的一切活动。人类在解决应用需求时认识到人脑能力的局限性,促成了计算机这种工具的诞生,人类社会的生存方式也因使用计算机而发生了根本性变化,从而产生的一种新的文化形态——计算文化(Computational Culture),它是计算思想、精神、方法、观点等形成和发展的演变史。

思维方式是由文化衍生的，不同的文化决定了不同的思维和行为模式。比如，计算机诞生于西方，它的文化含有西方文化的烙印；又如，计算机软件就是一种固化的人类思维，反映了人类的思维和智能，所以，软件也蕴涵着文化。

> **思考与探索**
>
> 感悟计算文化的思想特点，在使用计算机过程中注重捕捉其经验规律和应用模式，将大大提高人类利用计算机进行问题求解的能力和效率。

2. 计算机科学

IT 行业的教育是 20 世纪 40 年代逐渐发展起来的，包括计算机科学与技术学科和软件工程学科等。

1）计算机科学与技术学科

（1）计算机科学与技术学科的概况。计算机科学与技术（Computer Science and Technology）是 20 世纪 40 年代创建并迅速发展的科学技术领域，主要围绕计算机的设计与制造，以及信息获取、标识、存储、处理、传输和利用等领域，重点开展理论、原则、方法、技术、系统和应用等方面的研究。

计算机的历史作用可以概括为：开辟了一个新时代——信息时代；发展了一类新产业——信息产业；创立了一门新学科——计算机科学与技术；形成了一种新文化——计算文化。计算机的划时代意义是把人类社会从工业时代推向信息时代，从物质产业时代推向信息产业时代，直至走向知识经济时代。

早在现代计算机问世之前，人们就在不断探索计算与计算装置的原理、结构和实现方法。20 世纪 40 年代，由于电子技术和计算理论取得重大进展，数字电子计算机应运而生，计算机科学与技术学科也随之发展起来。计算机科学与技术作为独立的科学研究领域从 20 世纪 50 至 60 年代开始逐渐被学术界认可。目前，计算机已经得到普遍应用，是信息社会的主要推动力量，计算也已成为人类探索未知领域的有效途径和重要手段，为人类认识世界、改造世界提供了更广阔的视野和独特的实验和分析方法，成为人类生活不可缺少、现代文明赖以生存的重要科学与技术领域之一。

近几十年来，计算机科学与技术发展迅速。器件上已从电子管计算机发展成超大规模集成电路计算机系统；系统结构上已从单一处理装置发展成多处理机系统、多媒体系统、并行分布式系统及网络系统；软件上已从机器语言发展成高级语言，从手工技艺性程序设计发展到工程化的软件设计；系统接口上已从低速单一功能发展到多样化的人机接口和挂网外围接口；应用上已从单纯处理数据发展到处理数据、媒体和知识，从科学计算拓展到现代科学技术各个领域、现代社会各个部门和现代生活各个方面；理论上已从对单纯的计算模型的深入研究拓展到对计算机系统理论、软件理论、计算机复杂性理论和计算机应用技术理论的研究。

进入 21 世纪，随着世界新技术革命的迅猛发展，计算机科学与技术也在不断发展，并支撑了其他学科（如生物、制药、化学、物理等）的进步，继续保持了在高新科技领域的重要地位，在推动原始创新、促进学科交叉与融合方面扮演着重要角色。计算机科学与技术在 21 世纪必将取得更大的进步，为开拓人类的认知空间提供更强大的手段与条件，并对整个科学技术和经济发展做出更大的贡献。

（2）计算机科学与技术学科的内涵。在计算机科学中，当一个问题的描述及其求解方法或求解过程可以用构造性数学来描述，而且该问题所涉及的论域为有穷或虽为无穷但存在有穷表示时，则该问题就一定能用计算机来求解，所以计算机科学研究和解决的是什么能计算且被有效地自动计算的问题。每个科学学科都有其所谓的"终极"问题。计算机科学的"终极"问题被认为是"什么可以被自动地计算？"。

计算机科学与技术是国家一级学科，下设信息安全、软件工程、计算机软件与理论、计算机系统结构、计算机应用技术、计算机技术等专业。

计算机科学与技术围绕计算机的设计与制造，以及信息获取、标识、存储、处理、传输和利用等领域方向，主要开展理论、原则、方法、技术、系统和应用等方面的研究。它包括科学与工程技术两方面，两者互为作用，高度融合，这是计算机科学与技术学科的突出特点。

计算机科学与技术的基本内容可概括为计算机科学理论、计算机软件、计算机硬件、计算机系统结构、计算机应用技术、计算机网络与信息安全等领域。

计算机科学与技术学科的理论基础包括数学、计算理论、信息与编码理论、自动机论与形式语言理论、程序理论、形式语义学、算法分析和计算复杂度理论、数据结构、编程语言理论及并发、并行与分布处理理论等。

计算机科学与技术在认识和解决实际问题的过程中，学科的研究方法论也不断发展和完善，主要包括以下三种方法学。

- 理论方法：主要是运用数学、计算理论、算法复杂性等理论体系解决理论问题。
- 系统方法：主要运用系统设计与实现的方法解决实际应用问题。
- 实验方法：主要运用各种计算机应用中发现的问题进行验证并发现新问题。

对计算机科学与技术而言，需要特别强调理论与实践相结合，即在实际的系统中不断总结经验和教训，提高设计、制造和利用的水平。

2）软件工程学科

（1）软件工程学科的概况。软件工程经过 40 余年的发展，形成了软件工程领域的基础理论、工程方法与技术体系，完善了软件工程教育体系，具备了学科的完整性和教育学特色，具有广泛的研究领域和研究方向，作为独立学科为软件产业发展提供了理论、技术与人才支撑。

1968 年，在德国举行的 NATO 软件工程会议上，为应对"软件危机"的挑战，"软件工程"术语被首次提出。在这个时期，具有代表性的软件工程定义是"为了经济地获得在真实机器上可靠工作的软件而制定和使用的合理工程原则和方法"。

1975 年，电气与电子工程师协会（IEEE）第一次出版了《软件工程学报》。此后，软件工程这个术语被广泛用于工业、政府和学术界，众多的出版物、团体和组织、专业会议在它们的名称中开始使用软件工程这个术语，很多大学的计算机科学系先后开设了软件工程课程。

20 世纪 80 年代末到 20 世纪 90 年代初，基于瀑布模型的软件开发过程和结构化过程语言编程范型占主导地位，软件工程研究在软件需求分析、软件设计、软件测试、软件质量保证、软件过程改进等多个子领域得到深化和扩展，形成了软件工程学科的雏形。

同期，软件工程教育得到卡内基·梅隆大学软件工程研究所的培育和支持。该研究所调查软件工程教育的现状，出版软件工程推荐教材，在卡内基·梅隆大学建立软件工程硕士教育计划，并组织和推动软件工程教育者研讨会。

1991年，ACM和IEEE-CS的计算学科教程CC1991专题组将软件工程列为计算学科的九个知识领域之一。1993年，IEEE-CS和ACM为了将软件工程建设成一个专业，建立了IEEE-CS/ACM联合指导委员会。随后，该指导委员会被软件工程协调委员会（SWECC）替代。

2004年8月，全世界500多位来自大学、科研机构和企业界的专家、学者编写了《软件工程知识体系（SWEBOK）》和《软件工程教育知识体系（SEEK）》，标志着软件工程学科在世界范围正式确立，并在本科教育层次上迅速发展。

进入21世纪，以互联网为核心的网络与应用得到快速发展，信息技术的应用模式发生了巨大变化。在开放、动态、复杂的网络环境中，灵活、可信、协同的计算资源、数据资源、软件资源、服务资源等各种信息资源的共享和利用，无处不在的普适计算，主动可信的服务计算等，均对软件工程提出了巨大挑战。围绕服务计算、云计算、社会计算、可信计算、移动互联网、物联网、信息物理融合系统等新型计算和应用模式，展开应用导向的软件工程研究成为主流趋势。另外，软件工程经过数十年的研究与实践，积累了海量的软件及相关数据，整理和分析这些数据，发现和总结软件产品、人员、工具、活动的特点及其所反映的软件工程实践效果，成为近几年软件工程的研究热点，这不仅能够提炼与完善软件工程的理论、方法和技术，还能支撑软件工程在新型计算和应用模式中的进一步发展。

(2) 软件工程学科的内涵。软件是对客观世界中的问题空间与解空间的具体描述，它追求的是表达能力强、符合人类思维模式、具有构造性和易演化性的计算模型。工程是综合应用科学理论和技术手段，改造客观世界的具体实践活动及其成果。软件工程是以计算机科学理论和技术以及工程管理原则和方法等为基础，研究软件开发、运行和维护的系统性、规范化的方法和技术，或以之为研究对象的学科。

软件工程的研究对象是软件系统，其学科涵盖科学与工程两个方面。其中，科学研究的重点在于如何发现软件构造、运行和演化的基本规律，以应对当今软件所面临的复杂性、开放性和可信性等一系列重要挑战；而工程的重点在于综合应用包括科学方法在内的各种方法，运用各种科学知识，经济高效地构建可靠易用的产品。

软件工程知识体系主要包括软件需求、软件设计、软件构造、软件测试、软件维护、软件配置管理、软件工程管理、软件工程过程、软件工程工具和方法、软件质量等知识域。

软件工程的理论基础主要是计算机科学中的程序理论和计算理论，以及求解问题的数学理论与方法，既关注构造软件的理论、模型与算法及其在软件开发与维护中的应用，也关注求解问题的数学理论与方法及其在软件建模、分析、设计和验证中的应用。

软件工程学科的方法论基础主要是系统工程、管理学和经济学等，重点关注软件系统的复杂性问题，涉及大型复杂软件系统开发、运行与维护的原则和方法。由于软件的特殊性，软件工程与传统的工程学有所不同。软件工程更关注抽象、建模、信息组织和表示、变更管理等，在软件的设计阶段必须考虑软件实现和质量控制，而且持续进化是软件的重要特征。同时，过程管理、质量保证、成本进度计划与控制等也是软件工程方法论的重要组成部分。

软件的渗透性和软件的服务性，不断催生新学科和新产业。软件工程的研究必须与实际应用领域相结合，形成面向领域和面向服务的理论、方法与技术，涉及科学计算、信息系统与数据处理、嵌入式与实时计算、工业过程控制、移动计算、云计算、物联网、大数据、媒体计算等技术领域，以及生物医学、金融与电子商务、电子政务、电信、航空与航天、交通、国防、游戏与娱乐、社交网络等应用领域的相关理论。

1.2 计算思维

1.2.1 计算思维的概念

2006年3月，美国卡内基·梅隆大学计算机系主任周以真（Jeannette M.Wing）教授在美国计算机权威杂志 *Communication of the ACM* 上发表并定义了计算思维（Computational Thinking）。她认为：计算思维是运用计算机科学的基础概念进行问题求解、系统设计以及人类行为理解等的涵盖计算机科学领域的一系列思维活动。她指出，计算思维是每个人的基本技能，不仅仅属于计算机科学家。我们应当使每个学生在培养解析能力时不仅掌握阅读、写作和算术（Reading，Writing and Arithmetic，3R），还要学会计算思维。这种思维方式对于学生从事任何事业都是有益的。简单来说，计算思维就是计算机科学解决问题的思维。

无处不在、无事不用的计算思维成为人们认识和解决问题的基本能力之一。计算思维的特性如下。

1. 计算思维是人的思维，而非计算机或其他计算设备的思维

思维是人类所特有的一种属性，也是由疑问引发并以问题解决为终点的一种思想活动。计算思维是用人的思维驾驭以计算设备为核心的技术工具来解决问题的一种思维方式，它以人的思维为主要源泉，而计算设备仅仅是计算运行问题求解的一种必要的物质基础。所以，计算思维是人在解决问题的过程中所反映的思想、方法，并不是计算机或其他计算设备的思维。

2. 计算思维具有双向运动性

计算思维属于思维的一种，具有归纳和演绎的双向运动性。但是，计算思维中的归纳和演绎更多地表现为"抽象"和"分解"——"抽象"是将待解决的问题进行符号标识或系统建模的一种思维过程，算法便是抽象的典型代表；"分解"是将复杂问题合理分解为若干待解决的小问题，予以逐个击破，进而解决整个问题的一种思维过程。

3. 计算思维具有可计算特性

计算思维具有明显的计算机学科所独有的"可计算"特性。采用计算方法进行问题求解的计算思维要求问题求解步骤具备确定性、有效性、有限性、机械性等可计算特性。

计算思维中的"计算"并不仅限于信息加工处理，从计算过程的角度出发，计算是指依据一定法则对有关符号串进行变换的过程，即从已有的符号开始，一步一步地改变符号串，经过有限步骤，最终得到一个满足预定条件的符号串。基于此，可以说计算的本质就是递归。

计算思维的目的在于问题解决。2011年，在美国计算机科学教师协会、国际教育技术协会共同提出的计算思维的操作性定义中，明确指出计算思维是一种问题解决的过程，这一过程包括问题确定、数据分析、抽象表示、算法设计、方案评估、概括迁移六个环节。

计算方法和模型给了人们勇气去处理那些原本无法由任何个人独自完成的问题求解和

系统设计。计算思维直面机器智能的不解之谜。

马克思说:"人类的特性恰恰就是自由的自觉的活动"。自古至今,所有的教育都是为了人的发展。人的发展,首在思维,一个人的科学思维能力的养成,必然伴随着创新能力的提高。工程师应该具备的三种思维模式是工程思维、科学思维和系统思维。而其中科学思维又可以分为三种:以观察和归纳自然(包括人类社会活动)规律为特征的实证思维;以推理和演绎为特征的逻辑思维;以抽象化和自动化为特征的计算思维。

计算思维综合了数学思维(求解问题的方法)、工程思维(设计、评价大型复杂系统)和科学思维(理解可计算性、智能、心理和人类行为)。

计算思维就是把一个看起来困难的问题重新阐述成一个我们知道怎样解的问题,如通过约简、嵌入、转化和仿真的方法。

计算思维是一种递归思维,它是并行处理的思维,它把代码译成数据又把数据译成代码。它评价一个程序时,不仅仅根据其准确性和效率,还有美学的考量,而对于系统的设计,还考虑其简洁和优雅性。

计算思维采用了抽象和分解来解决复杂的任务。它选择合适的方式来陈述一个问题,或者对一个问题的相关方面进行建模使其易于处理。

计算思维是通过冗余、堵错、纠错的方式,在最坏情况下进行预防、保护和恢复的一种思维。计算思维是利用启发式推理来寻求解答。它是在不确定情况下的规划、学习和调度。它是搜索、搜索、再搜索,最后得到的是一系列的网页、一个赢得游戏的策略或者一个反例。计算思维是利用海量的数据来加快计算。它是在时间和空间之间,在处理能力和存储容量之间的权衡。

下面考虑一些日常中的事例:当一位学生早晨去学校时,她把当天需要的东西放进书包,这就是预置和缓存;当一个孩子弄丢他的手套时,你建议他沿走过的路回寻,这就是回推;在什么时候你停止租用滑雪板而为自己买一对,这就是在线算法;在超市付账时你应当去排哪个队,这就是多服务器系统的性能模型;停电时你的电话仍然可用,这就是失败的无关性和设计的冗余性。

我们已见证了计算思维在其他学科中的影响。例如,计算生物学正在改变着生物学家的思考方式。类似地,计算博弈理论正改变着经济学家的思考方式,纳米计算正改变着化学家的思考方式,量子计算正改变着物理学家的思考方式。这种思维将成为每一个人的技能。计算思维是人类除了理论思维、实验思维以外,应具备的第三种思维方式。

计算思维解决的最基本的问题:什么是可计算的?即弄清楚哪些是人类比计算机做得更好的,哪些是计算机比人类做得更好的。即计算思维着重于解决人类与机器各自计算的优势以及问题的可计算性。人类的思维是用有限的步骤去解决问题,讲究优化与简洁;而计算机可以从事大量重复的精确运算,并乐此不疲。

可计算性有七大原则:程序运行、传递、协调、记忆、自动化、评估与设计。

形式化后的问题有算法吗?如果我们对一个形式化后的问题找到了一个算法,就称这个问题是可计算的。在计算科学中,当一个问题的描述及其求解方法或求解过程可以用构造性数学来描述,而且该问题所涉及的认论域为有穷,或虽为无穷但存在有穷表示时,那么这个问题就一定能用计算机来求解。

【例 1-1】 四色问题的解决。

四色问题又称四色猜想,是世界近代三大数学难题之一。四色问题的内容是"任何一张地图只用四种颜色就能使具有共同边界的国家着上不同的颜色。"用数学语言表示,即"将平面任意地细分为不相重叠的区域,每一个区域总可以用 1、2、3、4 这四个数字之一来标记,而不会使相邻的两个区域具有相同的数字。"这里所指的相邻区域,是指有一整段边界是公共的区域。如果两个区域只相遇于一点或有限多点,则是不相邻的,因为此时用相同的颜色给它们着色不会引起混淆。

四色猜想的提出来自英国。1852 年,毕业于伦敦大学的弗南西斯·格思里来到一家科研单位研究地图着色工作时,发现了一种有趣的现象:"看来,每幅地图都可以用四种颜色着色,使得有共同边界的国家都着上不同的颜色。"这个现象能不能从数学上加以严格证明呢?他和当时在大学读书的弟弟决心试一试。兄弟二人为证明这一问题而使用的稿纸已经堆了一大叠,可是研究工作没有进展。

后来美国数学家富兰克林于 1939 年证明了 22 国以内的地图都可以用四色着色。1950年,有人从 22 国推进到 35 国。1960 年,有人又证明了 39 国以下的地图可以只用四种颜色着色;随后又推进到了 50 国。看来这种推进仍然十分缓慢。

高速数字计算机的发明,促使更多数学家对"四色问题"的研究。1976 年 6 月,他们在美国伊利诺伊大学的两台不同的电子计算机上,用了 1200 小时,做了 100 亿次判断,终于完成了四色定理的证明。

四色问题的解决,正是利用了计算机不畏重复、不惧枯燥、快速高效的优势。

1.2.2 计算思维中的思维方式

计算思维主要包括了数学思维、工程思维和科学思维中的逻辑思维、算法思维、网络思维与系统思维方式。其中运用逻辑思维可以精准地描述计算过程;运用算法思维可以有效地构造计算过程;运用网络思维可以有效地组合多个计算过程。

1. 逻辑思维

逻辑思维是人类运用概念、判断、推理等思维类型反映事物本质与规律的认识过程,属于抽象思维,是思维的一种高级形式。其特点是以抽象、判断和推理作为思维的基本形式,以分析、综合、比较、抽象、概括和具体化作为思维的基本过程,揭示事物的本质特征和规律性联系。

【例 1-2】 某团队旅游地点安排问题。

某个团队计划去西藏旅游,除拉萨市之外,还有 6 个城市或景区可供选择:E 市、F 市、G 湖、H 山、I 峰、J 湖。考虑时间、经费、高原环境、人员身体状况等因素,有以下要求:

(1) G 湖和 J 湖中至少要去一处。
(2) 如果不去 E 市或者不去 F 市,则不能去 G 湖游览。
(3) 如果不去 E 市,也就不能去 H 山游览。
(4) 只有越过 I 峰,才能到达 J 湖。

如果由于气候原因,这个团队不去 I 峰,以下哪项一定为真?

A. 该团队去 E 市和 J 湖游览
B. 该团队去 E 市而不去 F 市游览

C. 该团队去 G 湖和 H 山游览

D. 该团队去 F 市和 G 湖游览

答案：D。

逻辑分析：条件(1)G 或 J；条件(2)非 E 或非 F→非 G，即 E 且 F←G；条件(3)非 E→非 H；条件(4)I←J，即非 I→非 J。

已知：非 I，根据条件(4)，非 J；根据条件(1)，非 J，则 G；根据条件(2)，G，则 E 且 F；根据条件(3)，H 不确定。所以，必去 E、F、G；必不去 I、J；H 不定。

生活中逻辑思维的例子很多，比如常见的"数独"游戏等。

2. 算法思维

算法思维具有非常鲜明的计算机科学特征。算法思维是思考使用算法来解决问题的方法。这是学习编写计算机程序时需要掌握的核心技术。

2016 年 3 月，谷歌公司的围棋人工智能 AlphaGo 战胜李世石，总比分定格在 4∶1，标志着此次人机围棋大战，最终以机器的完胜结束。AlphaGo 的胜利，是深度学习的胜利，是算法的胜利。算法无处不在，鼠标的每一次单击，在手机上完成的每一次购物，天上飞的卫星，水里游的潜艇，都正是建立在算法之上。

电影《战国》中，孙膑带着齐国的军队打仗，半路上收留了几百个灾民。齐国的情报系统告诉孙膑，灾民之中有敌国奸细。仓促之间，如何判断谁才是敌人呢？孙军师心生一计，嘱咐手下人煮粥，并在粥里加了很多辣椒。如此味道，一般人肯定是不肯喝的，但灾民就不一样了，都快饿死了，谁还会挑食？下属们纷纷称赞军师神算。计算机有时候也是这么处理问题的。比如五把钥匙中，有一把是正确的，如果一把一把地依次试一下，那么总能开锁，这个例子体现了一种常用的算法——枚举法。

3. 网络思维

网络思维有特定的所指，即强调网络构成的核心是对象之间的互动关系，可以包括基于机器的人机互动（"人-机-人"关系），涉及以虚拟社区为基础的交往模式、传播模式、搜索模式、组织管理模式、科技创新模式等，如社交网络、自媒体、人肉搜索、专业发展共同体；也可以包括机器间的互联（"机-人-机"关系），涉及因特网、物联网、云计算网络等的运作机制，如网络协议、大数据。

4. 系统思维

系统思维就是把认识对象作为系统，从系统与要素、要素与要素、系统与环境的相互联系、相互作用中综合地考察认识对象的一种思维方法。简单来说，就是对事情全面思考，不只是就事论事，把想要达到的结果、实现该结果的过程、过程优化以及对未来的影响等一系列问题作为一个整体系统进行研究。

1.2.3　计算思维的本质

计算思维的本质是抽象（Abstraction）和自动化（Automation）。

抽象指的是将待解决的问题用特定的符号语言标识并使其形式化，从而达到机械执行的目的（自动化），算法就是抽象的具体体现。自动化就是自动执行的过程，它要求被自动执行的对象一定是抽象的、形式化的，只有抽象、形式化的对象经过计算后才能被自动执行。

由此可见，抽象与自动化是相互影响、彼此共生的。

以微波炉为例，使用微波炉的人恐怕没有几个深入了解微波的加热原理、电路通断的控制、计时器的使用等，那些复杂难懂的理论及控制系统，由专家和技术人员负责处理。他们将电器元件封装起来，复杂的理论被简化成说明书上通俗易懂的操作步骤。通过抽象，复杂的问题被转化为可解决的问题。所有可能用到的程序都被提前储存起来，操作者的指令通过按钮转化为信号，从而调用程序进行执行，自动地控制电路的开合、微波的发射，最后将信号转化为热量。

1. 抽象

在计算思维中，抽象思维最为重要的用途是产生各种各样的系统模型，作为解决问题的基础，因此建模是抽象思维更为深入的认识行为。抽象思维是对同类事物去除其现象的次要方面，抽取其共同的主要方面，从个别中把握一般，从现象中把握本质的认知过程和思维方法。在计算机科学中，抽象思维具有科学抽象的一般过程和方法：分离→提纯→区分→命名→约简。"分离"即暂时不考虑事物（研究对象）与其他事物的总体联系。任何一种对象总是处于与其他事物千丝万缕的联系之中，是复杂整体的一部分。但任何具体的科学研究不可能对事物间各种各样的关系都加以考察，必须将研究对象临时"分离"出来。"提纯"就是观察分析隔离出来的现实事物，从"共性中寻找差异，差异中寻找共性"，提取出淹没在各种现象和差异中的"共性"要素。"区分"即对研究对象各方面的要素进行分别，并考虑这种区分的必要性和可行性。"命名"即对每个需要区分的要素赋予恰当的命名，以反映"区分"的结果。命名体现了抽象化是"现实事物的概念化"，以概念的形式命名和区分所理解的要素。"约简"就是撇开非本质要素，以简略的形式（如模型）表达/表征前述"区分"和"命名"要素及其之间的关系，形成"抽象化"的最终结果。

2. 自动化

自动化可从自动执行和自动控制两方面来考察。

（1）自动执行。自动化首先体现为自动执行，即预先设计好的程序或系统可自动运行。这需要一组预定义的指令及预定义的执行顺序，一旦执行，这组指令就可根据安排自动完成某特定任务。这源自冯·诺依曼的预置程序的计算机思想，在电子计算机时代一直被延续。

（2）自动控制。自动执行体现了程序执行后的必然效果，但人机交互并非总是线性的，往往因时而变，程序应能随时响应用户的需要。比较直观的是面向对象程序设计，它提出了事件驱动机制，即"触发-响应"机制：程序通过事件接收用户发出的指令或响应系统环境的变化。例如，对屏幕元素"按钮"来说，"单击鼠标"是"按钮"的一个事件；对屏幕元素"文本框"来说，"敲键"是"文本框"对象的事件，"内容改变"也是一个事件。当然，触发事件不一定是行为，也可能是系统环境的变化（如时钟）。在程序中，每类对象对其可能发生的事件都有对应的事件处理程序，特定事件的发生将触发相应事件处理程序的执行，这个过程称为"事件驱动"。自动控制及智能控制的发展使得系统的事件触发机制更加智能化、人性化。自动控制是能按规定程序对机器或装置进行自动操作或控制的过程，其基本思想源自控制论。

计算思维的概念正在走出计算机科学乃至自然科学领域，向社会科学领域拓展，成为一种新的具有广泛意义的思想方法，预示着重要的社会价值。

思考与探索

符号化、计算化、自动化思维,以组合、抽象和递归为特征的程序及其构造思维是计算技术与计算系统的重要思维。计算思维能力训练不仅使我们理解计算机的实现机制和约束、建立计算意识、形成计算能力,有利于发明和创新,而且有利于提高信息素养,也是处理计算机问题时应有的思维方法、表达形式和行为习惯,从而更有效地利用计算机。

1.3 计算模型与计算机

计算模型是刻画计算的抽象的形式系统或数学系统。在计算科学中,计算模型具有状态转换特征,用于对所处理对象的数据或信息进行表示、加工、变换和输出。

1.3.1 图灵机

1936 年,年仅 24 岁的英国人艾伦·图灵(1912—1954 年,如图 1.5 所示)发表了著名的《论应用于决定问题的可计算数字》一文,提出了理想计算机的数学模型——图灵机(Turing Machine)。

图灵机是图灵构造出的一台抽象的机器,该机器由以下几个部分组成。

(1) 一条无限长的纸带。纸带被划分为一个接一个的小格子,每个格子中包含一个来自有限字母表的符号,字母表中有一个特殊的符号表示空白。纸带上的格子从左到右依此被编号为 0、1、2、……,纸带的右端可以无限伸展。

(2) 一个读写头。该读写头可以在纸带上左右移动,它能读出当前所指的格子中的符号,并能改变当前格子中的符号。

图 1.5 艾伦·图灵

(3) 一套控制规则。它根据当前机器所处的状态以及当前读写头所指的格子中的符号来确定读写头下一步的动作,并改变状态寄存器的值,令机器进入一个新的状态。

(4) 一个状态寄存器。它用来保存图灵机当前所处的状态。图灵机的所有可能状态的数目是有限的,并且有一个特殊的状态。

注意这个机器的每一部分都是有限的,但它有一个潜在的无限长的纸带,因此这种机器只是一台理想的设备。图灵认为这样的一台机器就能模拟人类所能进行的任何计算过程。

简单地说,设想有一条无限长的纸条,纸条上有一个个方格,每个方格中可以存储一个符号,纸条可以向左或向右运动。图灵机可以做三个基本操作:读取指针头指向的符号;修改格子中的字符;将纸带向左或向右移动,以便修改其临近方框的值。

下面我们通过在空白的纸带条上打印 1、1、0 这三个数字的例子来描述图灵机的计算过程,如图 1.6 所示。

(1) 向指针头指向格子中写入数字 1;

(2) 让纸带向左移动一个格子;

(3) 往指针头指向的格子中写入数字 1;

图 1.6 图灵机的计算过程

(4) 继续让纸带向左移动一个格子;

(5) 往指针头指向的格子中写入数字 0,这样我们就完成了一个简单的图灵机操作。

图灵把人在计算时所做的工作分解成简单的动作,把人的工作机械化,并用形式化方法成功地表述了计算这一过程的本质:所谓计算就是计算者(人或机器)对一条两端可无限延长的纸带上的一串 0 和 1 执行指令,一步一步地改变纸带上的 0 或 1,经过有限步骤,最后得到一个满足预先规定的符号串的变换过程。图灵机理论通过假设模型证明了任意复杂的计算都能通过一个个简单的操作完成,图灵机的出现为计算机的诞生奠定了理论基础。

图灵机模型是指给出固定的程式,模型能够按照程式和输入完全确定性地运行。

图灵机反映的是一种具有可行性的用数学方法精确定义的计算模型,而现代计算机正是这种模型的具体实现。

【例 1-3】 计算机博弈传奇。

1997 年 5 月 11 日,人机世纪大战终于降下了帷幕,随着国际象棋世界冠军卡斯帕罗夫败给了 IBM 公司的一台机器"深蓝",全世界永远都不会忘记那震惊世界的 9 天的"搏杀"。棋盘一侧是卡斯帕罗夫,棋盘的另一侧是许峰雄博士。许峰雄通过一台带有液晶显示屏的黑色计算机,负责操纵"深蓝"迎战人类世界冠军。许峰雄和另外四位计算机科学家给计算机输入了近两百万局国际象棋程序,提高了它的运算速度,使它每秒能分析两亿步棋。由国际象棋特级大师本杰明为它当"陪练",找出某些棋局的弱点,然后再修改程序。5 月 3 日到 5 月 11 日,"深蓝"终以 3.5∶2.5 的总比分将卡斯帕罗夫逼下了世界冠军的王座。

"深蓝"战胜人类最伟大的棋手卡斯帕罗夫后,在社会上引起了轩然大波。其实人们现在对人的精神和脑的结构的认识还相当缺乏,更不用说对它用严密的数学语言来进行描述了,而计算机是一种用严密的数学语言来描述的计算机器。

1.3.2 冯·诺依曼机

图 1.7 冯·诺依曼

1946 年 2 月,世界上第一台电子数字计算机"埃尼阿克"(ENIAC)在美国宾夕法尼亚大学诞生。

在图灵机的影响下,1946 年美籍匈牙利科学家冯·诺依曼(Von Neumann,见图 1.7)提出了一个"存储程序"的计算机方案。这个方案包含了以下三个要点。

(1) 采用二进制的形式表示数据和指令。

(2) 将数据和指令存放在存储器中。

(3) 由控制器、运算器、存储器、输入设备和输出设备五大部分组成计算机。

冯·诺依曼机模型的工作原理的核心是"程序存储"和"程序控制",即先将程序(一组指令)和数据存入计算机,启动程序就能按照程序指定的逻辑顺序把指令读取并逐条执行,自动完成指令规定的操作。

由于存储器与中央处理单元之间的通路太狭窄,每次执行一条指令,所需的指令和数据都必须经过这条通路,因此单纯地扩大存储器容量和提高 CPU 速度,不能更加有效地提高计算机性能,这是冯·诺依曼机结构的局限性。

> **思考与探索**
>
> 冯·诺依曼机体现了存储程序与程序自动执行的基本思维,对于利用算法和程序手段解决现实问题有重要意义。现代几乎所有的电子计算机都是基于冯·诺依曼体系结构,计算模型都是基于图灵机模型。

1.3.3 计算机的发展

1. 计算机的发展史

从第一台电子计算机的诞生到现在,计算机的发展随着所采用的电子器件的变化,已经历了四代。

1) 第一代(1946—1958 年)——电子管计算机时代

这一代计算机的主要特征:以电子管为基本电子器件;使用机器语言和汇编语言;应用领域主要局限于科学计算;运算速度每秒只有几千次至几万次。由于体积大、功率大、价格昂贵且可靠性差,因此,很快被新一代计算机所替代。然而,第一代计算机奠定了计算机发展的科学基础。

2) 第二代(1959—1964 年)——晶体管计算机时代

这一代计算机的主要特征:晶体管取代了电子管;软件技术上出现了算法语言和编译系统;应用领域从科学计算扩展到数据处理;运算速度已达到每秒几万次至几十万次,此外,体积缩小,功耗降低,可靠性有所提高。

3) 第三代(1965—1970 年)——中小规模集成电路时代

这一代计算机的主要特征:普遍采用了集成电路,使体积、功耗均显著减少,可靠性大大提高;运算速度每秒几十万次至几百万次;在此期间,出现了向大型和小型化两级发展的趋势,计算机品种多样化和系列化;同时,操作系统的出现,使得软件技术与计算机外围设备发展迅速,应用领域不断扩大。

4) 第四代(1971 年至今)——大规模和超大规模集成电路时代

这一代计算机的主要特征:中、大及超大规模集成电路(VLSI)成为计算机的主要器件;运算速度已达每秒几十万亿次以上。大规模和超大规模集成电路技术的发展,进一步缩小了计算机的体积和功耗,增强了计算机的性能;多机并行处理与网络化是第四代计算机的又一重要特征,大规模并行处理系统、分布式系统、计算机网络的研究和实施进展迅速;系统软件的发展不仅实现了计算机运行的自动化,而且正在向工程化和智能化迈进。

另外,智能化计算机也可以称为第五代计算机,其目标是使计算机像人类那样具有听、说、写、逻辑推理、判断和自我学习能力。

2. 我国计算机的发展情况

我国电子计算机的研究是从 1953 年开始的，1958 年中国科学院计算技术研究所研制出第一台计算机，即 103 型通用数字电子计算机，它属于第一代电子管计算机；20 世纪 60 年代初，我国开始研制和生产第二代计算机。

1983 年 12 月，国防科技大学的慈云桂教授，历经 5 年奋战，主持研制成功我国首台亿次级巨型计算机系统"银河-Ⅰ"，被誉为"中国巨型机之父"。他率领的科研队伍先后研制出一系列型号各异的大、中、小型计算机，在我国计算机从电子管、晶体管、集成电路到大规模集成电路的研制开发历程中，做出了重要贡献。

"银河Ⅰ"巨型机是我国高速计算机研制的一个重要里程碑；1992 年"银河Ⅱ"巨型机峰值速度达每秒 4 亿次浮点运算；1997 年"银河Ⅲ"巨型机每秒能进行 130 亿次运算。1995 年 5 月"曙光 1000"研制完成，这是我国独立研制的第一套大规模并行计算机系统。在 2013 年 6 月公布的全球超级计算机 TOP500 排行榜中，中国的"天河二号"成为全球最快超级计算机。

2020 年全球超算 TOP500 榜单中，中国部署的超级计算机数量继续位列全球第一，TOP500 超算中中国客户部署了 226 台，占总体份额超过 45%；我国的神威"太湖之光"超级计算机曾连续获得全球超级计算机排行榜 TOP500 四届冠军，该系统全部使用中国自主知识产权的处理器芯片。

1.3.4 计算机的特点

1. 运算速度快

计算机运算速度从诞生时的几千次每秒发展到几十千万亿次每秒以上，使得过去烦琐的计算工作，现在可以在极短的时间内就能完成。

2. 计算精度高

计算机采用二进制进行运算，只要配置相关的硬件电路就可增加二进制数字的长度，从而提高计算精度。目前微型计算机的计算精度可以达到 64 位二进制数。

3. 具有"记忆"和逻辑判断功能

"记忆"功能是指计算机能存储大量信息，供用户随时检索和查询，既能记忆各类数据信息，又能记忆处理加工这些数据信息的程序。逻辑判断功能是指计算机除了能进行算术运算外，还能进行逻辑运算。

4. 能自动运行且支持人机交互

所谓自动运行，就是人们把需要计算机处理的问题编成程序，存入计算机中；当发出运行指令后，计算机便在该程序控制下依次逐条执行，不再需要人工干预。"人机交互"则是在人们想要干预计算机时，采用问答的形式，有针对性地解决问题。

1.3.5 计算机的分类

随着计算机的发展，分类方法也在不断变化，现在常用的分类方法有以下几种。

1. 按计算机处理的信号分类

（1）数字式计算机。数字式计算机处理的是脉冲变化的离散量，即以 0、1 组成的二进制数字。它的计算精度高,抗干扰能力强。日常使用的计算机就是数字式计算机。

(2) 模拟式计算机。模拟式计算机处理的是连续变化的模拟量,如电压、电流、温度等物理量的变化曲线。模拟式计算机解题速度快、精度低、通用性差,用于过程控制,已基本被数字式计算机所取代。

(3) 数模混合计算机。数模混合计算机是数字式计算机和模拟式计算机的结合。

2. 按计算机的硬件组合及用途分类

(1) 通用计算机。这类计算机硬件系统是标准的,并具有扩展性,装上不同的软件就可做不同的工作。它的通用性强,应用范围广。

(2) 专用计算机。这类计算机是为特定的应用量身打造的,其内部的程序一般不能被改动,常常称为"嵌入式系统"。例如,控制智能家电的计算机,工业用的计算机和机器人,汽车内部的数十个用于控制的计算机,所有船舰、飞机、航天上的控制计算机,以及安检侦测设备、智能卡、网络路由器、数码相机等。

3. 按计算机的规模分类

计算机按其运算速度快慢、存储数据量的大小、功能的强弱,以及软硬件的配套规模等不同又分为巨型机、大中型机、小型机、微型机、工作站与服务器等。

(1) 巨型机。巨型机又称超级计算机(Super Computer),通常是指最大、最快、最贵的计算机。其主存容量很大,处理能力很强,一般用在国防和尖端科技领域,生产这类计算机的能力可以反映一个国家的计算机科学水平。我国是世界上生产巨型计算机的少数国家之一,主要用于解决诸如气象、太空、能源、医药等尖端科学研究和战略武器研制中的复杂计算。

(2) 大中型机(Large-scale Computer and Medium-scale Computer)。这种计算机也有很高的运算速度和很大的存储量,并允许相当多的用户同时使用。其在量级上都不及巨型计算机,结构上也较巨型机简单些,价格相对巨型机便宜,因此使用的范围较巨型机普遍,是事务处理、商业处理、信息管理、大型数据库和数据通信的主要支柱。

(3) 小型机(Minicomputer)。其规模和运算速度比大中型机要差,但仍能支持十几个用户同时使用。小型机具有体积小、价格低、性能价格比高等优点,适合中小企业、事业单位用于工业控制、数据采集、分析计算、企业管理以及科学计算等,也可作为巨型机或大中型机的辅助机。

(4) 微型机(Microcomputer)。微型计算机简称微机,是当今使用最普及、产量最大的一类计算机,其体积小、功耗低、成本少、灵活性大、性能价格比明显地优于其他类型计算机,因而得到了广泛应用。微型机可以按结构和性能划分为单片机、单板机、个人计算机。

- 单片机(Single Chip Computer)。单片机又称单片微控制器,它是把一个计算机系统(包括微处理器、一定容量的存储器以及输入输出接口电路等)集成到一个芯片上,即一块芯片就是一台计算机。越来越多的电器设备中都嵌入了单片机,能够自动、精确地控制设备的运转,如洗衣机、微波炉、电视机、汽车、DVD机等。可见单片机仅是一片特殊的、具有计算机功能的集成电路芯片。单片机体积小、功耗低、使用方便,但存储容量较小。

- 单板机(Single Board Computer)。把微处理器、存储器、输入输出接口电路安装在一块印刷电路板上,就成为单板计算机。一般在这块板上还有简易键盘、液晶和数码管显示器以及外存储器接口等。单板机价格低廉且易于扩展,广泛用于工业控制、微型机教学和实验,或作为计算机控制网络的前端执行机。

- 个人计算机(Personal Computer,PC)。供单个用户使用的微型机一般称为个人计算机或 PC,是目前用得最多的一种微型计算机。PC 配置有一个紧凑的机箱、显示器、键盘、打印机以及各种接口,可分为台式微机和便携式微机。台式微机可以将全部设备放置在书桌上,因此又称为桌面型计算机。便携式微机包括笔记本计算机、袖珍计算机以及个人数字助理(Personal Digital Assistant,PDA)。

(5) 工作站(Workstation)。工作站是介于 PC 和小型机之间的高档微型计算机,通常配备有大屏幕显示器和大容量存储器,具有较高的运算速度和较强的网络通信能力,有大型机或小型机的多任务和多用户功能,同时兼有微型机操作便利和人机界面友好的特点。工作站的独到之处是具有很强的图形交互能力,因此在工程设计领域得到广泛使用。

(6) 服务器(Server)。随着计算机网络的普及和发展,一种可供网络用户共享的高性能计算机应运而生,这就是服务器。服务器是指一个管理资源并为用户提供服务的计算机,通常分为文件服务器、数据库服务器和应用程序服务器。运行以上软件的计算机或计算机系统也被称为服务器。

基础知识练习

(1) 什么是计算?什么是计算机科学?
(2) 简述计算思维的概念。
(3) 四色问题又称四色猜想,是世界近代三大数学难题之一。四色问题的解决,利用了计算机的哪些优势?
(4) 简述图灵机模型。
(5) 冯·诺依曼提出的"程序存储"的计算机方案的要点是什么?
(6) 计算机的发展经历了哪几代?

能力拓展与训练

(1) 找出一些具体的案例,分析计算机的发展所带来的思维方式、思维习惯和思维能力的改变。
(2) 尝试写一份关于"我国高性能计算机研究现状"的报告。报告内容应包括高性能计算机的应用,我国高性能计算机的研究成果及发展前景等。
(3) 查阅资料,进一步了解并行计算与并行计算机。
(4) 你对未来计算机有何设想?你设想的依据是什么?
(5) 近年来出现了很多新的计算模式,包括云计算、普适计算、量子计算、绿色计算等。查阅资料,写一篇"新的计算模式概述"的综述。

第 2 章

0 和 1 的思维——信息在计算机内的表示

2.1 数值的表示

计算机内部为什么要用二进制表示信息呢？原因有以下四点。

(1) 电路简单。计算机是由逻辑电路组成的，逻辑电路通常只有两个状态。例如，电流的"通"和"断"，电压电平的"高"和"低"等。这两种状态正好表示成二进制的两个数码 0 和 1。

(2) 工作可靠。两个状态代表的两个数码在数字传输和处理中不容易出错，因此电路更加可靠。

(3) 简化运算。二进制运算法则简单。

(4) 逻辑性强。计算机的工作是建立在逻辑运算基础上的，二进制只有两个数码，正好代表逻辑代数中的"真"和"假"。

因此，数字式电子计算机内部处理数字、字符、声音、图像等信息时，是以 0 和 1 组成的二进制数的某种编码形式与之对应。

1. 数制的有关概念

数制是人们利用符号来记数的科学方法。数制可以有很多种，但在计算机的设计和使用中，通常引入二进制、八进制、十进制、十六进制。

进位记数制的有关概念如下。

(1) 用不同的数字符号表示一种数制的数值，这些数字符号称为数码。

(2) 数制中所使用的数码的个数称为基数，如十进制数的基数是 10。

(3) 数制每一位所具有的值称为权，如十进制各位的权是以 10 为底的幂。例如，680 326 这个数，从右到左各位的权为个、十、百、千、万、十万，即以 10 为底的 0 次幂、1 次幂、2 次幂等。所以为了简便也可以顺次称其各位为 0 权位、1 权位、2 权位等。

(4) 用"逢基数进位"的原则进行计数，称为进位记数制。如十进制数的基数是 10，所以其记数原则是"逢十进一"。

(5) 位权与基数的关系：位权的值等于基数的若干次幂。

例如，十进制数 4567.123，可以展开成下面的多项式：

$$4567.123 = 4 \times 10^3 + 5 \times 10^2 + 6 \times 10^1 + 7 \times 10^0 + 1 \times 10^{-1} + 2 \times 10^{-2} + 3 \times 10^{-3}$$

式中：10^3、10^2、10^1、10^0、10^{-1}、10^{-2}、10^{-3} 为该位的位权，每一位上的数码与该位权的乘积，就是该位的数值。

(6) 任何一种数制表示的数都可以写成按位权展开的多项式之和，其一般形式为

$$N = d_{n-1}b^{n-1} + d_{n-2}b^{n-2} + d_{n-3}b^{n-3} + \cdots + d_1b^1 + d_0b^0 + d_{-1}b^{-1} + \cdots + d_{-m}b^{-m}$$

式中：

n——整数部分的总位数。

m——小数部分的总位数。

$d_{下标}$——该位的数码。

b——基数。如二进制数 $b=2$；十进制数 $b=10$；十六进制数 $b=16$ 等。

$b^{上标}$——位权。

2. 常用记数制的表示方法

（1）常用记数制。常用记数制如表 2.1 所示。

表 2.1 常用记数制的比较

进 制	数 码	基数	位权	记 数 规 则
二进制	0 1	2	2^i	逢二进一
八进制	0 1 2 3 4 5 6 7	8	8^i	逢八进一
十进制	0 1 2 3 4 5 6 7 8 9	10	10^i	逢十进一
十六进制	0 1 2 3 4 5 6 7 8 9 A B C D E F	16	16^i	逢十六进一

（2）常用记数制的对应关系。常用记数制的对应关系如表 2.2 所示。

表 2.2 常用记数制的对应关系

十进制数	二进制数	八进制数	十六进制数
0	0000	0	0
1	0001	1	1
2	0010	2	2
3	0011	3	3
4	0100	4	4
5	0101	5	5
6	0110	6	6
7	0111	7	7
8	1000	10	8
9	1001	11	9
10	1010	12	A
11	1011	13	B
12	1100	14	C
13	1101	15	D
14	1110	16	E
15	1111	17	F

(3) 常用记数制的书写规则。在应用不同进制的数时,常采用以下两种方法进行标识。

① 采用字母后缀。

- B(Binary):表示二进制数。二进制数的 101 可写成 101B。
- O(Octonary):表示八进制数。八进制数的 101 可写成 101O。
- D(Decimal):表示十进制数。十进制数 101 可写成 101D;一般情况下,十进制数后的 D 可以省略,即无后缀的数字默认为十进制数。
- H(Hexadecimal):表示十六进制数。十六进制数 101 可写成 101H。

② 采用括号外面加下标。

- $(1011)_2$:表示二进制数 1011。
- $(1617)_8$:表示八进制数 1617。
- $(9981)_{10}$:表示十进制数 9981。
- $(A9E6)_{16}$:表示十六进制数 A9E6。

3. 不同进制数之间的转换

(1) r 进制数与十进制数之间的转换。

① 将 r 进制数转换为十进制数。

r 进制数转换为十进制数使用"位权展开式求和"的方法。

【例 2-1】 将二进制数 1101.011 转换为十进制数。

解:

$1101.011B = 1 \times 2^3 + 1 \times 2^2 + 0 \times 2^1 + 1 \times 2^0 + 0 \times 2^{-1} + 1 \times 2^{-2} + 1 \times 2^{-3} = 13.375D$

② 将十进制数转换为 r 进制数。

十进制整数转换为 r 进制整数的方法如下:整数部分使用"除基数倒取余数法",即除以 r 取余,直到商为 0,然后余数从右向左排列(先得到的余数为低位,后得到的余数为高位);小数部分使用"乘基数取整法",即乘以 r 取整,然后所得的整数从左向右排列(先得到的整数为高位,后得到的整数为低位),并取得有效精度。

【例 2-2】 将十进制数 13.25 转换为二进制数。

解:

先将整数部分 13 转换:

```
2 | 13        ………… 余数为 1,即 a₀ = 1
    2 | 6     ………… 余数为 0,即 a₁ = 0
        2 | 3 ………… 余数为 1,即 a₂ = 1
            2 | 1 ………… 余数为 1,即 a₃ = 1
                0
```

即 $a_0 = 1$,$a_1 = 0$,$a_2 = 1$,$a_3 = 1$

再将小数部分 0.25 转换:

```
      0.25
    ×)  2
      0.50    ………… 整数为 0,即 a₋₁ = 0
      0.50
    ×)  2
      1.00    ………… 整数为 1,即 a₋₂ = 1
```

即 $a_{-1} = 0$,$a_{-2} = 1$

所以最后转换结果：13.25D=1101.01B。

(2) 二进制数、八进制数、十六进制数之间的转换。

因为 $8=2^3$，$16=2^4$，可以想象，八进制数相当于三位二进制数，十六进制数相当于四位二进制数，因此，转换方法分别为"三位合一/一分为三"和"四位合一/一分为四"。

① 二进制数转换为八进制数或十六进制数。

方法：以小数点为界向左和向右划分，小数点左边（整数部分）每三位或每四位一组构成一位八进制数或十六进制数，位数不足三位或四位时最左边补"0"；小数点右边（小数部分）每三位或每四位一组构成一位八进制数或十六进制数，位数不足三位或四位时最右边补"0"。

【例 2-3】 将二进制数 10111011.0110001011 转换为八进制数。

解：

```
010  111  011.011  000  101  100
 ↓    ↓    ↓   ↓    ↓    ↓    ↓
 2    7    3 . 3    0    5    4
```
10111011.0110001011B=273.3054O

② 八进制数或十六进制数转换为二进制数。

方法：只需把一位八进制数用三个二进制数表示，把一位十六进制数用四个二进制数表示。

【例 2-4】 将八进制数 135.361 转换为二进制数。

解：

```
  1    3    5 . 3    6    1
  ↓    ↓    ↓   ↓    ↓    ↓
 001  011  101.011  110  001
```
135.361O=001011101.011110001B=1011101.011110001B

4. 进制数在计算机中的表示

数以正负号数码化的方式存储在计算机中，称为机器数。机器数通常以二进制数码 0、1 形式保存在有记忆功能的电子器件——触发器中。每个触发器记忆一位二进制代码，所以 n 位二进制数将占用 n 个触发器，将这些触发器排列组合在一起，就成为寄存器。一台计算机的"字长"取决于寄存器的位数。目前常用的寄存器有 8 位、16 位、32 位、64 位等。

要全面完整地表示一个机器数，应考虑三个因素：机器数的范围、机器数的符号和机器数中小数点的位置。

(1) 机器数的范围。机器数的范围由硬件决定。当使用 16 位寄存器时，字长为 16 位，所以一个无符号整数的最大值为：1111111111111111B=(2^{16}-1)D=65 535D。

(2) 机器数的符号。二进制数与人们通常使用的十进制数一样也有正负之分，为了在计算机中正确表示有符号数，通常规定寄存器中最高位为符号位，并用 0 表示正，用 1 表示负，这时在一个 8 位字长的计算机中，正数和负数的格式分别如图 2.1 和图 2.2 表示。

图 2.1 正数

图 2.2 负数

最高位 D_7 为符号位，$D_6 \sim D_0$ 为数值位。这种把符号数字化，并和数值位一起编码的方法，很好地解决了带符号数的表示方法及其计算问题。常用的有原码、反码、补码三种编码方法。

① 原码。

编码规则：符号位用 0 表示正，用 1 表示负，数值部分不变。

【例 2-5】 写出 N1＝＋1010110、N2＝－1010110 的原码。

解：

$$[N1]_原 = 01010110 \quad [N2]_原 = 11010110$$

② 反码。

编码规则：正数的反码与原码相同；负数的反码是将符号位用 1 表示，数值部分按位取反。

【例 2-6】 写出 N1＝＋1010110、N2＝－1010110 的反码。

解：

$$[N1]_反 = 01010110 \quad [N2]_反 = 10101001$$

③ 补码。

编码规则：正数的补码与原码相同；负数的补码是将符号位用 1 表示，数值部分先按位取反，然后末位加 1。

【例 2-7】 写出 N1＝＋1010110、N2＝－1010110 的补码。

解：

$$[N1]_补 = 01010110 \quad [N2]_补 = 10101010$$

（3）机器数中小数点的位置。计算机中的数据有定点数和浮点数两种表示方法。这是由于在计算机内部难以表示小数点。故小数点的位置是隐含的，隐含的小数点位置可以是固定的，也可以是浮动的，前者表示形式称为"定点数"，后者表示形式称为"浮点数"。

定点数是指小数点固定在某个位置上的数据，一般有小数和整数两种表现形式。定点整数是把小数点固定在数据数值部分的右边，如图 2.3 所示。定点小数是把小数点固定在数据数值部分的左边，符号位的右边，如图 2.4 所示。

图 2.3 机器内的定点整数

图 2.4 机器内的定点小数

【例 2-8】 设机器的定点数长度为两字节，用定点整数表示 313D。

解：

因为 313D＝100111001B，故机器内表示形式如图 2.3 所示。

【例2-9】 用定点小数表示-0.8125D。

解：

因为-0.8125D=-0.1101000000000000B，故机器内表示形式如图2.4所示。

注意：浮点数之所以称为浮点数，是因为按照科学记数法表示时，一个浮点数的小数点位置是可变的，比如，$1.23×10^9$ 和 $12.3×10^8$ 是相等的。浮点数可以用数学写法，如1.23、3.14、-9.01等。但是对于很大或很小的浮点数，就必须用科学记数法表示，比如，将十进制数68.38、-6.838、0.6838、-0.068 38用指数形式表示，它们分别为 $0.6838×10^2$、$-0.6838×10^1$、$0.6838×10^0$、$-0.6838×10^{-1}$。

用一个纯小数（称为尾数，有正、负）与10的整数次幂（称为阶码，有正、负）的乘积形式来表示一个数，就是浮点数的表示法。同理，一个二进制数N也可以表示为

$$N=±S×2^{±P}$$

式中的N、P、S均为二进制数。S为N的尾数，即全部的有效数字（数字小于1），S前面的±是尾数的符号，简称数符；P为N的阶码，P前的±为阶码的符号，简称阶符。

在计算机中一般浮点数的存放形式如图2.5所示。

阶符	阶码P	数符	数符S

图 2.5 浮点数的存放方式

注意：在浮点表示法中，尾数的符号和阶码的符号各占一位；阶码是定点整数，阶码的位数决定了所表示的数的范围；尾数是定点小数，尾数的位数决定了数的精度。在不同字长的计算机中，浮点数所占的字节不同。

5. 二进制的四则运算

计算机中的一切计算归根结底都是逻辑运算。

计算机中二进制数与十进制数加、减、乘、除四则运算法则相同。加法是基本运算，减法用负数的加法完成，乘法用多个加法的累积来实现，除法用减法来实现。即在计算机中，我们只需要一种实现加法的硬件就能完成所有的四则运算。那么，加法又是如何在计算机的电子电路里实现的呢？

计算机里常见的电子元件有电阻、电容、电感和晶体管等，它们组成了逻辑电路，逻辑电路通常只有两个状态。例如，电流的"通"和"断"，电压电平的"高"和"低"等。这两种状态正好表示成二进制数的两个数码0和1。因此，计算机中的一切计算归根结底都是逻辑运算。逻辑运算是对逻辑变量（0与1，或者真与假）和逻辑运算符号的组合序列所做的逻辑推理。

计算机中基本逻辑运算有与（AND）、或（OR）、非（NOT）三种，计算机中用继电器开关来实现，如图2.6所示。

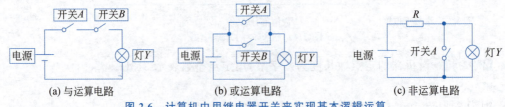

图 2.6 计算机中用继电器开关来实现基本逻辑运算

(1) 逻辑与。当决定一个事件结果的所有条件都具备时,结果才成立的逻辑关系。

(2) 逻辑或。当决定一个事件结果的条件中只要有任何一个满足要求,结果就成立的逻辑关系。

(3) 逻辑非。运算结果是对条件的否定。

思考与探索

计算机中的一切计算包含加、减、乘、除,所以可以说一切计算皆逻辑。

6. 十进制数的二进制编码

计算机中使用的是二进制数,人们习惯的是十进制数。因此,输到计算机中的十进制数,需要转换成二进制;数据输出时,又需将二进制数转换成十进制数。这个转换工作,是通过标准子程序实现的。两种进制数间的转换依据是数的编码。

用二进制数码来表示十进制数,称为二-十进制编码,简称 BCD(Binary-Coded Decimal)码。

因为十进制数有 0~9 这 10 个数码,显然需要 4 位二进制数码以不同的状态分别表示它们。而 4 位二进制数码可编码组合成 16 种不同的状态,因此,选择其中的 10 种状态作为 BCD 码的方案有许多种,这里只介绍常用的 8421 码,如表 2.3 所示。

表 2.3　8421 编码表

十进制数	8421 编码	十进制数	8421 编码
0	0000	8	1000
1	0001	9	1001
2	0010	10	0001　0000
3	0011	11	0001　0001
4	0100	12	0001　0010
5	0101	13	0001　0011
6	0110	14	0001　0100
7	0111	15	0001　0101

从表 2.3 中可以看到这种编码是有权码。若按权求和,和数就等于该代码所对应的十进制数。例如,0110=2^2+2^1=6。这就是说,编码中的每位仍然保留着一般二进制数所具有的位权,而且 4 位代码从左到右的位权依次是 8、4、2、1。8421 码就是因此而命名的。例如,十进制数 63,用 8421 码表示为 0110 0011。

2.2　字符编码

现在国际上广泛采用美国信息交换标准码(American Standard Code for Information Interchange,ASCII)。它选用了常用的 128 个符号,其中包括 32 个控制字符、10 个十进制数(注意,这里是字符形态的数)、52 个英文大写和小写字母、34 个专用符号。128 个字符分别由 128 个二进制数码串表示。目前广泛采用键盘输入方式实现人与计算机间的通信。当键盘提供输入字符时,编码电路给出与字符相应的二进制数码串,然后送交计算机处理。计算机输出处理结果时,则把二进制数码串按同一标准转换成字符。

ASCII码由7位二进制数对它们进行编码,即用0000000～1111111共128种不同的数码串分别表示128个字符,如表2.4所示。因为计算机的基本存储单位是字节(Byte),一字节含8个二进制位(Bit),所以ASCII码的机内码要在最高位补一个"0",以便用一字节表示一个字符。

【例2-10】 分别用二进制数和十六进制数写出"good!"的ASCII码。

解:

二进制数表示:01100111B　01101111B　01101111B　01100100B　00100001B

十六进制数表示:67H　6FH　6FH　64H　21H

表2.4　ASCII码编码标准

$b_4 b_3 b_2 b_1$	$b_7 b_6 b_5$							
	000	001	010	011	100	101	110	111
0000	空白(NUL)	转义(DLE)	SP	0	@	P	`	p
0001	序始(SOH)	机控$_1$(DC1)	!	1	A	Q	a	q
0010	文始(STX)	机控$_2$(DC2)	"	2	B	R	b	r
0011	文终(EXT)	机控$_3$(DC3)	#	3	C	S	c	s
0100	送毕(EOT)	机控$_4$(DC4)	$	4	D	T	d	t
0101	询问(ENQ)	否认(NAK)	%	5	E	U	e	u
0110	承认(ACK)	同步(SYN)	&	6	F	V	f	v
0111	告警(BEL)	阻终(ETB)	'	7	G	W	g	w
1000	退格(BS)	作废(CAN)	(	8	H	X	h	x
1001	横表(HT)	载终(EM)	)	9	I	Y	i	y
1010	换行(LF)	取代(SUB)	*	:	J	Z	j	z
1011	纵表(VT)	扩展(ESC)	+	;	K	[	k	{
1100	换页(FF)	卷隙(FS)	<	L	\	l	|
1101	回车(CR)	群隙(GS)	—	=	M	]	m	}
1110	移出(SO)	录隙(RS)	.	>	N	∧	n	~
1111	移入(SI)	元隙(US)	/	?	O	—	o	DEL

【例2-11】 字符通过键盘输入和显示器输出的过程。

解:

当键盘按下某键时,则会产生位置信号,根据位置来识别所按的字符,依据ASCII码标准,找出对应的ASCII码的存储,完成此功能的程序称为编码器。

解码器用来读取存储的ASCII码,找出其对应的字符,查找相应的字形信息,然后将其显示在显示器上。

> **思考与探索**
>
> 编码器和解码器,体现了信息表示和处理的一般性思维,即对于任何信息,只要给出信息的编码标准或协议,就可以研发相应的编码器和解码器,从而将其表示成二进制,在计算机中进行处理。

2.3 汉字编码

计算机处理汉字信息的前提条件是对每个汉字进行编码,称汉字编码。归纳起来可分为以下四类:汉字输入码、汉字交换码、汉字内码和汉字字形码。

四种编码之间的逻辑关系如图 2.7 所示,即通过汉字输入码将汉字信息输到计算机内部,再用汉字交换码和汉字内码对汉字信息进行加工、转换、处理,最后使用汉字字形码将汉字通过显示器显示出来或打印机打印出来。

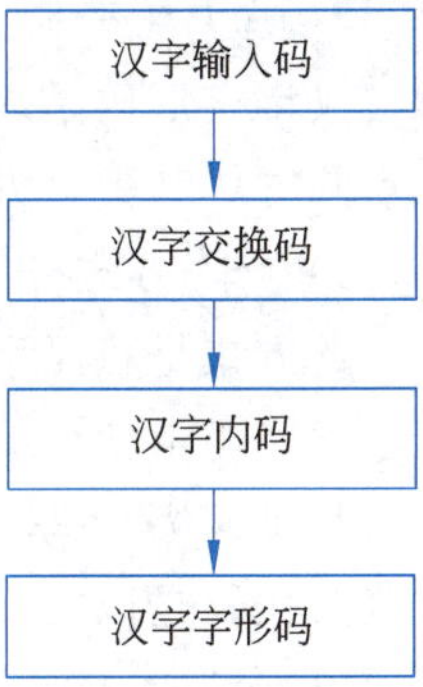

1. 汉字输入码

汉字输入码是为从计算机外部输入汉字而编制的汉字编码,也称汉字外部码,简称外码。到目前为止,国内外提出的编码方法有百种之多,每种方法都有自己的特点,可归并为以下几种。

(1) 顺序码。这是一种使用历史较长的编码方法,是用 4 位十六进制数或 4 位十进制数编成一组代码,每组代码表示一个汉字。这种代码不易记忆,不易操作。如区位码、邮电码等。

图 2.7 汉字编码间的逻辑关系

(2) 音码。这种编码方法根据汉字的读音进行编码。如微软拼音输入法、搜狗拼音输入法、智能 ABC 输入法等。

(3) 形码。这种编码方法是根据汉字的字形进行编码。如五笔字型、表形码、郑码等。

(4) 音形码。这种编码方法是综合了字形和字音两方面的信息而设计的。如全息码、五十字元等。

(5) 智能输入法。例如,基于模式识别的语音识别输入、手写板输入或扫描输入等。

2. 汉字交换码

汉字交换码是指在不同汉字信息系统之间进行汉字交换时所使用的编码。我国 1981 年制定的"中华人民共和国国家标准信息交换汉字编码"(代号 GB 2312-80)中规定的汉字交换码为标准汉字编码,简称 GB 2312-80 编码或国标码。

国标码中共收录了 7445 个汉字和字符符号。其中一级常用汉字 3755 个,二级非常用汉字和偏旁部首 3008 个,字符符号 682 个。在这个汉字字符集中,汉字是按使用频度进行选择的,其中包含的 6763 个汉字使用覆盖率达到了 99%。

一个国标码由两个七位二进制编码表示,占两字节,每字节最高位补 0。例如,汉字"大"的国标码为 3473H,即 00110100 01110011。

为了编码,将国标码中的汉字和字符符号分成 94 个区,每个区又分成 94 个位,这样汉字和字符符号就排列在这 94×94 个编码位置组成的代码表中。每个字符用两字节表示,第一字节代表区码,第二字节代表位码,由区码和位码构成了区位码。因此,国标码和区位码是一一对应的:区位码是十进制表示的国标码,国标码是十六进制表示的区位码。

我国台湾省使用的汉字编码字符集代号为 BIG5,通常称为大五码,主要用于繁体汉字的处理,它包含了 420 个图形符号和 13 070 个汉字(不包含简化汉字)。

3. 汉字内码

汉字内码是汉字在信息处理系统内部最基本的表现形式,是信息处理系统内部存储、处理、传输汉字而使用的编码,简称内码。

前面讲过,一个国标码占两字节,每字节最高位补 0,而 ASCII 码的机内码也是在最高位补一个"0",以便用一字节表示一个字符。所以为了在计算机内部能够区分是汉字编码还是 ASCII 码,将国标码的每字节的最高位由"0"变为"1",变换后的国标码称汉字机内码。例如,汉字"大"的机内码为 10110100 11110011。也由此可知汉字机内码的每字节都大于 128,而每个西文字符的 ASCII 码值均小于 128。

4. 汉字字形码

汉字字形码是表示汉字字形信息的编码,在显示或打印时使用。目前汉字字形码通常有点阵方式和矢量方式两种。

1) 点阵方式

此方式是将汉字字形码用汉字字形点阵的代码表示,所有汉字字形码的集合就构成了汉字库。经常使用的汉字库有 16×16 点阵、24×24 点阵、32×32 点阵和 48×48 点阵,一般 16×16 点阵汉字库用于显示,而其他点阵汉字库则多在打印输出时使用。如图 2.8 所示的点阵及代码是以"大"字为例,点阵中的每一个点都由"0"或"1"组成,一般 1 代表"黑色",0 代表"白色"。

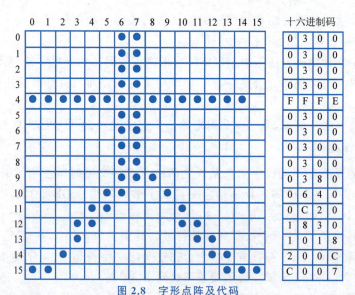

图 2.8 字形点阵及代码

在汉字库中,每个汉字所占用的存储空间与汉字书写简单或复杂无关,每个点阵块分割的粗细决定了每个汉字占用空间的大小。点阵越大,占用的磁盘空间就越大,输出的字形越清晰美观,如 16×16 点阵的一个汉字约占 32B。对于不同的字体应使用不同的字库。

2) 矢量方式

矢量字库保存的是每一个汉字的描述信息,例如,一个笔画的起始、终止坐标,半径、弧度等，即每一个字形是通过数学曲线来描述的，它包含了字形边界上的关键点、连线的导数信息等，字体的渲染引擎通过读取这些数学矢量，然后进行一定的数学运算来进行渲染。这类字体的优点是字体实际尺寸可以任意缩放而不变形、变色。Windows 中使用的 TrueType 就是汉字矢量方式。Windows 使用的字库在 Fonts 目录下，字体文件扩展名为 fon 的表示是点阵字库，扩展名为 ttf 是矢量字库。

点阵方式和矢量方式的区别：前者编码和存储方式简单，无须计算直接输出，显示速度快；后者正好相反，字形放大时效果也很好，且同一字体的不同点阵不需要不同字库。

2.4 多媒体信息的表示

2.4.1 多媒体技术的基本概念

1. 多媒体的概念

多媒体是一种以交互方式将文字、声音、图形、视频等多种媒体信息和计算机技术集成到一个数字环境中，并能扩展利用这种组合技术的新应用。多媒体技术就是对多种媒体上的信息进行处理和加工的技术。

2. 多媒体的信息

多媒体的信息主要包括以下几种。

（1）文本（Text）。包括数字、字母、符号、汉字。

（2）声音（Audio）。包括语音、歌曲、音乐和各种发声。

（3）图形（Graphics）。由点、线、面、体组合而成的几何图形。

（4）图像（Image）。主要指静态图像，如照片、画片等。

（5）视频（Video）。指录像、电视、视频光盘（VCD）播放的连续动态图像。

（6）动画（Animation）。由多幅静态画片组合而成，它们在形体动作方面有连续性，从而产生动态效果。包括二维动画（2D、平面效果）、三维动画（3D、立体效果）。

2.4.2 多媒体处理的关键技术

多媒体技术就是对多种载体（媒介）上的信息和多种存储体（媒质）上的信息进行处理的技术，包括多媒体的录入、压缩、存储、变换、传送、播放等。

1. 视频、音频、图像的数字化

原始的视频、音频和图像的模拟信号经过采样、量化和编码后，就可以转换为便于计算机进行处理的数字符号，然后再与文字等其他媒体信息进行叠加，构成多种媒体信息的组合。

2. 数据的压缩与解压缩

（1）数据压缩的目的。数字化后的视频、音频信号的数据量非常大，不进行合理压缩根本就无法传输和存储。例如，一帧中等分辨率的彩色数字视频图像的数据量约 7.37MB，100MB 的硬盘空间只能存储 100 帧，若按 25 帧/秒的标准（PAL 制式）传送，则要求 184MB/s 的传送速率。对于音频信号，若取采样频率 44.1kHz，采样数字数据为 16 位，双通道立体声,此时 100MB 的硬盘空间仅能存储 10 分钟的录音。

因此,视频、音频信息数字化后,必须再进行压缩才有可能存储和传送。播放时则需解压缩以实现还原。

数据压缩的目的就是用最少的代码表示源信息,减少所占存储空间,并利于传输。

(2) 数据压缩的思路。数据压缩的思路是将图像中的信息按某种关联方式进行规范化并用这些规范化的数据描述图像,以大量减少数据量。例如,某个三角形为蓝色,这时只要保存三个顶点的坐标和蓝色代码就可以了。如此规范化之后,就不必存储每个像素的信息了。

(3) 数据压缩的分类。按照压缩后丢失信息的多少分为无损压缩和有损压缩两种。

无损压缩也称冗余压缩法。它去掉数据中的冗余部分,在以后还原时可以重新插入,即信息不丢失。因此,这种压缩是可逆的,但压缩比很小。

有损压缩是在采样过程中设置一个门限值,只取超过门限的数据,即以丢失部分信息达到压缩目的。例如,把某一颜色设定为门限值后,则与其十分相近的颜色便被视为相同,而实际存在的细微差异都被忽略了。由于丢失的信息不能再恢复,所以这种压缩是不可逆的,图像质量较差,但压缩比很大。

对数据进行压缩时应综合考虑,尽量做到压缩比要大、压缩算法要简单、还原效果要好。

(4) 常用的多媒体压缩算法标准。目前应用于计算机的多媒体压缩算法标准有压缩静态图像的 JPEG 标准、压缩运动图像的 MPEG 标准和 GIF 标准。

- JPEG(Join Photographic Expert Group)是由国际标准化组织(ISO)和国际电报电话咨询委员会(CCITT)联合组织专家组制定的"静态图像压缩标准"。
- MPEG(Moving Pictures Experts Group)是动态图像专家组的英文缩写,这个专家组始建于 1988 年,专门负责为 CD 建立视频和音频标准。
- GIF(Graphic Interchange Format)的原义是"图像互换格式",是 CompuServe 公司在 1987 年开发的图像文件格式。其压缩率一般在 50% 左右。

3. 虚拟现实技术

虚拟现实(Virtual Reality,VR)集成了计算机多媒体技术、计算机仿真技术、人工智能、传感技术、显示技术、网络并行处理等技术,是一种由计算机生成的高技术模拟系统。

思考与探索

关于"0 和 1"的思维:现实世界的各种信息都可以被转换成 0 和 1,在计算机中处理,也可以将 0 和 1 转换成各种满足人们现实世界需要的信息。即任何事物只要表示成信息,就能够被表示成 0 和 1,就能够被计算机处理。

通过转换成 0 和 1,各种运算就转换成了逻辑运算,逻辑运算可以方便地使用计算机中的晶体管等器件来实现,即 0 和 1 是计算机软件和硬件的纽带。

0 和 1 的思维体现了语义符号化、符号 0/1 化、0 和 1 计算机化、计算自动化的思维,是最重要的计算思维之一。

基础知识练习

(1) 什么是信息和信息技术？各自的主要特征有哪些？

(2) 进行以下数制转换：

　　213 D=(　　)B=(　　)H=(　　)O

　　3E1 H=(　　)B=(　　)D=(　　)O

　　10110101101011 B=(　　)H=(　　)O=(　　)D

(3) 某台计算机的机器数占 8 位，写出十进制数 −57 的原码、反码和补码。

(4) 什么是 ASCII 码和 BCD 码？它们各自的作用及编码方法是什么？

(5) 汉字编码有哪几类？各有什么作用？

(6) 对于 16×16 的汉字点阵，一个汉字的存储需要多少字节？

(7) 多媒体的压缩标准有哪些？

(8) 简述对于 0 和 1 的思维的理解。

能力拓展与训练

1. 实践与探索

(1) 如果你想开发一种新的汉字输入法，应该如何完成？写出你的实现思路。

(2) 启动"录音机"程序，录制一段最想给父母说的话。

(3) 尝试利用一种音频软件将一个 WAVE 文件转换成 MP3 格式的文件。

(4) 写一份关于流媒体技术的报告，内容包括流媒体的概念、基本原理和最新发展情况。

(5) 了解常用图形图像处理工具(Photoshop、CorelDRAW、AutoCAD 等)和常用动画制作工具(Flash、3dx Max、Maya 等)，试分析比较各自的特点。

(6) 查阅资料，思维和解析各类行业标准和技术、行业的关系，写一份相关研究报告。

(7) 结合所学的计算思维和相关知识，写一份关于移动多媒体终端的研究报告。

2. 拓展阅读

王选院士，计算机文字信息处理专家，计算机汉字激光照排技术创始人，当代中国印刷业革命的先行者，被称为"汉字激光照排系统之父"。1976 年夏，发明了高分辨率字形的高倍率信息压缩技术(压缩倍数达到 500∶1)和高速复原方法，率先设计了提高字形复原速度的专用芯片，使汉字字形复原速度达到 700 字/秒的领先水平，在世界上首次使用控制信息(或参数)描述笔画宽度、拐角形状等特征，以保证字形变小后的笔画匀称和宽度一致。

1981 年 7 月，王选院士主持研制的中国第一台计算机激光汉字照排系统原理性样机(华光Ⅰ型)通过国家计算机工业总局和教育部联合举行的部级鉴定，鉴定结论是"与国外照排机相比，在汉字信息压缩技术方面领先，激光输出精度和软件的某些功能达到国际先进水平。"

第 3 章 系统思维——计算机系统基础

3.1 计算机系统的基本概念

冯·诺依曼型计算机系统由硬件系统和软件系统两大部分组成,如图 3.1 所示。

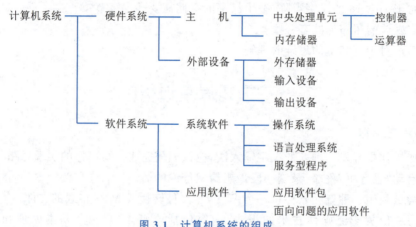

图 3.1 计算机系统的组成

3.1.1 计算机硬件系统

计算机硬件是指那些看得见、摸得着的部件,是构成计算机的物理装置。构成计算机的所有部件称为硬件(Hardware),这些硬件的整体结合称为硬件系统(Hardware System),是计算机系统的物理实现。如果按照层次抽象,计算机硬件系统由以下 4 个子系统组成。

1. 处理器子系统

处理器子系统是计算系统的核心部件,由运算器、控制器、寄存器和指令系统组成。处理器子系统的功能是实行指令控制、操作控制、时序控制和数据处理,它是实现冯·诺依曼"存储程序控制"的指挥系统,由指令系统发出控制命令,指挥各有关部件有条不紊地执行各项操作。

2. 存储器子系统

存储器子系统包括内存储器和外存储器,是保存程序代码和数据的物理载体,也是计算机中存放程序和数据的各种存储设备、控制部件以及管理信息调度的设备和算法的总称。随着计算机应用领域越来越广泛,应用要求越来越高,数据自动存储能力成为现代计算机的重要指标。

3. 输入/输出子系统

输入/输出子系统用来实现输入设备、内存储器、处理器、输出设备之间的相互连接和不同信息形式的转换,控制外部设备与内存储器、外部设备与处理器之间进行数据交换。输入/输出子系统包括多种类型的输入设备、输出设备,以及连接这些设备与处理器、存储器进行信息交换的接口电路。

4. 总线子系统

总线子系统是多个功能部件之间进行数据传送的公共通路,是构成计算机系统的互联机构。总线子系统的主要特征是多个部件共享传输介质,一个部件发出的信号可以被连接到总线上的其他部件接收。采用总线传输方式使各子系统部件间实现地址、数据和控制信息的传递与交换,从而大大减少信息传送线的数量,增强系统的灵活性。

> **思考与探索**
>
> 硬件系统是用正确的、低复杂度的芯片电路组合成高复杂度的芯片,逐渐组合,功能越来越强,这种层次化、构造化的思维是计算及自动化的基本思维之一。

3.1.2 计算机软件系统

1. 软件的定义

软件是为使计算机高效地工作所配置的各种程序及相关的文档资料的总称。其中:程序是经过组织的计算机指令序列,指令是组成计算机程序的基本单位;文档资料包括软件开发过程中的需求分析、方案设计、编程方法等的文档及使用说明书、用户手册、维护手册等。

1983年,IEEE对软件给出了一个较为新颖的定义:软件是计算机程序、方法、规范及其相应的文稿及在计算机上运行时必需的数据。这个定义在学术上有重要参考价值,它将程序与软件开发方法、程序设计规范及其相应的文档联系在一起,将程序与其在计算机上运行时必需的数据联系在一起。

2. 软件的分类

根据软件的功能作用,可将其分为系统软件、支撑软件和应用软件三类。

(1) 系统软件(System Software)。它是计算机厂家为实现对计算机系统的管理、调度、监视、服务、维护,以及扩充硬件功能等而提供给用户的软件。操作系统、翻译程序、服务程序都属于系统软件。系统软件的显著特点是与具体应用领域无关。

(2) 支撑软件(Supporting Software)。随着数据库应用系统开发和网络应用的不断拓展逐渐形成的软件。随着计算机技术的发展,软件的开发、维护与运行的代价在整个计算机系统中所占的比重越来越大,远远超过硬件系统。目前,常用的支撑软件有数据库管理系统、各类工具软件(如系统诊断、图像处理)、网络软件、软件开发环境、中间件(独立的系统软件或服务程序)等。

(3) 应用软件(Application Software)。它是相对于系统软件而言的,是用户针对各种具体应用问题而开发的一类专用程序或软件的总称。例如,计算机辅助设计(CAD)、计算机辅助测试(CAT)、计算机辅助制造(CAM)、计算机辅助教学(CAID)、专家系统(Expert System)、各类信息管理系统(Manage System)、科学计算(Scientific Computing)等,这些应用软件在各有关领域大显神通,给传统产业注入了新的活力。

用户与计算机系统各层次之间的关系如图 3.2 所示。

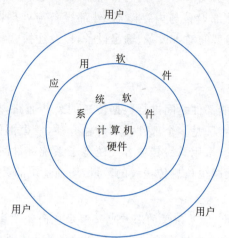

图 3.2　用户与计算机系统各层次之间的关系

> **思考与探索**
>
> 　　为深刻理解和快速掌握软件的相关概念及其操作,系统软件的学习应从计算机硬件系统入手,应用软件的学习应从系统软件入手。软件的设计与开发是从特殊到一般的抽象和归纳思维,而软件的应用是从一般到特殊的具体化和演绎思维。

3. 软件系统中的交互方式

操作系统与大部分软件都提供程序式和交互式两种接口,本节主要介绍交互方式。

1) 操作系统中的交互方式

人类交互的最自然方式是通过语言、文字、图形、图像、声音和影像等表达自己的思想,因此,计算机软件也在不断地努力使其尽可能实现自然交互的方式。在操作系统中,桌面以及桌面上的各种形象化的图标的设计,都体现了软件操作界面的自然化模拟。

操作系统中,有一个专门处理交互方式的软件模块,称为操作系统的外壳(Shell),与之对应地,操作系统的核心功能部分称为内核(Kernel)。交互方式一般由软件的外壳软件来实现,外壳提供给用户的交互方式一般有两种:命令式和菜单式。

(1) 命令式交互方式。命令式交互方式的基本思想:人们通过简单的语言(命令)与计算机进行交互,请求计算机为我们解决各种问题。

Windows 操作系统中,单击图标和使用快捷键的这些方式可以看成命令式。

命令语言有肯定句和一般疑问句两种句型。基本格式一般包括动词、宾语和参数三部分。动词表示要做的具体任务,宾语表示任务对象。

例如,在 Windows 10 系统中,可以采用两种方式进入命令式交互方式:在"开始"菜单旁边的搜索框中输入 cmd 后按 Enter 键;或按下 Win+R 组合键,在弹出的对话框中输入 cmd,单击"确定"按钮。

这时,输入命令就可以与计算机进行交互。例如,"dir c:/p"命令可以分页查看 C 盘中的内容,如图 3.3 所示;输入"msconfig"命令就能打开"系统配置"对话框等。

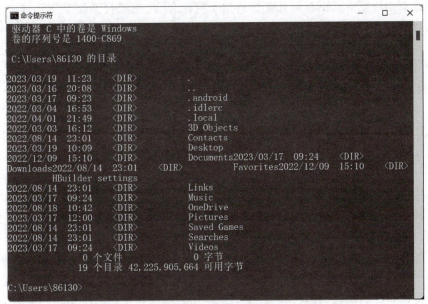

图 3.3　命令式交互方式

(2) 菜单式交互方式。菜单式与命令式本质上相同。菜单本身也是按树状结构思想分类组织的。在菜单式中,用户选择某个菜单项,就会调用与其对应的任务处理程序,这时菜单项(命令动词)使用对话框中的若干选项(各种命令参数),选择处理的具体对象(命令宾语),从而实现命令的解释和实现。

> **思考与探索**
>
> 体验感受图形用户界面技术:计算机应用之所以能够如此迅速地进入各行各业、千家万户,其中一个很重要的原因是 Windows 操作系统及其应用软件采用了图形化用户界面。图形化用户界面技术具有多窗口技术、菜单技术、联机帮助技术等特点。
>
> 以数据为中心和软件复用的思想:交互式方式由以命令为主到以菜单为主的发展变迁,不仅反映了图形用户界面技术的优越性,而且反映了软件技术由功能型为主向数据型为主的转变。通过菜单将同样的功能运用到不同的数据集上,这种方式体现了以数据为中心和软件复用的思想。

2) 应用软件中的交互方式

应用软件运行在系统软件的基础之上,其启动和退出是通过系统软件的相关操作来完成的。启动是指将程序从计算机硬盘读到内存固定区域,并让其开始执行。关闭是指处于工作状态的软件停止运行,并正确地从内存中删除,释放所占内存空间。

应用软件的核心——应用程序,作为一种软件资源,一定存放在存储介质中,同一个应用软件可以运行多次,系统软件会把它们看作不同的多个任务来处理——多任务机制。一般地,常用的启动方式有以下几种。

(1) 基于查找的方式。基于查找的方式是指通过打开资源管理的树状目录结构,逐层地查找或通过搜索的方式找到应用程序,然后将其打开。

(2) 快捷方式。可以给任何文件、文件夹添加快捷方式。快捷方式是访问某个常用项目的捷径。双击快捷方式图标可立刻运行这个应用程序、完成打开这个文档或文件夹的操作。例如，用户如果已经为打印机创建了快捷方式，那么以后要打印文件时，只需将该文件的图标拖到打印机图标上即可。

注意：快捷方式图标并不是对象本身，而是它的一个指针，此指针通过快捷方式文件(.lnk)与该对象联系。因此，对快捷方式的移动、复制、更名或删除只影响快捷方式文件，而不会改变原来的对象。

(3) 基于文件类型的方式。我们知道，系统软件中约定了一些专用文件的扩展名，表明了不同的文件类型。这时我们只要打开该类型的某一个个体文件即可启动其应用软件。比如，打开一个名为"我的大学规划.doc"文件即可启动 WPS 或 Word 应用软件。

3) 应用软件的操作模式

应用软件已逐渐趋于国际化软件的模式，通常它们有很多相似的操作模式，学会触类旁通，将大大提高学习和使用软件的效率。

(1) 菜单栏的设置模式。各种应用软件在不同的应用领域具有其显著的优势和特色，所以对于不同软件的使用学习，重点掌握其优势之处，再通过其与其他软件的共性学习，就会快速把握该软件的精髓，并且能够在适当的应用领域选择不同的应用软件来解决问题，从而进一步明白软件为什么要这样设计，为什么要提供这些功能，为今后设计软件奠定基础。

比如，菜单栏的设计，一般包含与资源管理有关的操作、编辑修改的操作、查看方面的操作、高级自定义设置方面的操作、自身软件的优势和特色、窗口布局有关的操作和联机帮助，一般命名为文件(File)、编辑(Edit)、查看或视图(View)、工具(Tool)、自身软件的优势和特色、窗口(Windows)、帮助(Help)。

(2) 快捷菜单——"右击无处不在"。一般地，在计算机屏幕的任何地方，使用鼠标右击，都会弹出一个快捷菜单——"右击无处不在"，该菜单包含右击对象在当前状态下的常用命令。快捷菜单具有针对性、实时性和快捷性，一般软件的常用功能均可以通过快捷菜单来完成。

(3) 快捷键和访问键。很多菜单项后面伴有带下画线的字母，表示该选项具有访问键，对于顶层菜单，按 Alt＋访问键就可执行该项操作；对于子菜单，用户打开菜单后直接输入该字母即可执行。

有的很常用的菜单项后面跟着组合键，表示该选项具有快捷键，用户不必打开菜单，直接按下此快捷键，就可执行该项操作。比如，菜单项"复制(C) Ctrl＋C"。

因为有些软件诞生于西方，所以这些快捷键和访问键往往使用该菜单项的英文单词本意的首字母，像复制(C)就是 Copy 的首字母、打开(O)就是 Open 的首字母等，使用单词本意来学习，会更好地触类旁通，实现知识的迁移。

(4) 文档格式设置策略。常用的文字处理软件和电子表格处理软件中文档的格式设置策略，体现和应用了正向(演绎)思维和反向(归纳)思维。

- 正向(演绎)思维：先指定整个文档的各种格式，然后再输入具体内容。
- 反向(归纳)思维：先输入具体内容，然后再设置整个文档的各种格式。这种方法较为普遍。

大家在实际应用中，可以根据情况自主选择，也可以将两者结合起来使用。

(5) 对象的嵌入与链接技术。对象的嵌入与链接又称为 OLE。嵌入和链接的主要区别在于数据的存放位置以及将其插入目标文件后的更新方式的不同。

链接对象是指在修改源文件之后,链接对象的信息会随着更新。链接的数据只保存在源文件中,目标文件中只保存源文件的位置,并显示代表链接数据的标识。如果需要缩小文件大小,应使用链接对象。

嵌入对象是指即使更改了源文件,目标文件中的信息也不会发生变化。嵌入的对象是目标文件的一部分,而且嵌入之后,就不再和源文件发生联系。双击嵌入对象,将在源应用程序中打开该对象。

文档和文档间、应用程序和应用程序间通过 OLE 技术,自身的功能大大丰富和扩充了,而且这也是递归思想的体现。

> **思考与探索**
>
> 各种应用软件在不同的应用领域具有其显著的优势和特色,注重捕捉软件及其使用过程中的经验规律和模式,掌握使用该软件的精髓,并在学习和使用软件的过程中注重总结归纳其共性,会大大提高学习、使用和设计软件的能力。比如,Shift 键配合鼠标往往实现多个连续对象的选择;Ctrl 键配合鼠标往往实现多个不连续对象的选择。又如,用鼠标从任意方向包围需要选择的对象,往往能够实现选择多个对象。大家可以在 Windows、WPS 等多个软件中体会。这种总结归纳的思维方式对于提升终身学习能力很有益处,这也是一种知识迁移的思维方式。

3.2 计算机操作系统

3.2.1 操作系统的基本概念与作用

1. 操作系统的定义

操作系统(Operating System,OS)是随着硬件和软件不断发展而逐渐形成的一套大型程序。从功能上,它是用户与计算机硬件之间的接口,是用户和其他软件与计算机硬件之间的桥梁;从作用上,它为用户操作和使用计算机提供了一个良好的操作与管理环境,使计算机的使用效率成倍地提高,并且为用户提供了方便的使用手段和令人满意的服务质量。因此,可将其定义为:操作系统是有效地组织和管理计算机系统中的硬件和软件资源,合理地组织计算机工作流程,控制程序的执行,并提供多种服务功能及友好界面,方便用户使用计算机的系统软件。

2. 操作系统的作用

现在呈现在用户面前的计算机,是经过若干抽象的计算系统,我们可把整个计算系统按功能划分为 4 个层次,即硬件系统、操作系统、支撑软件和应用软件。这 4 个层次表现为一种单向服务关系,即外层可以使用内层提供的服务,反之则不行。其中,操作系统密切地依赖于硬件系统,其功能作用主要体现在以下 3 个方面。

(1) 操作系统是用户与计算机硬件之间的接口:用户需要通过操作系统来使用计算机,操作系统使用户不需要过多了解硬件的情况下,方便地控制计算机中的资源,并且能够根据用户需求对硬件进行改造和扩充。因此,可把操作系统看作人-机交互(Human-

Computer Interaction)的接口或界面。

(2) 操作系统是计算机系统的资源管理者：基本任务是管理计算机系统中的软硬件资源，是软硬件之间的协调者。一方面，它控制和管理着系统硬件，向上层的实用程序和用户应用程序提供一个屏蔽硬件工作细节的良好使用环境，把一个裸机变成可"操作"且方便灵活的计算机系统；另一方面，计算机中的程序和数据以文件形式存放在外存储器中，如何与内存储器进行数据交换，都由操作系统来实现。操作系统的管理包括处理器管理、存储管理、文件管理、设备管理，最大限度地提高资源的利用效率和实现资源共享，操作系统使计算机成为一台"海纳百川"的机器。

(3) 操作系统为用户提供了一个虚拟机(Virtual Machine)：计算机硬件系统的功能是有限的，但通过操作系统及其相关软件，可以完成多种多样、复杂多变的任务，很多需要硬件实现的功能可以由软件实现，许多硬件实现不了的功能也由软件来实现。为了方便用户开发更为复杂的程序，操作系统提供了更容易理解的、任务相关的、控制硬件的命令，被称为应用程序接口(Application Program Interface，API)，它将对硬件控制的具体细节封装起来，通过在计算机裸机上加上一层又一层的软件来组成一个完整的计算系统，为用户提供了一台扩展基本功能、使用更为方便的机器，称为虚拟机(Virtual Machine)，它是一个功能强大、安全可靠、效率极高的计算机系统。

3.2.2 操作系统用户接口

用户接口(User Interface)是为方便用户操作使用计算机而提供的人-机交互接口，分为3种接口方式：命令接口、程序接口和图形接口。

(1) 命令接口。为了便于用户直接或间接控制自己的程序，操作系统提供了命令接口，用户通过该接口向计算机发出命令，执行功能操作。

(2) 程序接口。它是为用户程序访问系统资源而设置的接口，为程序中使用操作系统提供的系统调用命令请求操作系统服务，也是用户程序取得操作系统服务的唯一途径。现在的操作系统都提供程序接口，例如，DOS 是以系统功能调用的方式提供程序接口，可以在编写汇编语言程序时直接调用。Windows 操作系统是以 API 的方式提供程序接口，Win API 提供了大量的具有各种功能的函数，直接调用这些函数就能编写出各种界面友好、功能强大的应用程序。在可视化编程环境(VB、VC++、Delphi 等)中，提供了大量的类库和各种控件，如微软基础类(Microsoft Foundation Classes，MFC)，这些类库和控件构建在 Win API 函数之上，并提供了方便的调用方法，极大地简化了 Windows 应用程序的开发。

(3) 图形接口。虽然用户可以通过联机用户接口来取得操作系统的服务，并控制自己的应用程序运行，但要求用户严格按照规定的格式输入命令。显然，这不便于操作使用。于是，图形用户接口(Graphical User Interface，GUI)应运而生。

GUI 采用图形化的操作界面，用户利用容易识别的各种图标将系统的各项功能、各种应用程序和文件直观、逼真地表示出来。在 Windows 操作系统中，通过鼠标、菜单和对话框来完成对各种应用程序和文件的操作。此时用户不必像使用命令接口那样去记住命令名及格式，只要单击鼠标就能实现很多功能，从而使用户从烦琐且单调的操作中解放出来，能够为更多的非专业人员使用。这也是 Windows 操作系统受到用户欢迎并得以迅速发展的原因。

3.2.3 常用的操作系统

常用的操作系统有以下几种。

（1）MS-DOS。MS-DOS 是 Microsoft 公司推出的配置在 16 位字长 PC 上命令行界面的单用户单任务的操作系统，它对硬件要求低，现已逐渐被 Windows 替代。

（2）Windows。Windows 是 Microsoft 公司推出的基于图形界面的单用户多任务的操作系统，是 20 世纪 90 年代以后使用率最高的一种操作系统。Windows 采用了图形化模式 GUI，比起从前的 DOS 需要键入指令使用的方式更为人性化。

（3）UNIX。UNIX 是一种运用较早、使用率较高的网络操作系统之一，是通用、交互式、多用户、多任务的操作系统，是在科学领域和高端工作站上应用最广泛的操作系统。它采用 C 语言编写，可移植性强，由于 UNIX 强大的功能和优良的性能，使之成为被业界公认的工业化标准的操作系统。

（4）Linux。Linux 是 20 世纪 90 年代由芬兰赫尔辛基大学的学生 Linus Torvalds 创建并由众多软件爱好者共同开发的操作系统。它是由 UNIX 衍生出来的，性能与 UNIX 接近，最大特点是它的所有源代码都开放，用户可以免费获取 Linux 及其生成工具的源代码，并可以进行修改，建立自己的 Linux 开发平台，开发 Linux 软件。Linux 与 UNIX 兼容，能支持多任务、多进程、多 CPU 和多种网络协议，是一个性能稳定的多用户网络操作系统。

（5）移动设备的操作系统。智能手机、平板电脑和掌上电脑（Personal Digital Assistant，PDA），我们都称为移动设备。移动设备里的操作系统我们自然也称为"移动设备操作系统"，它在传统 PC 操作系统的基础上又加入了触摸屏、移动电话、蓝牙、Wi-Fi、GPS、近场通信等功能模块，以满足移动设备所特有的需求。

主流的移动设备的操作系统有 Android、苹果的 iOS 和塞班等。Android 是一种基于 Linux 的自由及开放源代码的操作系统，主要使用于移动设备，如智能手机和平板电脑。

（6）实时嵌入式操作系统。单片机的操作系统软件叫嵌入式系统。嵌入式系统是用于控制、监视或者辅助操作机器和设备的装置。

嵌入式系统几乎都是实时操作系统。实时系统比普通操作系统的响应速度更快。系统收到信息后，没有丝毫延迟，马上就能做出反应，因此才称为"实时"。实时系统被广泛用于对时间精度要求非常苛刻的领域，例如，工业控制系统、数字机床、电网设备监测、交通管理中的全球定位系统（Global Positioning System，GPS）、科学实验的精准控制、医疗图像系统、飞机和导弹中的导航系统、商业自动化设备（如自动售货机、收银机等）、家用电器设备（如微波炉、洗衣机、电视机、空调等）、通信设备（如手机、网络设备等）等，都需要用到实时嵌入式系统。

（7）分布式操作系统。随着网络技术的出现与发展，大量联网的计算机可以通过网络通信，相互协调一致，共同组成一个大的运算系统——分布式计算系统，系统中的每台计算机都有独立的运算能力，各个计算机内运行的分布式程序之间相互传递信息，彼此协调，共同完成特定的运算任务，称为分布式操作系统。分布式系统具有可靠性高和扩展性好的优点。系统中任何一台（或多台）机器发生故障，都不会影响到整个系统的正常运转。同时，整个系统的结构是可以动态变化的，也就是说，随时可以有新的计算机加入系统中来，也随时可以有机器从系统中被移除。而且，系统中的计算机可以是多种多样的，网络连接形式也可以是多种多样的。

3.2.4 操作系统的管理功能

操作系统是一个庞大的管理控制程序,一个操作系统通常包括进程管理、中断处理、内存管理、文件系统、设备驱动、网络协议、系统安全和输入/输出等功能模块。

1. 进程管理

计算机程序通常有两种存在形式:一种是人(通常是程序员)能够读懂的"源程序"形式。源程序经过某种处理(行话叫"编译")就得到了程序的另一种形式,也就是我们常说的"可执行程序",或者叫"应用软件"。源程序是给人看的:程序员阅读、学习、修改源程序,然后可以生成新的更好的可执行程序。可执行程序通常是人看不懂的,但计算机能读懂它,并按照它里面的指令做事情,以完成一个运算任务。

那么什么是进程呢?一个运行着的程序,我们就把它称为"进程"。具体点说,程序是保存在硬盘上的源代码和可执行文件,当我们要运行它的时候,如当你要运行浏览器程序的时候,会在浏览器图标上双击,这个浏览器程序的可执行文件就被操作系统加载到了内存中,一个浏览器进程就此诞生了。之后,CPU会逐行逐句地读取其中的指令,这也就是所谓的"运行"程序了。直到你上网累了,关闭了浏览器窗口,这个进程也就终止了。但浏览器程序(源代码和可执行文件)还原封不动地保存在硬盘上。

一个运转着的计算机系统就像一个小社会,每个进程都是这个社会中活生生的人,而操作系统就像是政府,它负责维持社会秩序,并为每一个进程提供服务。进程管理就是操作系统的重要工作之一,包括为进程分配运行所需的资源,帮助进程实现彼此间的信息交换,确保一个进程的资源不会被其他进程侵犯,确保运行中的进程之间不会发生冲突。

进程的产生和终止、进程的调度、死锁的预防和处理……这些都是操作系统对于进程的管理工作。

2. 中断处理

操作系统的工作会经常被打断,而且被打断得非常频繁。任何一个进程如果要请求操作系统帮它做些什么,如读写磁盘上的文件,都要去"敲操作系统的门",也就是要操作系统中断手头的工作,来为它服务。针对不同的服务请求,操作系统会调用不同的"中断处理程序"来处理。操作系统里有数以百计的"中断处理程序"来处理各种各样的服务请求。

操作系统中断处理分为硬件中断和软件中断两类。

(1)硬件中断。硬件中断就是"硬件来敲门,请求服务",是外围硬件设备(如键盘、鼠标、磁盘控制器等)发给CPU的一个电信号。在键盘上每按下一个键,都会触发一个硬件中断,于是CPU就要立即来处理,把我们敲的字母显示到屏幕上。

(2)软件中断。软件就是一系列指令。所谓"软件运行",就是CPU逐行地读取并执行这些指令。在一个软件程序中,通常有很多指令都会请求操作系统提供某种服务。由这些程序指令触发的中断就叫"软件中断"。比如说,一个进程要产生子进程、要读写磁盘上的文件、要建立或删除文件等,这些任务都要在操作系统的帮助下才能完成。

另外,系统运行过程中出现的硬件和软件故障也会向操作系统发出中断信号,以便这些意外情况能及时得到处理。

3. 内存管理

在计算机里有很多可以存放程序和数据的地方，按从里向外的层次依次有：寄存器、缓存区、内存、硬盘、光盘、U 盘等。

一个程序如果要运行起来，必须先把它加载到内存中。为什么呢？因为寄存器和缓存区太小，通常放不下一个程序。而硬盘又太慢，如果让 CPU 直接从硬盘里读指令的话，速度将是从内存里读指令的速度的百万分之一。因此，内存这个速度较快，而且又能容纳下不少东西的地方，就成了我们加载程序的唯一选择。

内存管理是操作系统的重要工作。操作系统是计算机内硬件资源的管理者，而内存就是最为抢手的计算机硬件资源之一。大大小小的程序如果要运行，必须由操作系统给它们分配一定的内存空间。内存空间的分配是否合理直接关系到计算机的运行速度和效率。

(1) 操作系统内存管理的主要任务如下：
- 随时知道内存中的哪些地方被分配出去了，还有哪些空间可用；
- 给将要运行的程序分配空间；
- 如果有程序结束了，就把它占用的空间收回，以便分配给新的进程；
- 保护一个进程的空间不会被其他进程非法闯入；
- 为相关进程提供内存空间共享的服务。

(2) 虚拟内存。实际内存的使用情况只有操作系统才需要知道，用户进程看到的内存并不是真正的物理内存，而是一个"虚拟大内存"，大到系统能支持的上限。对于 32 位系统来说，这个上限是 2^{32} B，也就是 4GB。而 64 位操作系统的寻址能力就是 2^{64} B，也就是 17 179 869 184GB，当然这只是理论值，实际中不可能用到这么大的内存，目前 64 位 Windows 系统最大只支持 128GB。

即使实际可用的物理内存小于用户进程所需空间，进程也可以运行，因为用户进程并不需要 100% 被加载到内存中。实际上，一个程序经常包含一些极少被用到的功能模块。比如，用于出错处理的功能模块，如果程序不出错的话，这部分功能模块就没必要加载到内存中。一旦需要加载程序剩余的部分，而找不到可用空间的话，操作系统可以"拆东墙补西墙"，把暂时不运行的进程挪出内存，以腾出空间加载正要运行的程序。

上述内存管理方式采用的就是"虚拟内存"技术。它将用户进程和物理内存隔离开来，给用户进程一个"虚拟内存"的概念，是内存管理的一大飞跃。虚拟内存不仅提高了系统的安全性，还可以让更多的进程同时运行，使内存的使用效率大大提高。同时，程序员在编程时，不必考虑物理内存有多大，这也降低了编程的复杂度。

4. 设备驱动

操作系统和硬件设备打交道依靠的就是设备驱动程序。操作系统内部有很多设备驱动程序。例如，上网要用网卡；听音乐要用声卡等。键盘、鼠标、硬盘……所有这些硬件设备都必须有相应的驱动程序才能正常工作。

现代通用操作系统，如 Windows、Linux 等都会提供一个 I/O 模型，允许设备厂商按照此模型编写设备驱动程序，并加载到操作系统中。目前的 Windows 和 Linux 操作系统都支持即插即用，即插即用是一种使用户可以快速简易安装某硬件设备而无须安装设备驱动程序或重新配置系统的标准。即插即用需要硬件和软件两方面支持,因此主要是看计算机配件是否支持即插即用。如具备即插即用功能,安装硬件就更为简易。

3.2.5 操作系统中的计算思维

1. 树状目录结构与资源管理

在 Windows 中常常利用"资源管理器"和"此电脑"进行信息资源管理,在查看和显示信息时,我们用到了树状目录结构。利用树状目录结构来进行资源管理是计算机中一个重要思想,一般地,涉及资源管理的操作都会使用树状结构。

这种树状结构的设计思想在我们日常生活中也常常用来进行信息的分类组织,比如,我们表达一个单位机构的层次结构等。另外,树状目录结构中,随着当前盘和当前文件夹的转换,也就是当前视点的不断转换,我们是不是感受到了一种层次化结构性的跳跃性思维?这种思维方式是计算机学科一个重要的思维特征。比如,网络域名管理、面向对象的分析与设计方法中的类及其继承体系的应用、Java 中的包管理及引用、程序三大结构的理解、网络规划与设计等。

2. 信息共享机制

Windows 内部出色地提供了各种机制,使应用程序能够迅速而方便地共享数据和信息,这些机制包括剪贴板、对象链接与嵌入、动态数据交换等。

剪贴板是由操作系统维护的一块内存区域,是在 Windows 程序和文件之间传递信息的临时存储区,可以存储正文、图像、声音等多种多样的信息,可以实现不同应用程序间的信息交换。

对象链接与嵌入技术(Object Linking and Embedding,OLE)可以用来创建复合文档,复合文档可以包含来源于不同源应用程序的文件,有着不同类型的数据,即可以把文字、声音、图像、表格、视频、应用程序等组合在一起。OLE 是一种面向对象的技术,对象被赋予了智能属性,即参与链接和嵌入的对象本身带有计算机指令,所以导致它具有明显的缺点:缓慢而且庞大。

动态数据交换(Dynamic Data Exchange,DDE)是一种允许数据在程序间被共享或者通信的技术,可以用来协调操作系统的应用程序之间的数据交换及命令调用。

3. 回收站——恢复机制

"回收站"是计算机硬盘中的一个名为"Recycled"的文件夹,用于存放被删除的文件、文件夹和快捷方式等对象,处于被回收状态。回收站中的对象仍然占用磁盘空间,但是可以恢复,给用户提供一种"后悔药"。这是一种通过纠错方式,在最坏情况下进行预防、保护和恢复的思维,是一种常用的工程思维。在软件设计时应对可能发生的种种意外故障采取措施。软件是很脆弱的,很可能因为一个微小的错误而引发严重的事故,所以必须加强防范。

> **思考与探索**
> 在电子类和机械类等工程中,哪些设计属于"回收站"式的工程思维下的产物呢?

3.2.6 我国操作系统的发展

我国在 20 世纪末期就开始研究国产的操作系统,过去 20 年,诞生超过 20 多个不同的版本,红旗 Red Flag、深度 Deepin、中标麒麟 Neokylin、银河麒麟 Kylin、中兴新支点等都被人所熟知,基本上都是基于 Linux 内核进行开发的。随着技术的成熟,国产操作系统已经从"可用"阶段向"好用"阶段发展,同时也可以支持绝大部分的常用办公软件。基本可以满足企业日常办公、电子政务、智慧城市、国防军工、教育、能源交通、党政机关、医疗、电信、教育、金融、生产作业系统以及安全可靠等多个领域应用需求。

在 2019 年 8 月 9 日,华为正式发布鸿蒙操作系统。2020 年 9 月 10 日,华为鸿蒙系统升级至华为鸿蒙系统 2.0 版本,华为鸿蒙系统是一款全新的面向全场景的分布式操作系统,创造一个超级虚拟终端互联的世界,将人、设备、场景有机地联系在一起,将消费者在全场景生活中接触的多种智能终端实现极速发现、极速连接、硬件互助、资源共享,用最合适的设备提供最佳的场景体验。

华为鸿蒙系统能够把手机的内核级安全能力扩展到其他终端,进而提升全场景设备的安全性。通过设备能力互助,共同抵御攻击,保障智能家居网络安全;通过定义数据和设备的安全级别,对数据和设备都进行了分类分级保护,确保数据流通安全可信。

> **思考与探索**
>
> 递归思想:操作系统作为最基本的系统软件,是计算机硬件系统和软件系统(包括系统软件和应用软件)的组织者和管理者,因此,操作系统作为软件也要受到其自身的管理和控制。这是不是和"老和尚给小和尚讲故事"很相似?"从前有座山,山里有个庙,庙里有个老和尚,给小和尚讲故事。故事讲的是:从前有座山,山里有个庙,庙里有个老和尚,给小和尚讲故事……",这就是著名的递归思想,即整体由局部组成,整体又可以作为局部。在日常生活中,递归一词较常用于描述以自相似方法重复事物的过程。例如,当两面镜子相互之间近似平行时,镜中嵌套的图像是以无限递归的形式出现的。还有哪些计算机应用体现或使用了递归思想呢?

3.3 文件管理系统

为了管理外存储器上的文件,操作系统中设置了管理文件的功能模块——文件管理系统,简称为文件系统。它负责管理文件,并为用户提供对文件进行存取、共享及保护的手段,这不仅方便了用户,保证了文件的安全性,还可以有效地提高系统资源利用率,实现对磁盘文件"长治久安"。

3.3.1 文件与文件系统

操作系统对文件管理的实质是对存放文件的磁盘存储空间管理。具体说,就是当建立一个新的文件时,文件系统要为其分配相应的存储空间;删除一个文件时,要及时收回其所占用的空间。

1. 文件

逻辑上具有完整意义的信息集合称为文件。计算机中,所有的程序和数据都是以文件的形式进行存放和管理的。文件通常由若干记录组成,而记录是一些相关数据项的集合,其数据项是数据组织中可以命名的最小逻辑单位。例如,一位职工的信息记录由姓名、性别、籍贯、出生日期、学历、职称等数据项组成,而一个单位职工信息记录的集合就组成了一个文件。

在计算机系统中,一个完整的程序或一组完整的数据记录都是一个文件,它是操作系统实行信息管理的基本单位。文件中记录的符号元素不仅可以是文字、公式、表格、插图信息,还可以是视频信息和音频信息等,而承载这些信息的媒介是外存储器(各类磁盘),并将磁盘中的文件称为磁盘文件。

2. 文件系统

文件系统是操作系统中与文件管理有关的软件和数据的结合,操作系统中负责存取和管理信息的模块,是对文件的存储空间进行组织和分配,负责文件的存储,并对存入文件进行保护和检索的系统。它用统一的方式管理用户和系统信息的存储、检索、更新、共享和保护,并为用户提供一套高效的文件使用方法,是对文件组织和管理的层次抽象。

文件系统由三部分组成:与文件管理有关的软件、被管理的文件、实施管理所需的数据结构。

(1) 逻辑文件系统层。处理文件及记录的相关操作。例如,允许用户利用符号文件名访问文件及文件中的记录,实现对文件及记录的保护,实现目录操作等。

(2) 文件组织模块层。又称为基本 I/O 管理程序层,完成与磁盘 I/O 有关的工作,包括选择文件所在设备,进行文件逻辑块号到物理块号的转换,对文件空闲存储空间管理,指定 I/O 缓冲区。

(3) 基本文件系统层。又称为物理 I/O 层,负责处理内存和外存之间的数据块交换,只关心数据块在辅助存储设备和在主存缓冲区中的位置,不需了解所传送数据块的内容或文件结构。

(4) 设备驱动程序层。又称为基本 I/O 控制层,主要由磁盘驱动程序组成,负责启动设备 I/O 操作及对设备发来的中断信号进行处理。

3.3.2 文件的命名

一般地,文件名反映文件的内容和类型信息。给文件起名时,应尽可能"见名知义",这样有助于记忆和查找。

(1) 文件名格式:主名.扩展名,主名表达文件内容,扩展名表达文件类型。

(2) 约定一些专用文件的扩展名,表明了不同的文件类型。常见的有:.exe(可执行文件)、.com(系统命令文件)、.sys(系统直接调用文件)、.bat(批处理文件).obj(目标程序文件)、.bak(备份文件)、.tmp(临时文件)、.txt(文本文件)、.doc(Word 文档)、.xls(Excel 工作簿文件)、.ppt(PowerPoint 演示文稿)等。在 Windows 操作系统中还给不同类型的文件赋以形象的图标。

(3) 一些常用的设备也作为文件处理。常见的设备文件名有:CON(键盘/屏幕)、PRN 或 LPT1(第一并行打印机)、LPT2(第二并行打印机)、AUX 或 COM1(第一串行口)、COM2(第二串行口)、NUL(虚拟外部设备)。用户在给文件命名时不能使用系统保留的这些设备名。

(4) 查找和显示时可以使用通配符"*"和"?","*"代表任意多个字符(包括 0 个);"?"代表任意一个字符。例如,"file*"可以代表"file123""file1""file2""file.doc";"file?"可以代表"file1""file2";A＊.doc 可以代表主文件名以 A 开头、扩展名为 DOC 的所有文件,像"ASTB.doc""aBX.doc""ADEF.doc"等。

1. Windows 文件的命名规定

(1) 文件名中可以是数字、大小写字母、汉字和多个其他的 ASCII 字符,最多可以有 255 个字符(包括空格),忽略文件名开头和结尾的空格。

(2) 不能有以下字符出现：\ ／ ：＊ ？ " ＜ ＞ |。

(3) 文件名中可以分别使用英文字母大写和小写,不会将它们转换成同一种字母,但认为大写和小写字母具有同样的意义。例如,MYFILE 和 myfile 认为是同一个文件名。

(4) 可以使用多个分隔符的名字。例如,"myfiles.examples.2010"和"学习计划.2010.xls"等。

2. MS-DOS 文件的命名规定

MS-DOS 中文件的命名除符合文件的一般规定外,还有以下一些规定。

(1) 主文件名最多只允许 8 个字符,扩展名最多只允许 3 个字符,称为"8.3"型文件名。

(2) 这些字符可以是：大小写英文字母、0~9 个数字、汉字及一些特殊符号［如 $、#、&、、@、＜,＞、~、|、^、(、)、-、{,}等］。

3.3.3 文件目录与目录结构

磁盘文件管理采用了一种"逐级分化"的计算思维,即建立便于文件存放和查找的文件目录及其目录结构。

1. 文件目录

文件是信息的集合,文件与信息的关系形如书本的"节"与节中的符号元素,"节名"便是文件名,节中的文字、公式、表格、插图等信息便是文件的内容。书本是承载符号元素的载体。

为了便于文件存储和查找,可在磁盘中建立多个区域,然后在各区域中建立多个"文件夹",而且允许在各文件夹中建立下一级文件夹,把不同文件分别存放到各相关文件夹中,该文件夹被称为文件目录,该目录名就是文件夹名。在每一个文件夹中,可以存放多个不同名字的文件;而在不同的文件夹中,可以使用(命名)相同名字的文件。

2. 目录结构

DOS 和 Windows 采用分层式的文件系统结构,即树状目录结构(Tree Directory Structure)。目录和文件的隶属关系像一棵倒置的树,树枝称为子目录,树的末梢称为文件,这里以 C 盘为例讲述文件系统的层次结构,如图 3.4 所示。

这种文件系统的树状结构有以下几个特点。

(1) 每一个磁盘只有唯一的一个根结点,称根文件,用"\"符号表示,如"C:\"。

(2) 根结点向外可以有若干个子结点,称为文件夹(Folder)。每个子结点都可以作为父结点,再向下分出若干个子结点,即文件夹中可以有若干个文件和子文件夹。

(3) 在同一个文件夹中,不允许有相同的文件名和子文件夹名。

在文件系统和层次结构中,一个文件的位置需要由 3 个因素来确定：文件存放的磁盘、存放的各级文件夹和文件名。在文件层次结构中,一个文件的完整定位为：

图 3.4　树状目录结构

[盘符][路径]主文件名[.扩展名]

说明：

（1）[ ]表示可以省略。

（2）盘符。用磁盘名加上一个"："，如"C:"等。

（3）路径。树状结构中，文件夹呈层次关系。当对某个文件或某一文件夹进行操作时，必须指出该文件或文件夹的存取路径。从某一级文件夹出发（可以是根文件夹，也可以是子文件夹），去定位另一个文件夹或文件夹中的一个文件时，中间可能需要经过若干层次的文件夹才能到达，所经过的这些文件夹序列就称为路径。各文件夹后面要加一个"\"符号。

例如，在图 3.4 中，从根文件夹到"Control.exe"文件的路径表示为："C:\Windows\Command\Control.exe"。

（4）当前文件夹。引入多级文件夹后，对任何一个操作都需要知道当前系统所在的"位置"，也就是说要明确当前的操作是从哪一个文件夹出发的。把执行某一操作时系统所在的那个文件夹称为当前文件夹。

（5）绝对路径。绝对路径是指从根文件夹出发表示的路径名。这种表示方法与当前文件夹无关。例如，在图 3.4 中，\Windows\Media\Ding.wav 表示从根文件夹出发定位文件 Ding.wav。其中：第一个字符"\"表示根文件夹，中间的"\"表示子文件夹之间或子文件夹与文件之间的分隔符。

（6）相对路径。相对路径是指从当前文件夹开始表示的路径，这种表示方法与当前文件夹密切相关。

以图 3.4 为例，设当前目录为 Media，那么 Ding.wav 表示定位当前目录下的文件 Ding.wav；..\Command\Control.exe 表示先返回到当前目录的父目录（Windows 文件夹），再向下定位文件 Control.exe。其中，符号".."代表当前文件夹的父文件夹。操作系统在建立子文件夹的时候，自动生成两个文件夹，一个是"."，代表当前文件夹；另一个是".."，代表当前文件夹的上一级文件夹。

3. 文件管理

建立文件目录结构，为文件的管理和使用提供了极大方便。为了便于用户操作、管理和维护，在文件管理中采用了如下管理措施。

（1）文件分类。为了便于管理和控制，可将文件分为多种类型。如果按用途划分，可分为系统文件、库文件和用户文件；如果按数据形式划分，可分为源文件、目标文件和可执行文件。

（2）文件命名。为了便于操作使用，每个文件必须有唯一的标记，称为文件名。文件名由主文件名和扩展名两部分组成：主文件名可以由多个连续的字符组成，类似一个人的姓名；扩展名是根据需要加上的，一般用来标识文件的性质（如系统文件、库文件、可执行文件等，类似于标明某人的性别）。扩展名跟在主文件名之后，以"."开头，后跟 1～3 个连续的字符。

（3）文件属性。操作系统为不同类型文件定义了独特性质，使每个文件能选取不同的属性：隐含（Hidden）、系统（System）、只读（Read only）、档案（Archive）。它们构成了属性组"HSRA"。

（4）文件操作。为了便于实现文件管理，操作系统提供了许多文件操作功能，如创建文件、复制文件、修改文件、删除文件等。

3.4 处理器系统

现代计算机是一个高度自动化的计算系统，有人把计算机称为"电脑"，是因为它具有类似于人类大脑、按照人的意愿，指挥和控制计算机执行各种操作的功能，这个指挥和控制机构就是由运算器、控制器、寄存器、指令系统等构成的处理器系统，它是计算机硬件系统的核心。

3.4.1 处理器的结构组成

随着超大规模集成电路的高速发展，使得电子器件的体积越来越小，为了使主体器件具有一致性能，则将运算器和控制器集成在一块芯片上，称为中央处理器（Central Processor）或中央处理单元（Central Processing Unit，CPU），在微机中称为微处理器（Microprocessor）。

1. CPU 的基本组成

CPU 是计算机中的核心部件，用来实现运算和控制，并由运算器、控制器、控制线路等组成。

（1）运算器（Arithmetical Unit）。运算器是用来完成算术运算和逻辑运算的部件，其功能：快速地对数据进行加、减、乘、除（包括变更数据符号）等算术运算；"与""或""非"等逻辑运算，逻辑左移、逻辑右移、算术左移、算术右移等移位操作；及时存放算术运算和逻辑运算过程中的中间结果（由通用寄存器组实现），实现挑选参与运算的操作数、选中执行的运算功能，并且把运算结果送到存储器中。

运算器由多功能算术逻辑运算部件（Arithmetic Logical Unit，ALU）、通用寄存器组（包括累加寄存器、数据缓冲寄存器、状态寄存器）及其控制线路组成。寄存器组用来存放运算器的工作信息和运算中间结果，减少访问存储器的次数，以提高运算器的速度。整个运算过程是在控制器的统一指挥下，对取自 RAM 的数据按照程序的编排进行算术或逻辑运算，然后将运算结果送到 RAM。

（2）控制器（Control Unit）。控制器是计算机系统发布操作命令的部件，其功能是根据指令提供的信息，实现对系统各部件（不仅包括 CPU）的操作和控制。例如，计算机程序和原始数据的输入、CPU 内部的信息处理、处理结果的输出、外部设备与主机之间的信息交换等,都是在控制器的控制下实现的。

2. CPU 中的主要部件

CPU 是计算机硬件系统的指挥中心,有人将它形容为人脑的神经中枢。CPU 的指挥控制功能由指令控制、操作控制、时间控制、数据加工等部件实现。

(1) 数据缓冲寄存器(Data Register,DR)。存放从 RAM 中取出的一条指令或数据。

(2) 指令寄存器(Instruction Register,IR)。存放从 RAM 中取出的将要执行的一条指令。

(3) 指令译码器(Instruction Decoder,ID)。执行 IR 中的指令,必须对指令的操作码进行检测,以便识别所要求的操作。

(4) 地址寄存器(Address Register,AR)。用来存放下一条将要执行的指令的地址码。

(5) 累加寄存器(Accumulator,AC)。简称位累加器,当 ALU 执行算术或逻辑运算时为 ALU 提供工作区。

(6) 状态寄存器(Flag Register,FR)。用来存放算术和逻辑运行或测试的结果建立的条件码内容,如运算进位标志、运算结果溢出标志、运算结果为零标志、运算结果为负标志等。

(7) 微操作控制单元和时序部件。根据指令操作码和时序信号产生微操作控制信号,对各种操作实施时间上的控制。

3.4.2 CPU 的主要性能指标

(1) 字与字长。前面讲过,计算机内部作为一个整体参与运算、处理和传送的一串二进制数,称为一个字。在计算机中,许多数据是以字为单位进行处理的,是数据处理的基本单位。字长越长,运算能力就越强,计算精度就越高。

(2) 主频。CPU 有主频、倍频、外频三个重要参数,它们的关系:主频=外频×倍频,主频是 CPU 内部的工作频率,即 CPU 的时钟频率(CPU Clock Speed)。外频是系统总线的工作频率,倍频是它们相差的倍数。CPU 的运行速度通常用主频表示,以 Hz 作为计量单位。主频越高,CPU 的运算速度越快。

(3) 时钟频率。即 CPU 的外部时钟频率(外频),它由计算机主板提供,直接影响 CPU 与内存之间的数据交换速度。

(4) 地址总线宽度。地址总线宽度决定了 CPU 可以访问的物理地址空间,即 CPU 能够使用多大容量的内存。假设 CPU 有 n 条地址线,则其可以访问的物理地址为 2^n 个。

(5) 数据总线宽度。数据总线宽度决定了整个系统的数据流量的大小,数据总线宽度决定了 CPU 与二级高速缓存、内存以及输入/输出设备之间一次数据传输的信息量。

3.4.3 计算机的基本工作原理

计算机的基本工作原理包括存储程序和程序控制。计算机工作时先要把程序和所需数据送入计算机内存,然后存储起来,这就是"存储程序"的原理。运行时,计算机根据事先存储的程序指令,在程序的控制下由控制器周而复始地取出指令、分析指令、执行指令,直至完成全部操作,这就是"程序控制"的原理,计算机基本工作原理如图 3.5 所示。

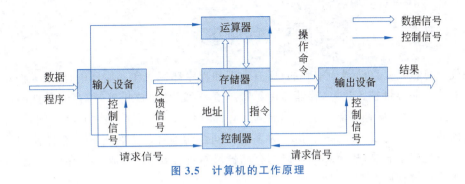

图 3.5　计算机的工作原理

1. 指令和指令系统

指令是指示计算机执行某种操作的命令,它由一串二进制数码组成。一条指令通常由两个部分组成:操作码+地址码。

(1) 操作码。操作码规定计算机完成什么样的操作,如算术运算、逻辑运算或输出数据等操作。

(2) 地址码。地址码是指明操作对象的内容或所在的存储单元地址,即指明操作对象是谁等信息。

一台计算机所能识别和执行的全部指令的集合称为这台计算机的指令系统。

指令按其完成的操作类型可分为数据传送指令(主机←→内存)、数据处理指令(算术和逻辑运算)、程序控制指令(顺序和跳转)、输入/输出指令(主机←→I/O 设备)和其他指令。

程序是由指令组成的有序集合。对一个计算机系统进行总体设计时,设计师必须根据要完成的总体功能设计一个指令系统。指令系统中包含许多指令。为了区别这些指令,每条指令用唯一的代码来表示其操作性质,这就是指令操作码。操作数表示指令所需要的数值或数值在内存中所存放的单元地址。

2. 计算机的工作过程

计算机的工作过程是计算机依次执行程序的指令的过程。一条指令执行完毕后,控制器再取下一条指令执行,如此下去,直到程序执行完毕。计算机完成一条指令操作分为取指令、分析指令和执行指令三个阶段。

(1) 取指令。控制器根据程序计数器的内容(存放指令的内存单元地址)从内存中取出指令送到指令寄存器,同时修改程序计数器的值,使其指向下一条要执行的指令。

(2) 分析指令。对指令寄存器中的指令进行分析和译码。

(3) 执行指令。根据分析和译码实现本指令的操作功能。

> **思考与探索**
>
> 计算机或计算系统可以被认为是由基本动作以及基本动作的各种组合所构成的。对这些基本动作的控制就是指令。指令的各种组合和数据组成了程序。指令和程序的思维是一种重要的计算思维。

3.5 存储器系统

现代计算机是以存储器为中心的,所有数据和程序都存放在存储器中,所以人们总是希望存储器的存储容量越大越好,存储速度越快越好,存储时间越长越好,存储器件的价格越低越好。然而,没有哪种存储器能够同时满足存储容量大、存储速度快、存储时间长、存储器件价格低的要求。为了适应系统需要,故采用不同性能的存储器件——内存储器和外存储器。为了满足应用需要,故将不同性能的存储器进行优化组合,构成一个存储系统,并由操作系统实行高效管理。

3.5.1 存储单位

存储单位用来表示存储容量的大小。计算机中所有的数据信息都是以二进制数的形式进行存储的,所以存储单位是指数据存放时占用的二进制位数,常用的存储单位有位、字节和字。

(1) 位(bit,b)。计算机中存储数据的最小单位,用来存放一位二进制数(0 或 1)。

一个二进制位只能表示 $2(2^1)$ 种状态,若要表示更多的信息,就得组合多个二进制位。

(2) 字节(Byte,B)。计算机中的一个存储单元(Memory Cell),ASCII 中的英文字母、阿拉伯数字、特殊符号和专用符号大约有 128~256 个,刚好可以用 8 个二进制位(1 字节)表示。

计算机中表示存储容量时通常用 KB、MB、GB、TB、PB、EB 等计量单位,换算关系如下:

$1KB=1024B=2^{10}B$ $1MB=1024KB=2^{20}B$ $1GB=1024MB=2^{30}B$
$1TB=1024GB=2^{40}B$ $1PB=1024TB=2^{50}B$ $1EB=1024PB=2^{60}B$

(3) 字(Word,W)。计算机在存储、传送或操作时,作为一个数据单位的一组二进制位称为一个计算机字,简称为"字",每个字所包含的位数称为字长。一个字由若干字节组成,而字节是计算机进行数据处理和数据存储的基本单位,所以"字长"通常是"字节"的整数倍。

3.5.2 内存储器

内存储器(Internal Memory)是计算机中最主要的部件之一,用来存储计算机运行期间所需要的大量程序和数据。内存储器是直接与 CPU 相连并协同工作的存储器,包括只读存储器和随机存储器。随机存储器与 CPU 是计算机中最宝贵的硬件资源,是决定计算机性能的重要因素。内存储器主要由随机存储器(Random Access Memory,RAM)、只读存储器(Read Only Memory,ROM)和高速缓冲存储器(Cache)组成。

1. 随机存储器(RAM)

RAM 的作用是临时存放正在运行用户程序和数据及临时(从磁盘)调用的系统程序。其特点是 RAM 中的数据可以随机读出或者写入。关机或者停电时,其中的数据会丢失。

RAM 又可分为静态存储器(Static RAM,SRAM)和动态存储器(Dynamic RAM,DRAM)。

SRAM 的特点是工作速度快,只要电源不撤除,写入 SRAM 的信息就不会消失,不需要刷新电路,同时读取时不破坏原来存放的信息。信息一经写入可多次读出,但 SRAM 的集成度较低功耗较大。SRAM 一般用来作为计算机中的高速缓冲存储器(Cache)。

DRAM 的优点是集成度较高，功耗也较低，其缺点是保存在 DRAM 中的信息，随着电容器的漏电会逐渐消失，一般信息保存时间为 2ms 左右，为了保存 DRAM 中的信息。必须每隔 1～2ms 对其刷新一次。因此采用 DRAM 的计算机必须配置动态刷新电路，以防信息丢失，DRAM 一般用作计算机中的主存储器，人们平常所说的内存就是 DRAM。

2. 只读存储器(ROM)

ROM 的作用是存放一些需要长期保留的程序和数据，如系统程序、控制时存放的控制程序等。其特点是只能读，一般不能改写，能长期保留其上的数据，即使断电也不会破坏。一般在系统主板上装有 ROM-BIOS，它是固化在 ROM 芯片中的系统引导程序，完成系统加电自检、引导和设置输入输出接口的任务。

3. 高速缓冲存储器(Cache)

CPU 在执行程序时，总是按指令地址或操作数地址访问主存的。理论上，主存的读、写速度与 CPU 的工作速度不仅越快越好，两者的速度还应该一致。然而，现代计算系统对 CPU 的性能要求越来越高，对主存容量要求越来越大。如果用同 CPU 一样性能的材料制作主存储器，则会使计算机的成本大幅度提高。因此，一般通用计算机的主存速度较 CPU 速度低，CPU 的时钟频率远远超过了主存的响应速度，故使得 CPU 的执行速度受主存的限制而不能充分发挥自身的快速作用，从而降低了计算机整体的运行速度。

为了协调主存与 CPU 速度上的差异，目前解决这个问题的最有效办法是采用 Cache 技术。Cache 是一种在主存与 CPU 间起缓冲作用的存储器，所以称为高速缓冲存储器。Cache 是在 CPU 与主存两者之间增加一级在速度上与 CPU 相等，在功能上与主存相同的高速缓冲存储器，以其实现在两个不同工作速度的部件之间，在交换信息的过程中起缓冲(协调)作用。

Cache 的容量一般为 512KB 左右，并嵌入 CPU。计算机开始运行后，将当前正要执行的一部分程序批量地从主存复制到 Cache，CPU 读取指令时，先到 Cache 中查找。若在 Cache 中找到，则直接从 Cache 中读取(称为命中)，否则从主存中读取。

Cache 既提高了系统性能，又保持了造价低廉。现在一般微型机中都含有内部 Cache，否则其速度难以真正实现。

4. 内存的性能指标

(1) 存储容量。通常以 RAM 的存储容量来表示微型计算机的内存容量。常用单位有 KB、MB、GB 等。

(2) 存取周期。内存的存取周期是指存储器进行两次连续、独立的操作(存数的写操作和取数的读操作)之间所需要的最短时间，以 ns(纳秒)为单位，该值越小速度越快。常见的有 7ns、10ns、60ns 等。存储器的存取周期是衡量主存储器工作速度的重要指标。

(3) 功耗。它能反映存储器耗电量的大小，也反映了发热程度。功耗小，对存储器的工作稳定有利。

3.5.3 外存储器

外存储器(External Storage)是相对内存储器或主存储器而命名的，所以又称为辅助存储器(Auxiliary Storage),用来存放当前不参加运行的程序和数据。与 RAM 相比,外存储器存储容量较大、价格较低、速度较慢,并且不能直接与处理器相连。由于它是一种磁质存储器,因而能永久保存磁盘中的信息。目前常用的外存储器有硬盘存储器、光盘存储器、U盘存储器、移动硬盘、云存储等。在大型和巨型机中,还有磁带存储器(Magnetic Tape Storage),主要用于大数据存储。

1. 硬盘存储器

硬盘是计算机主要的存储媒介之一,由一个或者多个铝制或者玻璃制的碟片组成。碟片外覆盖有铁磁性材料。

硬盘主要有固态硬盘、机械硬盘、混合硬盘三类。

(1) 固态硬盘(Solid State Disk、Solid State Drive,SSD)。固态硬盘是用固态电子存储芯片阵列而制成的硬盘,固态硬盘的存储介质分为两种,一种是采用闪存(FLASH 芯片)作为存储介质,另外一种是采用 DRAM 作为存储介质。近年来还推出了 XPoint 颗粒技术。

基于闪存的固态硬盘是固态硬盘的主要类别,其内部构造十分简单,固态硬盘内主体其实就是一块印刷电路板,而这块板上最基本的配件就是控制芯片、缓存芯片(部分低端硬盘无缓存芯片)和用于存储数据的闪存芯片。

固态硬盘的主要特点是读写速度快。采用闪存作为存储介质,读取速度相对机械硬盘更快。固态硬盘不用磁头,寻道时间几乎为 0。防震抗摔性、低功耗、无噪音、抗震动、低热量、体积小、重量轻、工作温度范围大。

(2) 机械硬盘(Hard Disk Drive,HDD)。机械硬盘即是传统普通硬盘,如图 3.6 所示。主要由盘片、磁头、盘片转轴及控制电机、磁头控制器、数据转换器、接口、缓存等几个部分组成。

图 3.6　机械硬盘

机械硬盘中所有的盘片都装在一个旋转轴上,每张盘片之间是平行的,在每个盘片的存储面上有一个磁头,磁头与盘片之间的距离比头发丝的直径还小,所有的磁头联在一个磁头控制器上,由磁头控制器负责各个磁头的运动。磁头可沿盘片的半径方向运动,加上盘片每分钟几千转的高速旋转,磁头就可以定位在盘片的指定位置上进行数据的读写操作。

(3) 混合硬盘(Hybrid Hard Disk,HHD)。混合硬盘是把磁性硬盘和闪存集成到一起的一种硬盘。

2. 光盘存储器

光盘存储器由光盘驱动器和盘片组成,其盘片(也称为母盘)上敷以光敏材料,激光照射时,分子排列发生变化,形成小坑点(也称为光点),以此记录二进制信息。光盘特点是存储容量大、存储成本低、易保存。常见的光盘驱动器有 CD-ROM、DVD-ROM、CD-RW、CD-R。

3. 移动存储器

目前常见的移动存储设备主要是闪盘和移动硬盘。

(1) 闪盘。闪盘具有 USB 接头,只要插入任何个人计算机 USB 插槽,计算机便会检测到并把它视为另一个硬盘,又称优盘或闪存。目前常见的闪盘存储容量有 64GB、128GB、

256GB、512GB、1TB等,资料储存期限可达10年以上。按功能可分为无驱型、固化型、加密型、启动型和红外型等。

(2)移动硬盘。移动硬盘是以硬盘为存储介质,以"盘片"存储文件,容量较大,数据的读写模式与标准IDE硬盘是相同的。移动硬盘多采用USB、IEEE 1394等传输速度较快的接口。移动硬盘的容量有500GB、1TB、5TB等。

4. 云存储

云存储是与云计算同时发展的一个概念。云存储是通过网络提供可配置的虚拟的存储及相关数据的服务,即将存储作为一种服务,通过网络提供给用户。用户可以通过若干种方式使用云存储。用户可直接使用与云存储相关的在线服务,如网络硬盘、在线存储、在线备份或在线归档等服务。目前,提供云存储服务的有Google drive、iCloud、华为网盘、everbox、Windows Live Mesh和360云盘等。

3.5.4 存储体系

为了使计算机能自动、高速运行,除实行存储程序控制外,还需要采取相应的技术措施:一是协调RAM与CPU之间的运行速度;二是动态地组织存储空间;三是充分利用各种存储器的性能特点并进行优化组合,构成一个存储体系,通过彼此协调工作,提高计算机系统的整体性能。

1. 虚拟存储器

Cache的引入相当于提高了主存的速度。但对整体而言,不仅要求主存速度快,而且还要求存储容量大,但主存容量毕竟是有限的。为了解决这一供需矛盾,现代操作系统中普遍采用虚拟存储技术。其基本思想:在程序装入时只将当前需要执行的内容装入内存,暂时不用的其余部分保留在外存中;在程序执行过程中,如果需要用到的数据不在内存中,则由操作系统从外存储器上将其调入内存中,从而使用户可以使用一个比实际内存容量大得多的"虚拟存储"空间。

虚拟存储器不是一个实际的物理存储器,而是建立在主-辅层次结构上,由主存储器、辅助存储器和操作系统的存储管理软件组成的存储体系。虚拟存储体系的实现有三个基本要素:一是有一定的内存容量,能够存放基本程序和数据;二是有足够的外存空间,能够存放多个用户程序;三是有地址变换机构,以动态实现存储过程中逻辑地址到物理地址的变换,也称为地址映射。

2. 存储体系结构

计算机中存储器包括主存储器、辅助存储器和高速缓冲存储器,它们各有其功能特点:主存储器容量较大,运行速度较快,用来在计算机运行时存放操作系统和其他程序代码;辅存是针对主存而言的,主要指硬磁盘,其存储容量最大,速度慢,用来存储各种程序和数据;Cache存储容量最小,运行速度最快,用来协调RAM与CPU之间速度上的不一致。为了充分利用三种存储器各自的特点,"存储体系"应运而生:人们采用"Cache+RAM+硬磁盘"的三级存储体系来解决存储容量和存储速度上的矛盾。三级存储体系的逻辑结构如图3.7所示,其对应的层次结构如图3.8所示。

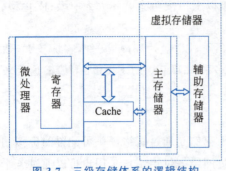
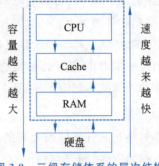

图 3.7 三级存储体系的逻辑结构　　　图 3.8 三级存储体系的层次结构

由于采用三级存储体系结构,既能满足速度、容量要求,又具有良好的性能/价格比,因而已成为现代计算机系统中普遍的存储体系结构模式。它们均由操作系统实施调配和协调。

3.6 总线、主板和输入/输出系统

计算机硬件系统由功能不同、性能各异的部件组成。为了使系统中的各功能部件能够"彼此适应、齐头并进"地高效工作,必须有效"组织与协调",而担负起该工作的就是总线、主板和输入/输出系统。

3.6.1 总线系统

计算机硬件系统中的主机、输入/输出、外存及其他设备。可通过一组导线按照某种连接方式组织起来,构成一个完整的硬件系统,这组导线被称为总线,是各部件之间的数据通道。

1. 总线的分类

按照计算机所传输的信息种类,计算机的总线主要分为数据总线、地址总线和控制总线三种,分别用来传输数据、数据地址和控制信号,如图 3.9 所示。

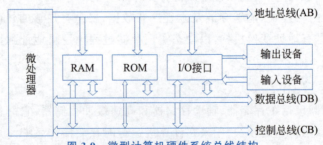

图 3.9 微型计算机硬件系统总线结构

(1) 数据总线(Data Bus)。数据总线用于实现数据的输入和输出,数据总线的宽度等于计算机的字长。因此数据总线的宽度是决定计算机性能的主要指标。

(2) 地址总线(Address Bus)。地址总线用于 CPU 访问内存和外部设备时传送相关地址。实现信息传送的设备的选择。例如,CPU 与主存传送数据或指令时,必须将主存单元

的地址送到地址总线上。地址总线通常是单向线,地址信息由源部件发送到目的部件。地址总线的宽度决定 CPU 的寻址能力。若某计算机的地址总线为 n 位,则此计算机的寻址范围为 $0 \sim 2^n - 1$。

(3) 控制总线(Control Bus)。控制总线用于 CPU 访问内存和外部设备时传送控制信号,从而控制对数据总线和地址总线的访问和使用。

2. 常用总线标准

在计算机系统中通常采用标准总线。标准总线不仅具体规定了线数及每根线的功能,而且还规定了统一的电气特性。主板上主要有 FSB、MB、PCI、PCI-E、USB、LPC、IHA 七大总线和 CA、EISA、VESA、PCI、AGP 等总线标准。现在,主板上配备较多的是 PCI 和 AGP 总线。PCI(Peripheral Component Internet)是一种局部总线标准,它能够一次处理 32 位数据,用于声卡、内置调制解调器的连接。AGP(Accelerated Graphics Port)加速图形端口,是显卡的专用扩展插槽。它是在 PCI 图形接口的基础上发展而来的。AGP 直接把显卡与主板控制芯片连接在一起,从而很好地解决了低带宽 PCI 接口造成的系统瓶颈问题。

3. 系统总线的主要性能指标

(1) 总线的带宽。总线的带宽是指单位时间内总线上可传送的数据量,即每秒钟传送的字节数,它与总线的位宽和总线的工作频率有关。

(2) 总线的位宽。总线的位宽是指总线能同时传送的数据位数,即数据总线的位数。

(3) 总线的工作频率。总线的工作频率也称为总线的时钟频率,以 MHz 为单位,总线带宽越宽,总线工作速度越快。

3.6.2 系统主板

系统主板(System Board)又称主板或系统板,用于连接计算机的多个部件,它安装在主机箱内,是微型计算机的最基本、最重要的部件之一。在微机系统中,CPU、RAM、存储设备和显示卡等所有部件都是通过主板相结合,主板性能和质量的好坏将直接影响整个系统的性能。

1. 主要部件

集成在主机板上的主要部件有:芯片组、扩展槽(总线)、BIOS 芯片、CMOS 芯片、电池、CPU 插座、内存槽、Cache 芯片、DIP 开关、键盘插座及小线接脚等。其结构如图 3.10 所示。

图 3.10 主板的结构

主板结构是根据主板上各元器件的布局排列方式、尺寸大小、形状、所使用的电源规格等制定出的通用标准,所有主板厂商都必须遵循,如 ATX、BTX 等。

主板采用了开放式结构。主板上大都有 6～15 个扩展插槽,供 PC 机外围设备的控制卡(适配器)插接。通过更换这些插卡,可以对微机的相应子系统进行局部升级,使厂家和用户在配置机型方面有更大的灵活性。

(1) 芯片组。芯片组(Chipset)是主板的核心组成部分,几乎决定了这块主板的功能,进而影响到整个计算机系统性能的发挥。按照在主板上的排列位置的不同,通常分为北桥芯片和南桥芯片。北桥芯片提供对 CPU 的类型和主频、内存的类型和最大容量、ISA/PCI/AGP 插槽、ECC 纠错等支持。南桥芯片则提供对键盘控制器、实时时钟控制器、USB 等的支持。其中北桥芯片起着主导性的作用,也称为主桥(Host Bridge)。

(2) CPU 插座与插槽。不同主板支持不同的 CPU,其上的 CPU 插座(或插槽)也各不相同。

(3) 内存插槽与内存条。在主板上,有专门用来安插内存条的插槽,称为系统内存插槽。根据内存条的线数,可以把内存分为 72 线、168 线、184 线、240 线等;根据内存条的容量,可以分为 512MB、1GB、2GB 等。用户可以根据自己主板上的内存插槽类型和个数酌情增插内存条,以扩充计算机内存。

(4) 扩展槽与扩展总线。扩展槽是主板上用于固定扩展卡并将其连接到系统总线上的插槽,也称扩充插槽,又称总线接插口,计算机的外设通过接口电路板连接到主板上的总线接插口,与系统总线相连接。可以连接声卡、显卡等设备。扩展槽总线是主板与插到它上面的板卡的数据流通的通道。扩展槽口中的金属线就是扩展总线。扩展槽有 ISA、EISA、VESA、PCI、AGP 等多种类型。扩展槽是一种添加或增强计算机特性及功能的方法。扩展槽的种类和数量的多少是决定一块主板好坏的重要指标。

(5) 基本输入/输出系统。基本输入/输出系统(Basic Input/Output System,BIOS)是高层软件(如操作系统)与硬件之间的接口。BIOS 主要实现系统启动、系统自检、基本外部设备输入/输出驱动和系统配置分析等功能。BIOS 一旦损坏,机器将不能工作。有一些病毒(如 CIH 等)专门破坏 BIOS,使计算机无法正常开机工作,以致系统瘫痪,造成严重后果。

(6) CMOS。CMOS 是一块小型的 RAM,具有工作电压低、耗电量少的特点。在 CMOS 中保存有存储器和外部设备的种类、规格及当前日期、时间等系统硬件配置和一些用户设定的参数,为系统的正常运行提供所需数据。若 CMOS 上记载的数据出错或数据丢失,则系统无法正常工作。恢复 CMOS 参数的方法:系统启动时,按设置键(通常是 Delete 键)进入 BIOS 设置窗口,在窗口内进行 CMOS 的设置。CMOS 开机时由系统电源供电,关机时靠主板上的电池供电,即使关机,信息也不会丢失,但应注意更换电池。

2. 工作原理

当主机加电时,电流会在瞬间通过 CPU、南北桥芯片、内存插槽、AGP 插槽、PCI 插槽、IDE 接口以及主板边缘的串口、并口、PS/2 接口等。随后,主板会根据 BIOS(基本输入/输出系统)来识别硬件,并进入操作系统发挥出支撑系统平台工作的功能。

3.6.3 输入/输出设备

输入/输出设备是计算机硬件系统的功能部件,通过输入设备,把程序、数据、图形、图像甚至语音等信息送入计算机。经过计算机运算或处理后,由输出设备输出运算或处理结果。

1. 输入设备

输入设备用来向计算机输入各种信息,目前常用的输入设备有键盘、鼠标、光电笔、扫描仪、数字化仪、字符阅读器及智能输入(如将语音或手写体转换成文字)设备等。

(1) 键盘。键盘是用于操作设备运行的一种指令和数据输入装置,是最常用也是最主要的实现人机交互的设备,它由一组排列成矩阵形式的按键开关组成,每按下一个键,相当于接通了相应的开关电路,产生一个相应的字符代码(每个按键的位置码),然后将它转换成 ASCII 码或其他编码送到主机。用户不仅可以通过键盘输入命令、数据和程序等信息,还可以通过一些操作组合键来控制信息的输入和编辑,或对系统的运行实行一定程度的干预和控制。常规的键盘有机械式按键和电容式按键两种。在工控机键盘中还有一种轻触薄膜按键的键盘。键盘的接口有 AT 接口、PS/2 接口和 USB 接口。

(2) 鼠标。鼠标是一种屏幕标定装置。鼠标的鼻祖于 1968 年出现,美国科学家道格拉斯·恩格尔巴特(Douglas Englebart)在加利福尼亚制作了第一只鼠标。

鼠标分有线和无线两种。按接口类型可分为串行鼠标、PS/2 鼠标、总线鼠标和 USB 鼠标。按其工作原理及其内部结构的不同可以分为机械式、光机式、光电式和蓝牙式。

(3) 触摸屏。触摸屏是一种附加在显示器上的辅助输入设备。借助这种设备,用户用手指直接触摸屏幕上显示的某个按钮或某个区域,即可达到相应选择的目的,触摸屏为人机交互提供了更简单、更直观的输入方式。触摸屏主要有红外式、电阻式和电容式三种。红外式分辨率低;电阻式分辨率高,透光性稍差;电容式分辨率高,透光性好。

2. 输出设备

输出设备用来输出计算机的信息处理结果,包括数字、文字、表格、图形、图像、语音等。目前常用的输出设备有显示器、打印机、绘图仪等。利用输出设备,可将处理结果呈现给用户。

1) 显示器

显示(Display)是一种将一定的电子文件通过特定的传输设备显示到屏幕上,再反射到人眼的显示工具。显示器通过 VGA、DVI 或 HDMI 接口与主机相连。

根据制造材料的不同,显示器分为阴极射线管显示器(CRT)、等离子显示器(PDP)、液晶显示器(LCD)等。显示器的主要技术如下。

(1) 屏幕尺寸。指矩形屏幕的对角线长度,以英寸为单位,反映显示屏幕的大小。

(2) 显示分辨率。指屏幕像素的点阵。像素是指屏幕上能被独立控制其颜色和亮度的最小区域,即荧光点。显示分辨率通常写成(水平点数)×(垂直点数)的形式。例如,800×600、1024×768 等许多规格,它取决于垂直方向和水平方向扫描线的线数。

(3) 点距。指一种给定颜色的一个发光点与离它最近的相邻同色发光点之间的距离。在任何相同分辨率下,点距越小,图像就越清晰,常见的点距规格有 0.31 mm、0.28 mm、0.25 mm 等。

(4) 扫描频率。指显示器每秒钟扫描的行数,单位为千赫(kHz)。它决定着最大逐行扫描清晰度和刷新速度。水平扫描频率、垂直扫描频率、分辨率这三者是密切相关的,每种分辨率都有其对应的最基本的扫描速度,例如,分辨率为 1024×768 的水平扫描速率为 64kHz。

(5) 刷新速度。指每秒钟出现新图像的数量,单位为赫兹(Hz)。刷新率越高,图像的质量就越好,闪烁越不明显,人的感觉就越舒适。

2) 打印机

打印机是计算机系统中一个重要的输出设备。它可以把计算机处理的结果(文字或图形)打印在相关介质上,通过打印机接口或 USB 接口与主机相连。

按照工作方式的不同,可分为针式打印机、喷墨式打印机、激光打印机等。针式打印机通过打印机和纸张的物理接触来打印字符图形,而后两种打印机通过喷射墨粉来印刷字符图形。

3D 打印(3DP)是一种以数字模型文件为基础,运用粉末状金属或塑料等可粘合材料,通过逐层打印的方式来构造物体的技术。3D 打印通常是采用数字技术材料的打印机来实现的。

3) 绘图仪

绘图仪主要用于绘制各种管理图表和统计图、大地测量图、建筑设计图、电路布线图、各种机械图与计算机辅助设计图等。

4) 音箱

音箱是将电信号转换成机械信号的振动,再形成人耳可听到的声波的输出设备。

3.6.4 计算机的启动过程

计算机是如何启动的?计算机的启动是一个非常复杂的过程,从打开电源到开始操作,我们看见屏幕快速滚动,并出现各种提示。它的整个启动过程分成四个阶段。

1. 第一阶段:BIOS

20 世纪 70 年代初,只读内存(ROM)发明,开机程序被刷入 ROM 芯片,计算机通电后,第一件事就是读取它。

(1) 硬件自检。基本输入/输出系统(BIOS)程序首先检查,计算机硬件能否满足运行的基本条件,这称为硬件自检(Power-On Self-Test,POST)。如果硬件出现问题,主板会发出不同含义的蜂鸣,启动中止。如果没有问题,屏幕就会显示出 CPU、内存、硬盘等信息。

(2) 启动顺序。硬件自检完成后,BIOS 把控制权转交给下一阶段的启动程序。这时,BIOS 需要知道下一阶段的启动程序具体存放在哪一个设备。也就是说,BIOS 需要有一个外部储存设备的排序,排在前面的设备就是优先转交控制权的设备。这种排序称为启动顺序(Boot Sequence)。打开 BIOS 的操作界面,里面有一项就是"设定启动顺序"。

2. 第二阶段:主引导记录

BIOS 按照启动顺序,把控制权转交给排在第一位的储存设备。这时,计算机读取该设备的第一个扇区,也就是读取最前面的 512 字节。如果这 512 字节的最后两字节是 0x55 和 0xAA,表明这个设备可以用于启动;如果不是,表明设备不能用于启动,于是控制权被转交给启动顺序中的下一个设备。

这最前面的 512 字节,就称为主引导记录(Master Boot Record,MBR)。

(1) 主引导记录的结构。主引导记录只有 512 字节,主要作用是告诉计算机到硬盘的哪一个位置去找操作系统。

主引导记录由三个部分组成：第1~446字节为调用操作系统的机器码；第447~510字节为分区表（Partition Table），它的作用是将硬盘分成若干个区；第511~512字节为主引导记录签名（0x55和0xAA）。

（2）分区表。硬盘分区有很多好处。考虑到每个区可以安装不同的操作系统，主引导记录必须知道将控制权转交给哪个区。分区表的长度只有64字节，里面又分成四项，每项16字节。所以，一个硬盘最多只能分四个一级分区，又称为主分区。

每个主分区的16字节，由6个部分组成。第1字节：如果为0x80，就表示该主分区是激活分区，控制权要转交给这个分区。四个主分区里面只能有一个是激活的；第2~4字节是主分区第一个扇区的物理位置（柱面、磁头、扇区号等）；第5字节是主分区类型；第6~8字节是主分区最后一个扇区的物理位置；第9~12字节是该主分区第一个扇区的逻辑地址；第13~16字节是主分区的扇区总数，决定了这个主分区的长度。也就是说，一个主分区的扇区总数最多不超过2^{32}。

如果每个扇区为512字节，就意味着单个分区最大不超过2TB。再考虑到扇区的逻辑地址也是32位，所以单个硬盘可利用的空间最大也不超过2TB。如果想使用更大的硬盘，有两个方法：一是提高每个扇区的字节数，二是增加扇区总数。

3. 第三阶段：硬盘启动

这时，计算机的控制权就要转交给硬盘的某个分区了，这里又分成三种情况。

情况1：卷引导记录。前面提到，四个主分区里面只有一个是激活的。计算机会读取激活分区的第一个扇区，称为卷引导记录（Volume Boot Record，VBR）。卷引导记录的主要作用是，告诉计算机，操作系统在这个分区里的位置。然后，计算机就会加载操作系统了。

情况2：扩展分区和逻辑分区。随着硬盘越来越大，四个主分区已经不够了，需要更多的分区。但是，分区表只有四项，因此规定有且仅有一个区可以被定义成扩展分区（Extended Partition）。所谓"扩展分区"，就是指这个区里面又分成多个区。这种分区里面的分区，就称为逻辑分区（Logical Partition）。计算机先读取扩展分区的第一个扇区，称为"扩展引导记录"（Extended Boot Record，EBR）。它里面也包含一张64字节的分区表，但是最多只有两项（也就是两个逻辑分区）。计算机接着读取第二个逻辑分区的第一个扇区，再从里面的分区表中找到第三个逻辑分区的位置，以此类推，直到某个逻辑分区的分区表只包含它自身为止（只有一个分区项）。因此，扩展分区可以包含无数个逻辑分区。但是，似乎很少通过这种方式启动操作系统。如果操作系统确实安装在扩展分区，一般采用情况3方式启动。

情况3：启动管理器。在这种情况下，计算机读取主引导记录前面446字节的机器码之后，不再把控制权转交给某一个分区，而是运行事先安装的启动管理器（Boot Loader），由用户选择启动哪一个操作系统。Linux环境中，目前最流行的启动管理器是Grub。

4. 第四阶段：操作系统

控制权转交给操作系统后，操作系统的内核首先被载入内存，然后是载入和初始化硬件驱动、启动服务等，从而启动整个操作系统。

至此，全部启动过程完成。

基础知识练习

（1）简单解析交互方式和程序方式这两种使用计算机的方式的区别。
（2）软件系统分为哪两大类？操作系统属于哪一类？
（3）操作系统的主要功能是什么？目前微机上常用的操作系统有哪些？
（4）文件系统的功能是什么？
（5）完整的文件名包括哪几部分？在 Windows 中文件的命名规则有哪些？
（6）什么是绝对路径、相对路径和文件标识？如何使用通配符"？"和"＊"？
（7）快捷方式的作用是什么？
（8）你认为在日常生活中还有哪些问题没有得到计算机很好的解决？希望未来的软件是什么模式？
（9）什么是指令和指令系统？
（10）简述计算机的工作过程。
（11）什么是系统总线？微机中的总线分为哪几种？
（12）对比内存和外存的作用和特点。
（13）内存按功能分为哪几类？各自的特点是什么？
（14）简述硬盘的结构及使用注意事项。
（15）简述液晶显示器显示彩色的原理。
（16）关闭应用软件时，常常会看到提示保存的消息对话框，请问它与内存有什么关系？

能力拓展与训练

1. 角色模拟

（1）现有一位大学生想购买一台价格在 4000 元左右的笔记本电脑，要求同学们分组自选角色扮演此用户和计算机公司营销人员，模拟进行需求调研。要求写出项目需求报告和项目实施报告，然后共同检查项目实施报告的可行性。

（2）现有一位用户需要进行 Windows 操作系统的日常维护（提示：Windows 操作系统的维护主要包括操作系统的定时升级、安装杀毒软件和防火墙、磁盘碎片整理、清除垃圾文件、内存管理等）。围绕项目包括的内容，分组自选角色扮演用户和计算机技术人员，进行项目需求调研。要求写出项目需求和实施报告。

（3）以小组为单位，在 Windows 资源管理器中，以菜单交互方式在 D 盘根目录下建立一小组文件夹，在此文件夹下再建立小组成员的子文件夹。建成后，小组成员分别建立自己的 WPS 文档，并保存到各自的文件夹下。最后，进入命令交互方式，通过 dir 命令查看所建立的小组的树状目录结构及存放的文档，并记录下所查看到的文档属性。最后提交一份对两种交互方式的感受报告。

（4）有一个物流公司需要研发物流管理软件。围绕软件的功能和性能需求，分组自选角色扮演用户和计算机技术人员，进行软件需求分析。要求写出软件需求分析报告。

（提示：与用户沟通获取需求的方法有很多，包括访谈、发放调查表、使用情景分析技术、使用快速软件原型技术等。)

2. 实践与探索

（1）结合所学的计算思维和相关知识，尝试写一份关于"如何平衡 CPU 的性能和功耗"的研究报告。

（2）查阅资料，解析 U 盘的原理。

（3）结合所学的计算思维和相关知识，对比你的手机和学校的台式计算机在体系结构、信息处理能力等方面的区别和联系。

（4）查阅资料，了解 3D 打印的发展状况。

（5）使用"和田十二法"，尝试设计一种新型多功能计算机，使其比现在常用的计算机至少在 3 个方面有所改进，写出你的设计方案。

（6）比较当前几种操作系统的优缺点及应用特色，并预测未来操作系统的发展趋势，然后写出报告。

（7）结合自己用过的软件，归纳总结其中的应用模式。

（8）结合本章学习，写一份关于交互式使用计算机的研究报告，重要突出计算思维的内容。

（9）解析"软件＝程序＋数据＋文档"的含义。

第 4 章

算 法 思 维

4.1 算法的概念

1976 年,瑞士苏黎世联邦工业大学的科学家 Niklaus Wirth(Pascal 语言的发明者,1984 年图灵奖获得者)发表了专著,其中提出公式"程序＝算法＋数据结构"(Programs＝Algorithm＋Data Structures),这一公式的关键是指出了程序是由算法和数据结构有机结合构成的。程序是完成某一任务的指令或语句的有序集合;数据是程序处理的对象和结果。就像我们写文章,文章＝材料＋构思,构思是文章的灵魂,同样算法是程序的灵魂,也是计算的灵魂,在计算思维中占有重要地位。

4.1.1 什么是算法

做任何事情都有一定的步骤。例如,学生考大学,首先要填报名单,交报名费,拿准考证,然后参加全国高考,得到录取通知书,到指定大学报到。为解决一个确定类问题而采取的方法和步骤称为算法(Algorithm)。算法规定了任务执行或问题求解的一系列步骤。菜谱是做菜的"算法";歌谱是一首歌曲的"算法";洗衣机说明书是洗衣机使用的"算法"等。

算法不仅是计算机科学的一个分支,更是计算机科学的核心。Google 最根本的技术核心就是算法! Google 算法始于 PageRank,是 1997 年拉里·佩奇(Larry Page)在斯坦福大学读博士学位时开发的。

4.1.2 算法的分类

按照算法所使用的技术领域,算法可大致分为基本算法、数据结构算法、数论与代数算法、计算几何的算法、图论的算法、动态规划及数值分析、加密算法、排序算法、检索算法、随机化算法、并行算法、随机森林算法等。

按照算法的形式,算法可分为以下三种。

(1) 生活算法。完成某一项工作的方法和步骤。

(2) 数学算法。对一类计算问题的机械的统一的求解方法,如求一元二次方程的解、求圆面积、立方体的体积等。

(3) 计算机算法。对运用计算思维设计的问题求解方案的精确描述,即一种有限、确定、有效并适合计算机程序来实现的解决问题的方法。比如,人们玩扑克的时候,如果要求同花色的牌放在一起而且从小到大排序,人们一般都会边摸牌边把每张牌依次插到合适的位置,等把牌摸完了,牌的顺序也排好了。这是我们生活中摸牌的一个过程,也是一种算法。我们的计算机学科就把这个生活算法转化成了计算机算法,称为插入排序算法。

4.1.3 算法应具备的特征

一个算法应该具有以下五个重要的特征。

（1）确切性。算法的每一个步骤必须具有确切的定义，不能有二义性。

（2）可行性。算法中执行的任何计算步骤都是可以被分解为基本的可执行的操作步骤，即每个计算步骤都可以在有限时间内完成(也称为有效性)。

（3）输入项。一个算法有0个或多个输入，以刻画运算对象的初始情况，所谓0个输入是指算法本身设定了初始条件。

（4）输出项。一个算法有一个或多个输出，以反映对输入数据加工后的结果。没有输出的算法是毫无意义的。

（5）有穷性。一个算法必须保证执行有限步后结束。

例如，操作系统，是一个在无限循环中执行的程序，因而不是一个算法。但操作系统的各种任务可看成单独的问题，每一个问题由操作系统中的一个子程序通过特定的算法来实现。该子程序得到输出结果后便终止。

> **思考与探索**
>
> 　　人类的生活算法或者数学算法，通过人类的思维活动，充分利用计算机的高速度、大存储、自动化的特点，就可以生成计算机算法来帮助人类解决现实世界中的问题。
>
> 　　算法求解问题的基本步骤：数学建模→算法的过程设计→算法的描述→算法的模拟与分析→算法的复杂性分析→算法实现。

4.2 算法的设计与分析

4.2.1 问题求解的步骤

人类解决问题的方式是当遇到一个问题时，首先从大脑中搜索已有的知识和经验，寻找它们之间具有关联的地方，将一个未知问题做适当的转换，转换成一个或多个已知问题进行求解，最后综合起来得到原始问题的解决方案。让计算机帮助我们解决问题也不例外。

（1）建立现实问题的数学模型。首先要让计算机理解问题是什么，这就需要建立现实问题的数学模型，前面提到，在计算思维中，抽象思维最为重要的用途是产生各种各样的系统模型，作为解决问题的基础，因此建模是抽象思维更为深入的认识行为。

（2）输入输出问题。输入是将自然语言或人类能够理解的其他表达方式描述的问题转换为数学模型中的数据，输出是将数学模型中表达的运算结果转换成自然语言或人类能够理解的其他表达方式。

（3）算法设计与分析。算法设计是设计一套将数学模型中的数据进行操作和转换的步骤，使其能演化出最终结果。算法分析主要是计算算法的时间复杂度和空间复杂度，从而找出解决问题的最优算法，提高效率。

根据模型能否被计算机自动执行，可将模型分为两大类。一类是数学模型，即用数学表达式描述系统的内在规律，它通常是模型的形式表达。另一类是非形式化的概念模型和功能模型，这种模型说明了模型的本质而非细节。

无论何种模型，均有以下特征：模型是对系统的抽象；模型由说明系统本质或特征的诸因素构成；模型集中表明系统因素之间的相互关系。故建模过程本质上是对系统输入、输出状态变量以及它们之间的关系进行抽象，只不过其在不同类型的模型中表现不同。例如，在数学模型中表现为函数关系，在非形式模型中表现为概念、功能的结构关系或因果关系。也正因为描述的关系各异，所以建模手段和方法较为多样。例如，可以通过对系统本身运动规律的分析，根据事物的机理来建模；也可以通过对系统的实验或统计数据的处理，结合已有的知识和经验来建模；还可以同时使用多种方法建模。

近年来随着大数据技术的蓬勃发展，引起关注和重视的是学习模型。学习模型通过对于大量数据的训练或者分析输出相应的结论。常见的学习模型有支持向量机（Support Vector Machine，SVM）、人工神经网络（Artificial Neural Network，ANN）、聚类分析（Cluster Analysis，CA）、近邻分类（k-Nearest Neighbor，k-NN）等。不同的模型有着不同的获取结论的理论和方法。机器学习是利用学习模型获取结论的过程。一个典型的例子是AlphaGo，尽管其结构和算法都是人们事先给定的，但是在通过大量的训练之后，已经无法对它的行为进行预测。这种不确定性正是学习模型的特殊之处。

计算机技术参与的建模有广泛的用途，可用于预测实际系统某些状态的未来发展趋势，如天气预报根据测量数据建立气象变化模型；也可用于分析和设计实际系统，即系统仿真的一种类型；还可实现对系统的最优控制，即在建模基础上通过修改相关参数，获取最佳的系统运行状态和控制指标，属于系统仿真的另外一种类型。建模也不仅应用于物理系统，也同样适用于社会系统，复杂社会系统的建模思想已用于包括金融、生产管理、交通、物流、生态等多个领域的建模和分析。建模变得如此广泛和重要，"计算思维"功不可没，以至于有人认为：建模是科学研究的根本，科学的进展过程主要是通过形成假说，然后系统地按照建模过程，对假说进行验证和确认取得的。

4.2.2 数学建模

数学建模是运用数学的语言和方法，通过抽象、简化，建立对问题进行精确描述和定义的数学模型。简单地说，就是抽象出问题，并用数学语言进行形式化描述。

一些表面上看是非数值的问题，进行数字形式化后，就可以方便地进行算法设计。

如果研究的问题是特殊的，比如，我今天所做事情的顺序，因为每天不一样，就没有必要建立模型。如果研究的问题具有一般性，就有必要体现模型的抽象性质，为这类事件建立数学模型。模型是一类问题的解题步骤，亦即一类问题的算法。广义的算法就是事情的次序。算法提供一种解决问题的通用方法。

【例 4-1】 国际会议排座位问题。

现要举行一个国际会议，有 7 个人参会，分别用 a、b、c、d、e、f、g 表示。已知下列事实：a 会讲英语；b 会讲英语和汉语；c 会讲英语、意大利语和俄语；d 会讲日语和汉语；e 会讲德语和意大利语；f 会讲法语、日语和俄语；g 会讲法语和德语。

试问：如果这 7 个人召开圆桌会议，应如何排座位，才能使每个人都能和左右两边的人顺利地沟通交谈？

问题分析：这个问题我们可以尝试将其转化为图的形式，建立一个图的模型，将每个人抽象为一个结点，人和人的关系用结点间的关系（边）来表示。于是得到结点集合 $V = \{a,$

$b,c,d,e,f,g\}$。对于任意的两点,若有共同语言,就在它们之间连一条无向边,可得边的集合 $E=\{ab,ac,bc,bd,df,cf,ce,fg,eg\}$,图 $G=\{V,E\}$,如图 4.1 所示。

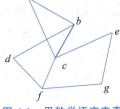

这时问题转化为在图 G 中找到一条哈密顿回路的问题。

哈密顿图(Hamiltonian Path)是一个无向图,由天文学家哈密顿提出。哈密顿回路是指从图中的任意一点出发,经过图中每一个结点当且仅当一次。这样,我们便从图中得出,"$abdfgeca$"是一条哈密顿回路,照此顺序排座位即可满足问题要求。

图 4.1 用数学语言来表示的问题模型

【例 4-2】 警察抓小偷的问题。

警察局抓了 a,b,c,d 四名偷窃嫌疑犯,其中只有一人是小偷。审问记录如下:

a 说:"我不是小偷。"

b 说:"c 是小偷。"

c 说:"小偷肯定是 d。"

d 说:"c 在冤枉人。"

已知:四个人中三人说的是真话,一人说的是假话,请问到底谁是小偷?

问题分析:假设变量 x 代表小偷。

审问记录的四句话,以及"四个人中三人说的是真话,一人说的是假话"分别翻译成计算机的形式化语言如下:

a 说:$x\neq\text{'}a\text{'}$

b 说:$x=\text{'}c\text{'}$

c 说:$x=\text{'}d\text{'}$

d 说:$x\neq\text{'}d\text{'}$

四个逻辑式的值之和为 $1+1+1+0=3$

使用自然语言描述的算法如下:

(1) 初始化:$x=\text{'}a\text{'}$;

(2) x 从'a'循环到'd';

(3) 对于每一个 x,依次进行检验:如果$(x\neq\text{'}a\text{'})+(x=\text{'}c\text{'})+(x=\text{'}d\text{'})+(x\neq\text{'}d\text{'})$ 的和为 3,则输出结果并退出循环,否则继续下一次循环。

(4) 重复第(2)~(3)步,直到循环结束。

数学建模的实质:提取操作对象→找出对象间的关系→用数学语言进行描述。

思考与探索

数学模型、输入输出方法和算法步骤是编写计算机程序的三大关键因素。对于非常复杂的问题,建立数学模型是非常难的,对于简单的问题,建立数学模型就是设计合适的数据结构。

4.2.3 算法的描述

算法的描述方式主要有以下几种。

1. 自然语言

自然语言是人们日常所用的语言,这是其优点。但自然语言描述算法的缺点也有很多:

自然语言的歧义性易导致算法执行的不确定性;自然语言语句一般太长导致算法的描述太长;当算法中循环和分支较多时就很难清晰表示;不便翻译成程序设计语言。因此,人们又设计出流程图等图形工具来描述算法。

【例 4-3】 已知圆半径,计算圆面积的过程(用自然语言描述算法)。

第一步,输入圆半径 r;

第二步,计算 $S=3.14\times r\times r$;

第三步,输出 S。

2. 流程图

程序流程图简洁、直观、无二义性,是描述程序的常用工具,一般采用美国国家标准学会规定的一组图形符号,如图 4.2 所示。

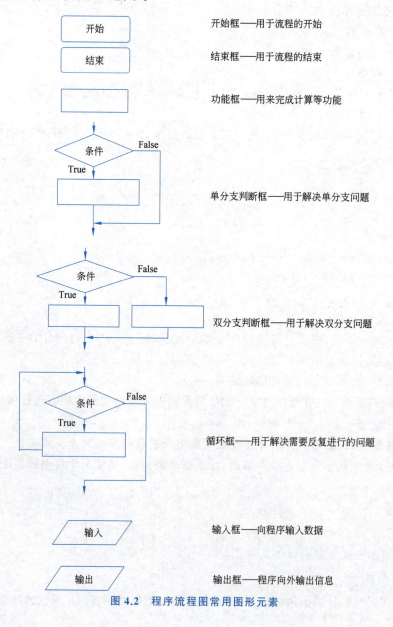

图 4.2 程序流程图常用图形元素

对于十分复杂难解的问题,框图可以画得粗略一些、抽象一些,首先表达出解决问题的轮廓,然后再细化。流程图也存在缺点:使设计人员过早考虑算法控制流程,而不去考虑全局结构,不利于逐步求精;随意性太强,结构化不明显;不易表示数据结构;层次感不明显。

【例 4-4】 用流程图表示例 4-3 的算法。

流程图表示的算法如图 4.3 所示。

【例 4-5】 计算 $1+2+3+\cdots+n$ 的值,n 由键盘输入。

分析:这是一个累加的过程,每次循环累加一个整数值,整数的取值范围为 $1\sim n$,需要使用循环。

用流程图表示的算法如图 4.4 所示。

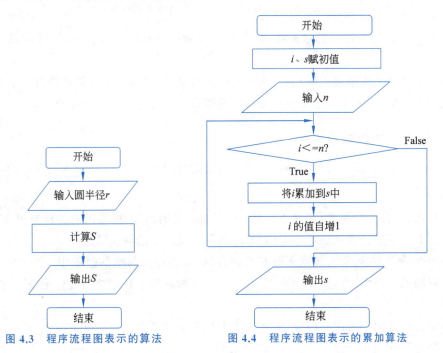

图 4.3　程序流程图表示的算法　　图 4.4　程序流程图表示的累加算法

3. 盒图(N-S 图)

盒图层次感强、嵌套明确;支持自顶向下、逐步求精的设计方法;容易转换成高级语言。但不易扩充和修改,不易描述大型复杂算法。N-S 图中基本控制结构的表示符号如图 4.5 所示。

4. 伪代码

伪代码是用介于自然语言和计算机语言之间的文字和符号来描述算法的工具。它不用图形符号,书写方便,语法结构有一定的随意性,目前还没有一个通用的伪代码语法标准。

常用的伪代码是用简化后的高级语言来进行编写的。如类 C、类 C++、类 Pascal 等。

5. 程序设计语言

以上算法的描述方式都是为了方便人与人的交流,但最终算法是要在计算机上实现的,

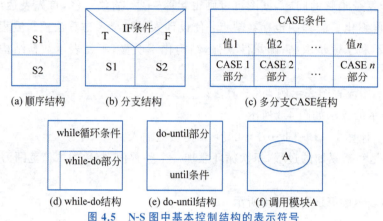

图 4.5　N-S 图中基本控制结构的表示符号

所以用程序设计语言进行算法的描述,并进行合理的数据组织,就构成了计算机可执行的程序。

与人类社会使用语言交流相似,人要与计算机交流,必须使用计算机语言。于是人们模仿人类的自然语言,人工设计出一种形式化的语言——程序设计高级语言。

4.2.4　常用的算法设计策略

掌握一些常用的算法设计策略,有助于我们进行问题求解时,快速找到有效的算法。

1. 枚举法

枚举法,也称为穷举法,其基本思路:对于要解决的问题,列举出它的所有可能的情况,逐个判断有哪些是符合问题所要求的条件,从而得到问题的解。简单地说,枚举法就是按问题本身的性质,一一列举出该问题所有可能的解,并在逐一列举的过程中,检验每个可能解是否是问题的真正解,若是,我们采纳这个解,否则抛弃它。在列举的过程中,既不能遗漏也不应重复。

枚举法也常用于密码的破译,即将密码进行逐个推算直到找出真正的密码为止。例如,一个已知是四位并且全部由数字组成的密码,其可能共有 10 000 种组合,因此最多尝试 10 000 次就能找到正确的密码。理论上利用这种方法可以破解任何一种密码,问题只在于如何缩短破解时间。

【例 4-6】　求 1~1000 中,所有能被 17 整除的数。

问题分析:这类问题可以使用枚举法,从 1~1000 一一列举,再对每个数进行检验。

自然语言描述的算法步骤如下:

(1) 初始化:$x=1$;

(2) x 从 1 循环到 1000;

(3) 对于每一个 x,依次对每个数进行检验:如果能被 17 整除,就打印输出,否则继续下一个数;

(4) 重复第(2)~(3)步,直到循环结束。

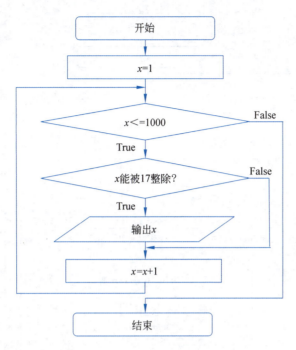

【例 4-7】 百钱买百鸡问题。

这是中国古代《算经》中的问题：鸡翁一，值钱五；鸡母一，值钱三；鸡雏三，值钱一，百钱买百鸡，问翁、母、雏各几何？即已知公鸡 5 元/只，母鸡 3 元/只，小鸡 3 只/1 元，要用一百元钱买一百只鸡，问可买公鸡、母鸡、小鸡各几只？

问题分析：设公鸡为 x 只，母鸡为 y 只，小鸡为 z 只，则问题化为一个三元一次方程组：

$$x+y+z=100$$
$$5x+3y+z/3=100$$

这是一个不定解方程问题（三个变量，两个方程），只能将各种可能的取值代入，其中能同时满足两个方程的值就是问题的解。

由于共一百元钱，而且这里 x,y,z 为正整数（不考虑为 0 的情况，即至少买 1 只），那么可以确定：x 的取值范围为 1~20，y 的取值范围为 1~33。

使用枚举法求解，算法步骤如下：

(1) 初始化：$x=1,y=1$；
(2) x 从 1 循环到 20；
(3) 对于每一个 x，依次让 y 从 1 循环到 33；
(4) 在循环中，对于上述每一个 x 和 y 值，计算 $z=100-x-y$；
(5) 如果 $5x+3y+z/3=100$ 成立，就输出方程组的解；
(6) 重复第(2)~(5)步，直到循环结束。

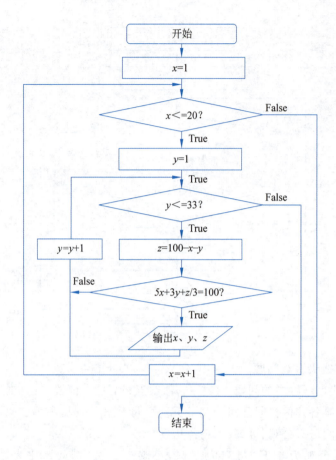

2. 回溯法

在迷宫游戏中,如何能通过迂回曲折的道路顺利地走出迷宫呢?在迷宫中探索前进时,遇到岔路就从中先选出一条"走着瞧"。如果此路不通,便退回来另寻他途。如此继续,直到最终找到适当的出路或证明无路可走为止。为了提高效率,应该充分利用给出的约束条件,尽量避免不必要的试探。这种"枚举-试探-失败返回-再枚举试探"的求解方法就称为回溯法。

回溯法有"通用的解题法"之称,其采用了一种"走不通就掉头"的试错思想,它尝试分步地去解决一个问题。在分步解决问题的过程中,当它通过尝试发现现有的分步答案不能得到有效的正确的解答的时候,它将取消上一步甚至是上几步的计算,再通过其他的可能的分步解答再次尝试寻找问题的答案。回溯法通常用最简单的递归方法来实现。

回溯法实际是一种基于穷举算法的改进算法,它是按问题某种变化趋势穷举下去,如某状态的变化结束还没有得到最优解,则返回上一种状态继续穷举。它的优点与穷举法类似,都能保证求出问题的最佳解,而且这种方法不是盲目的穷举搜索,而是在搜索过程中通过限界,可以中途停止对某些不可能得到最优解的子空间的进一步搜索(类似于人工智能中的剪枝),故它比穷举法效率更高。

运用这种算法的技巧性很强,不同类型的问题解法也各不相同。与贪心算法一样,这种方法也是用来为组合优化问题设计求解算法的,所不同的是它在问题的整个可能解空间搜索,所设计出来的算法的时间复杂度比贪心算法高。

回溯法的应用很广泛,很多算法都用到了回溯法,如八皇后、迷宫等问题。

【例 4-8】 八皇后问题

八皇后问题是一个古老而著名的问题,该问题最早是由国际象棋棋手马克斯·贝瑟尔于 1848 年提出。之后陆续有数学家对其进行研究,其中包括高斯和康托,并且将其推广为更一般的 n 皇后摆放问题。八皇后问题的第一个解是在 1850 年由弗朗兹·诺克给出的。诺克也是首先将问题推广到更一般的 n 皇后摆放问题的人之一。1874 年,S.冈德尔提出了一个通过行列式来求解的方法,这个方法后来又被 J.W.L.格莱舍加以改进。

在国际象棋中,皇后是最有权利的一个棋子,只要别的棋子在它的同一行或同一列或同一斜线(正斜线或反斜线)上时,它就能把对方棋子吃掉。那么,在 $8×8$ 的格的国际象棋上摆放八个皇后,使其不能相互攻击,即任意两个皇后都不能处于同一列、同一行或同一条斜线上面,问共有多少种解法?例如,(1,5,8,6,3,7,2,4)就是其中一个解,如图 4.6 所示。

图 4.6 八皇后问题

回溯法求解步骤如下:

先把棋盘中行和列分别用 1~8 编号,并以 x_i 表示第 i 行上皇后所在的列数,如 $x_2=5$ 表示第 2 行的皇后位于第 5 列上,它是一个由 8 个坐标值 x_1~x_8 所组成的 8 元组。下面是这个 8 元组解的产生过程。

(1) 令 $x_1=1$。此时 x_1 是 8 元组解中的一个元素,是所求解的一个子集或部分解。

(2) 决定 x_2。显然 $x_2=1$ 或 2 都不能满足约束条件,x_2 只能取 3~8 中的一个值。暂令 $x_2=3$,这时部分解变为(1,3)。

(3) 决定 x_3。这时若 x_3 为 1~4,都不能满足约束条件,x_3 至少应取 5。令 $x_3=5$,这时部分解变为(1,3,5)。

(4) 决定 x_4。这时部分解为(1,3,5),取 $x_4=2$ 可满足约束条件,这时部分解变为(1,3,5,2)。

(5) 决定 x_5。这时部分解为(1,3,5,2),取 $x_5=4$ 可满足约束条件,这时部分解变为(1,3,5,2,4)。

(6) 决定 x_6。这时部分解为(1,3,5,2,4),而 x_6 为 6、7、8 都处于已置位皇后的右斜线上,x_6 暂时无解,只能向 x_5 回溯。

(7) 重新决定 x_5。已知部分解为(1,3,5,2),且 $x_5=4$ 已证明失败,6、7 又都处于已置位皇后的右斜线上,只能取 $x_5=8$,这时部分解变为(1,3,5,2,8)。

(8) 重新决定 x_6。此时 x_6 的可用列 4、6、7 都不能满足约束条件,回溯至 x_5 也不再有选择余地,因为 x_5 已经取最大值 8,只能向 x_4 回溯。

(9) 重新决定 x_4。

……

这样"枚举—试探—失败返回—再枚举试探",直到得出一个 8 元组完全解。

3. 递推法

递推是按照一定的规律来计算序列中的每个项,通常是通过计算机前面的一些项来得出序列中的指定项的值。

递推法是一种归纳法,其思想是把一个复杂的庞大的计算过程转化为简单过程的多次重复,每次重复都在旧值的基础上递推出新值,并由新值代替旧值。该算法利用了计算机运算速度快、适合做重复性操作的特点。

跟迭代法相对应的是直接法(或者称为一次解法),即一次性解决问题。迭代法又分为精确迭代和近似迭代。二分法和牛顿迭代法属于近似迭代法。

【例 4-9】 猴子吃桃子问题。

小猴在一天摘了若干个桃子,当天吃掉一半多一个;第二天接着吃了剩下的桃子的一半多一个;以后每天都吃尚存桃子的一半零一个,到第七天早上要吃时只剩下一个了,问小猴那天共摘下了多少个桃子?

问题分析:设第 $i+1$ 天剩下 x_{i+1} 个桃子。

因为第 $i+1$ 天吃了:$0.5x_i+1$,所以第 $i+1$ 天剩下:$x_i-(0.5x_i+1)=0.5x_i-1$,

因此得:$x_{i+1}=0.5x_i-1$,

即得到本题的数学模型:$x_i=(x_{i+1}+1)\times 2, i=6,5,4,3,2,1$。

因为从第 6 天到第 1 天,可以重复使用上式进行计算前一天的桃子数。因此适合用循环结构处理。

此问题的算法设计如下:

(1) 初始化:$x_7=1$;

(2) 从第 6 天循环到第 1 天,对于每一天,进行计算 $x_i=(x_{i+1}+1)\times 2, i=6,5,4,3,2,1$;

(3) 循环结束后,x 的值即为第 1 天的桃子数。

4. 递归法

递归法是计算思维中最重要的思想,是计算机科学中最美的算法之一,很多算法,如分治法、动态规划、贪心法都是基于递归概念的方法。递归算法既是一种有效的算法设计方法,也是一种有效的分析问题的方法。

先来听一个故事:

> 从前有座山,
> 山里有个庙,
> 庙里有个老和尚,
> 给小和尚讲故事。
> 故事讲的是:

> 从前有座山，
> 山里有个庙，
> 庙里有个老和尚，
> 给小和尚讲故事。
> 故事讲的是：
> 从前有座山，
> 山里有个庙，
> ……

这个故事就是一种语言上的递归。但是计算机科学中的递归不能这样没完没了的重复，不能无限循环。所以需要注意：计算机中的递归算法一定要有一个递归出口！即必须要有明确的递归结束条件。

递归算法求解问题的基本思想：对于一个较为复杂的问题，把原问题分解成若干个相对简单且类同的子问题，这样较为复杂的原问题就变成了相对简单的子问题；而简单到一定程度的子问题可以直接求解；这样，原问题就可递推得到解。简单地说，递归法就是通过调用自身，只需少量的程序就可描述出多次重复计算。

学习用递归解决问题的关键就是找到问题的递归式，也就是用小问题的解构造大问题的关系式。通过递归式可以知道大问题与小问题之间的关系，从而解决问题。

并不是每个问题都适宜于用递归算法求解。适宜于用递归算法求解的问题的充分必要条件：一是问题具有某种可借用的类同自身的子问题描述的性质；二是某一有限步的子问题（也称为本原问题）有直接的解存在。

比如，计算机中文件夹的复制也是一个递归问题，因为文件夹是多层次性的，需要读取每一层子文件夹中的文件进行复制。扫雷游戏中也有递归问题，当鼠标单击到四周没有雷的点时往往会打开一片区域，因为在打开没有雷的四周区域时，如果其中打开的某一点其四周也没有雷，那么它的四周也会被打开，以此类推，就能打开一片区域。这些问题用递归方法实现既清晰易懂，还能通过较为简单的程序代码实现。

递归就是在过程或函数里调用自身。一个过程或函数在其定义或说明中直接或间接调用自身的一种方法，它通常把一个大型复杂的问题层层转化为一个与原问题相似的规模较小的问题来求解。一般来说，递归需要有边界条件、递归前进段和递归返回段。当边界条件不满足时，递归前进；当边界条件满足时，递归返回。

【例 4-10】 使用递归法解决斐波那契（Fibonacci）数列问题。

列昂纳多·斐波那契（Leonardoda Fibonacci）是意大利著名数学家。在他的著作《算盘书》中有许多有趣的问题，最著名的问题是"兔子繁殖问题"：如果每对兔子每月繁殖一对子兔，而子兔在出生后两个月就有生殖能力，试问第一月有一对小兔子，12个月后有多少对兔子？

无穷数列 1,1,2,3,5,8,13,21,34,55,…，称为 Fibonacci 数列，又称黄金分割数列和兔子数列。

假设第 n 个月的兔子数目为 $f(n)$，那么 Fibonacci 数列规律如下：

$$f(n) = f(n-1) + f(n-2) \quad \text{当} \ n \geqslant 3,$$
$$f(1) = f(2) = 1$$

它可以递归地定义:

$$F(n) = \begin{cases} 1, & n=0 \\ 1, & n=1 \\ F(n-1)+F(n-2), & n>1 \end{cases}$$

递归算法的执行过程主要分递推和回归两个阶段。

(1) 输入 n 的值。

(2) 在递推阶段,把较复杂的问题(规模为 n)的求解递推到比原问题简单一些的问题(规模小于 n)的求解。

本例中,求解 $F(n)$,把它递推到求解 $F(n-1)$ 和 $F(n-2)$。也就是说,为计算 $F(n)$,必须先计算 $F(n-1)$ 和 $F(n-2)$,而计算 $F(n-1)$ 和 $F(n-2)$,又必须先计算 $F(n-3)$ 和 $F(n-4)$。以此类推,直至计算 $F(1)$ 和 $F(0)$,分别能立即得到结果 1 和 1。

注意:在使用递归策略时,在递推阶段,必须有一个明确的递归结束条件,称为递归出口。如在函数 $F(n)$ 中,当 n 为 1 和 0 的情况。

(3) 在回归阶段,当满足递归结束条件后,逐级返回,依次得到稍复杂问题的解,本例中得到 $F(1)$ 和 $F(0)$ 后,返回得到 $F(2)$ 的结果,……,在得到了 $F(n-1)$ 和 $F(n-2)$ 的结果后,返回得到 $F(n)$ 的结果。

(4) 输出 $F(n)$ 的值。

【**例 4-11**】 汉诺(Hanoi)塔问题。

古代有一个梵塔,塔内有三个塔座 A、B、C,A 座上有 64 个盘子,盘子大小不等,大的在下,小的在上,如图 4.7 所示。现要求将塔座 A 上的这 64 个圆盘移到塔座 C 上,并仍按同样顺序叠置。在移动圆盘时应遵守以下移动规则:

(1) 每次只能移动 1 个圆盘;

(2) 任何时刻都不允许将较大的圆盘压在较小的圆盘之上;

(3) 在满足移动规则(1)和(2)的前提下,可将圆盘移至 A、B、C 中任一塔座上。

图 4.7 Hanoi 塔问题

算法分析:

这是一个经典的递归算法的例子。这个问题在圆盘比较多的情况下,很难直接写出移动步骤。我们可以先分析圆盘比较少的情况。

假定圆盘从大向小依次为:圆盘 1,圆盘 2,……,圆盘 64。

如果只有一个圆盘,则不需要利用 B 座,直接将圆盘 1 从 A 移到 C。

如果有 2 个圆盘,可以先将圆盘 1 上的圆盘 2 移到 B;将圆盘 1 移到 C;将圆盘 2 移到 C。这说明:可以借助 B 将 2 个圆盘从 A 移到 C。

如果有 3 个圆盘,那么根据 2 个圆盘的结论,可以借助 C 将圆盘 1 上的两个圆盘从 A 移到 B;将圆盘 1 从 A 移到 C,A 变成空座;借助 A 座,将 B 上的两个圆盘移到 C。这说明:可以借助一个空座,将 3 个圆盘从一个座移到另一个。

如果有 4 个圆盘,那么首先借助空座 C,将圆盘 1 上的三个圆盘从 A 移到 B;将圆盘 1 移到 C,A 变成空座;借助空座 A,将 B 座上的三个圆盘移到 C。

上述的思路可以一直扩展到 64 个圆盘的情况:可以借助空座 C 将圆盘 1 上的 63 个圆盘从 A 移到 B;将圆盘 1 移到 C,A 变成空座;借助空座 A,将 B 座上的 63 个圆盘移到 C。

递推关系往往是利用递归的思想来建立的;递推由于没有返回段,因此更为简单,有时可以直接用循环实现。

思考与探索

感受递归思想之美:递归策略只需少量的程序就可描述出解题过程所需要的多次重复计算,大大地减少了程序的代码量。递归的能力在于用有限的语句来定义对象的无限集合。

5. 分治法

任何一个可以用计算机求解的问题所需的计算时间都与其规模有关。问题的规模越小,越容易直接求解,解题所需的计算时间也越少。

例如,对于 n 个元素的排序问题,当 $n=1$ 时,不需任何计算;当 $n=2$ 时,只要作一次比较即可排好序;$n=3$ 时只要作 3 次比较即可……;而当 n 较大时,问题就不那么容易处理了。要想直接解决一个规模较大的问题,有时是相当困难的。

分治法就是把一个复杂的问题分成两个或更多相同或相似的子问题,再把子问题分成更小的子问题……,直到最后子问题可以简单的直接求解,原问题的解即为子问题解的合并。在计算机科学中,分治法是一种很重要的算法,是很多高效算法的基础。

分治法的精髓:"分"——将问题分解为规模更小的子问题;"治"——将这些规模更小的子问题逐个击破;"合"——将已解决的子问题合并,最终得出"母"问题的解。

由分治法产生的子问题往往是原问题的较小模式,这就为使用递归技术提供了方便。在这种情况下,反复运用分治手段,可以使子问题与原问题类型一致而其规模却不断缩小,最终使子问题缩小到很容易直接求出其解。这自然导致递归过程的产生。分治与递归像一对孪生兄弟,经常同时应用在算法设计之中,并由此产生了许多高效算法。

分治法所能解决的问题一般具有以下几个特征:

(1) 该问题的规模缩小到一定的程度就可以容易地解决;

(2) 该问题可以分解为若干个规模较小的相同问题,即该问题具有最优子结构性质;

(3) 利用该问题分解出的子问题的解可以合并为该问题的解;

(4) 该问题所分解出的各个子问题是相互独立的,即子问题之间不包含公共的子问题。

上述的第一条特征是绝大多数问题都可以满足的,因为问题的计算复杂性一般是随着问题规模的增加而增加;第二条特征是应用分治法的前提,它也是大多数问题可以满足的,此特征反映了递归思想的应用;第三条特征是关键,能否利用分治法完全取决于问题是否具有第三条特征,如果具备了第一条和第二条特征,而不具备第三条特征,则可以考虑用贪心法或动态规划法。第四条特征涉及分治法的效率,如果各子问题是不独立的,则分治法要做许多额外的工作,重复地解公共子问题,此时虽然可用分治法,但一般选择动态规划法较好。

根据分治法的分割原则,原问题应该分为多少个子问题才较为适宜?各个子问题的规模应该怎样才为恰当?人们从大量实践中发现,在用分治法设计算法时,最好将一个问题分成大小相等的 k 个子问题。这种使子问题规模大致相等的做法是出自一种平衡子问题的思想,它几乎总是比子问题规模不等的做法要好。

【例 4-12】 使用分治法解决斐波那契数列问题。

当 $n=5$ 时,使用分治法计算斐波那契数的过程,如图 4.8 所示。

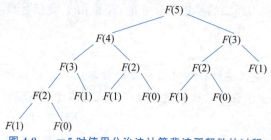

图 4.8　$n=5$ 时使用分治法计算斐波那契数的过程

【例 4-13】 循环赛日程表问题。

设有 $n=2^K$ 个运动员要进行网球循环赛,现要设计一个满足以下要求的比赛日程表:
(1) 每个选手必须与其他 $n-1$ 个选手各赛一次;
(2) 每个选手一天只能赛一次;
(3) 循环赛一共进行 $n-1$ 天。

按此要求将比赛日程表设计成有 n 行和 $n-1$ 列的一个表。在表中的第 i 行第 j 列处填入第 i 个选手在第 j 天所遇到的选手。其中 $1 \leqslant i \leqslant n, 1 \leqslant j \leqslant n-1$。

算法分析:按分治策略,将所有的选手分为两半,n 个选手的比赛日程表就可以通过为 $n/2$ 个选手设计的比赛日程表来决定。递归地对选手进行分割,直到只剩下 2 个选手时,比赛日程表的制定就变得很简单了。这时只要让这 2 个选手进行比赛就可以了。如图 4.9 所示,所列出的正方形表是 8 个选手的比赛日程表。其中左上角与左下角的两小块分别为选手 1 至选手 4 和选手 5 至选手 8 前 3 天的比赛日程。据此,将左上角小块中的所有数字按其相对位置抄到右下角,又将左下角小块中的所有数字按其相对位置抄到右上角,这样我们就分别安排好了选手 1 至选手 4 和选手 5 至选手 8 在后 4 天的比赛日程。依此思想容易将这个比赛日程表推广到具有任意多个选手的情形。

1	2	3	4	5	6	7	8
2	1	4	3	6	5	8	7
3	4	1	2	7	8	5	6
4	3	2	1	8	7	6	5
5	6	7	8	1	2	3	4
6	5	8	7	2	1	4	3
7	8	5	6	3	4	1	2
8	7	6	5	4	3	2	1

图 4.9　8 个选手的比赛日程表

【例4-14】 公主的婚姻。

艾述国王向邻国秋碧贞楠公主求婚。公主出了一道题：求出49 770 409 458 851 929的一个真因子（除它本身和1外的其他约数）。若国王能在一天之内求出答案，公主便接受他的求婚。国王回去后立即开始逐个数地进行计算，他从早到晚，共算了三万多个数，最终还是没有结果。国王向公主求情，公主将答案相告：223 092 827是它的一个真因子。公主说："我再给你一次机会"，国王立即回国，并向时任宰相的大数学家孔唤石求教，大数学家在仔细地思考后认为这个数有17位，则最小的一个真因子不会超过9位，他给国王出了一个主意：按自然数的顺序给全国的老百姓每人编一个号发下去，等公主给出数目后，立即将它们通报全国，让每个老百姓用自己的编号去除这个数，除尽了立即上报，赏金万两。

算法分析：国王最先使用的是一种顺序算法，后面由宰相提出的是一种并行算法。其中包含了分治法的思维。

分治法求解问题的优势是可以并行地解决相互独立的问题。目前计算机已经能够集成越来越多的核，设计并行执行的程序能够有效利用资源，提高对资源的利用率。

6. 贪心算法

贪心算法又称为贪婪算法，是用来求解最优化问题的一种算法。但它在解决问题的策略上目光短浅，只根据当前已有的信息就做出有利的选择，而且一旦做出了选择，不管将来有什么结果，这个选择都不会改变。换言之，贪心法并不是从整体最优考虑，它所做出的选择只是在某种意义上的局部最优。这种局部最优选择并不总能获得整体最优解，但通常能获得近似最优解。

【例4-15】 付款问题。

假设有面值为5元、2元、1元、5角、2角、1角的货币，需要找给顾客4元6角现金。如何找给顾客零钱，使付出的货币数量最少？

贪心法求解步骤：为使付出的货币数量最少，首先选出1张面值不超过4元6角的最大面值的货币，即2元；再选出1张面值不超过2元6角的最大面值的货币，即2元；再选出1张面值不超过6角的最大面值的货币，即5角；再选出1张面值不超过1角的最大面值的货币，即1角；总共付出4张货币。

在付款问题每一步的贪心选择中，在不超过应付款金额的条件下，只选择面值最大的货币，而不去考虑在后面看来这种选择是否合理，而且它还不会改变决定：一旦选出了一张货币，就永远选定。付款问题的贪心选择策略是尽可能使付出的货币最快地满足支付要求，其目的是使付出的货币张数最慢地增加，这正体现了贪心法的设计思想。

因此，对于某些求最优解问题，贪心算法是一种简单、迅速的设计技术。用贪心法设计算法的特点是一步一步地进行，常以当前情况为基础根据某个优化测度作为最优选择，而不考虑各种可能的整体情况，它省去了为找最优解要穷尽所有可能而必须耗费的大量时间。它采用自顶向下，以迭代的方法做出相继的贪心选择，每做一次贪心选择就将所求问题简化为一个规模更小的子问题，通过每一步贪心选择，可得到问题的一个最优解，虽然每一步上都要保证能够获得局部最优解，但由此产生的全局解有时不一定是最优的。

在计算机科学中，贪心算法往往被用来解决旅行商（Traveling Salesman Problem，TSP）问题、图着色问题、最小生成树问题、背包问题、活动安排问题、多机调度问题等。

7. 动态规划法

动态规划是运筹学的一个分支,是求解决策过程最优化的数学方法。20 世纪 50 年代初美国数学家理查德·贝尔曼(R.E.Bellman)等在研究多阶段决策过程的优化问题时,提出了著名的最优化原理,把多阶段过程转化为一系列单阶段问题,利用各阶段之间的关系,逐个求解,创立了解决这类过程优化问题的新方法——动态规划。1957 年出版了他的名著 Dynamic Programming,这是该领域的第一本著作。

动态规划的基本思想与分治法类似,也是将待求解的问题分解为若干个子问题(阶段),按顺序求解子阶段,前一子问题的解,为后一子问题的求解提供了有用的信息。在求解任一子问题时,列出各种可能的局部解,通过决策保留那些有可能达到最优的局部解,丢弃其他局部解。依次解决各子问题,最后一个子问题就是初始问题的解。

由于动态规划解决的问题多数有重叠子问题这个特点,为减少重复计算,对每一个子问题只解一次,将其不同阶段的不同状态保存在一个二维数组中。因此,适合使用动态规划求解最优化问题应具备的两个要素:一是具备最优子结构,即如果一个问题的最优解包含子问题的最优解,那么该问题就具有最优子结构;二是子问题重叠。

分治法要求各个子问题是独立的(不包含公共的子问题),因此一旦递归地求出各个子问题的解后,便可自下而上地将子问题的解合并成原问题的解。如果各子问题是不独立的,那么分治法就要做许多不必要的工作,重复地解公共的子问题。

动态规划与分治法的不同之处在于动态规划允许这些子问题不独立(各子问题可包含公共的子问题),它对每个子问题只解一次,并将结果保存起来,避免每次碰到时都要重复计算。这就是动态规划高效的一个原因。

动态规划法在经济管理、生产调度、工程技术和最优控制等方面得到了广泛的应用。如库存管理、资源分配、设备更新、排序、装载等。

动态规划求解问题一向分为以下 4 个步骤:

(1) 分析最优解的结构,刻画其结构特征;
(2) 递归地定义最优解的值;
(3) 按自底向上的方式计算最优解的值;
(4) 用第(3)步中的计算过程的信息构造最优解。

【例 4-16】 三角数塔问题。

图 4.10 是一个由数字组成的三角形,顶点为根结点,每个结点有一个整数值。从顶点出发,可以向左走或向右走,要求从根结点开始,找出一条路径,使路径之和最大,只要输出路径的和。

图 4.10 三角数塔

(1) 分析最优解的结构,刻画其结构特征。

首先考虑如何将问题转化成较小子问题。如果在找该路径时,从上到下走到了第 3 层第 0 个数 2,那么接下来选择走 19。如果从上到下走到了第 3 层第 1 个数 18,那么接下来选择走 10。同理,如果从上到下走到了第 3 层第 2 个数 9,那么接下来选择走 10;如果从上到下走到了第 3 层第 3 个数 5,那么接下来选择走 16。根据这个思路可以更新第 3 层的数,即把 2 更新成 21(2+19),把 18 更新成 28(18+10),把 9 更新成

19(9+10),把 5 更新成 21(5+16)。更新后的三角数塔如图 4.11 所示。

同理,更新后的第 2 层、第 1 层、第 0 层的三角数塔如图 4.12、图 4.13 和图 4.14 所示。

图 4.11　更新第 3 层后的三角数塔

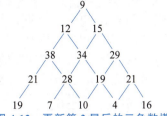

图 4.12　更新第 2 层后的三角数塔

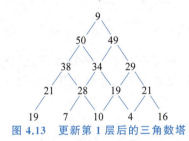

图 4.13　更新第 1 层后的三角数塔

图 4.14　更新第 0 层后的三角数塔

(2) 递归地定义最优解的值:定义 $a(i,j)$ 为第 i 层第 j 个数到最下层的所有路径中最大的数值之和。本例中,第 4 层是最下层,所以用 5×5 的二维数组 T 存储数塔的初始值。根据上面的思路,$a(3,0)$ 等于 $a(4,0)$ 和 $a(4,1)$ 中较大的数值加上 $T(3,0)$;$a(3,1)$ 等于 $a(4,1)$ 和 $a(4,2)$ 中较大的数值加上 $T(3,1)$;$a(3,2)$ 等于 $a(4,2)$ 和 $a(4,3)$ 中较大的数值加上 $T(3,2)$。由此,得到以下递归式:

$$a(i,j)=\begin{cases}T(i,j), & i=4\\ \max(a(i+1,j),a(i+1,j+1))+T(i,j), & \forall i(0\leqslant i<4), \quad j\leqslant i\end{cases}$$

(3) 按自底向上的方式计算最优解的值。根据自底向上的方式和上面的递归式,先计算第 $n-1$ 层的 $a(n-1,0), a(n-1,1),\cdots,a(n-1,n-1)$,然后计算第 $n-1$ 层的 $a(n-2,0), a(n-2,1),\cdots,a(n-2,n-2),\cdots$,直到计算最顶层的 $a(0,0)$,如表 4.1 所示。

表 4.1　本例生成的动态规划表

i	j				
	0	1	2	3	4
4	19	7	10	4	16
3	21	28	19	21	0
2	38	34	29	0	0
1	50	49	0	0	0
0	59	0	0	0	0

(4) 用第(3)步中计算过程的信息构造最优解。

我们使用回溯法找出最大数值之和的路径。首先从 $a(0,0)=59$ 开始,$a(0,0)-T(0,$

$0)=59-9=50$,即 $a(0,0)$ 是通过 $T(0,0)$ 加上 $a(1,0)$ 得到的;回溯到 $a(1,0)=50,a(1,0)-T(1,0)=50-12=38$,即 $a(1,0)$ 是通过 $T(1,0)$ 加上 $a(2,0)$ 得到的;回溯到 $a(2,0)=38,a(2,0)-T(2,0)=38-10=28$,即 $a(2,0)$ 是通过 $T(2,0)$ 加上 $a(3,1)$ 得到的;回溯到 $a(3,1)=28,a(3,1)-T(3,1)=28-18=10$,即 $a(3,1)$ 是通过 $T(3,1)$ 加上 $a(4,2)$ 得到的。从而得到路径为 $(0,0) \rightarrow (1,0) \rightarrow (2,0) \rightarrow (3,1) \rightarrow (4,2)$,其和值为 59。

以上就是用动态规划法求解问题的步骤。

总结:一个问题该用递推法、贪心法还是动态规划法,完全是由这个问题本身阶段间状态的转移方式决定的。如果每个阶段只有一个状态,则用递推法;如果每个阶段的最优状态都是由上一个阶段的最优状态得到的,则用贪心法;如果每个阶段的最优状态可以从之前某个阶段的某个或某些状态直接得到而不管之前这个状态是如何得到的,则用动态规划法。

4.2.5 算法分析

对同一个问题,可以有不同的解题方法和步骤,即可以有不同的算法,而一个算法的质量优劣将影响到算法乃至程序的效率。算法分析的目的在于选择合适算法和改进算法。对于特定的问题来说,往往没有最好的算法,只有最适合的算法。

例如,求 $1+2+3+\cdots+100$,可以按顺序依次相加,也可以 $(1+99)+(2+98)+\cdots+(49+51)+100+50=100\times 50+50=5050$,还可以按等差数列求和等。因为方法有优劣之分,所以为了有效地解题,不仅要保证算法正确,还要考虑算法的质量,选择合适的算法。

通过对算法的分析,在把算法变成程序实际运行前,就知道为完成一项任务所设计的算法的好坏,从而运行好算法,改进差算法,避免无益的人力和物力浪费。

对算法进行全面分析,可分为以下两个阶段进行。

(1) 事前分析。事前分析是指通过对算法本身的执行性能的理论分析,得出算法特性。一般使用数学方法严格地证明和计算它的正确性和性能指标。

- 算法复杂性指算法所需要的计算机资源,一个算法的评价主要从时间复杂度和空间复杂度来考虑。
- 数量关系评价体现在时间——算法编程后在机器中所耗费的时间。
- 数量关系评价体现在空间——算法编程后在机器中所占的存储量。

(2) 事后测试。一般地,将算法编制成程序后实际放到计算机上运行,收集其执行时间和空间占用等统计资料,进行分析判断。对于研究前沿性的算法,可以采用模拟/仿真分析方法,即选取或实际产生大量的具有代表性的问题实例——数据集,将要分析的某算法进行仿真应用,然后对结果进行分析。

一般地,评价一个算法,需要考虑以下几个性能指标。

1. 正确性

算法的正确性是评价一个算法优劣的最重要的标准。一个正确的算法是指在合理的数据输入下,能在有限的运行时间内得到正确的结果。算法正确性的评价包括两个方面:问题的解法在数学上是正确的和执行算法的指令系列是正确的。可以通过对输入数据的所有可能情况的分析和上机调试,以证明算法是否正确。

2. 可读性

算法的可读性是指一个算法可供人们阅读的难易程度。算法应该好读,清晰、易读、易懂、易证明,便于调试和修改。

3. 健壮性

健壮性是指一个算法对不合理输入数据的反应能力和处理能力,也称为容错性。算法应具有容错处理能力。当输入非法数据时,算法应对其作出反应,而不是产生莫名其妙的输出结果。

4. 时间复杂度

算法的时间复杂度是指执行算法所需要的计算工作量。为什么要考虑时间复杂性呢?因为有些计算机需要用户提供程序运行时间的上限,一旦达到这个上限,程序将被强制结束,而且程序可能需要提供一个满意的实时响应。

和算法执行时间相关的因素:问题中数据存储的数据结构、算法采用的数学模型、算法设计的策略、问题的规模、实现算法的程序设计语言、编译算法产生的机器代码的质量、计算机执行指令的速度等。

一般来说,计算机算法是问题规模 n 的函数 $f(n)$,算法的时间复杂度也因此记为

$$T(n)=O(f(n))$$

一个算法的执行时间大致上等于其所有语句执行时间的总和,对于语句的执行时间是指该条语句的执行次数和执行一次所需时间的乘积。一般随着 n 的增大,$T(n)$ 增长较慢的算法为最优算法。

【例 4-17】 计算 Hanoi 塔问题的时间复杂度。

算法:C 语言描述(部分代码)。

```
hanoi(int n,char left,char middle,char right)
{
    if(n==1) move(left,right);          /* 函数 move(x,y)表示将盘子从 x 座移到 y 座 */
    else
    {
        hanoi(n-1,left,right,middle);
        move(left,right);
        hanoi(n-1,middle,left,right);
    }
}
```

当 $n=64$ 时,要移动多少次?需花费多长时间呢?

$$\begin{aligned}h(n)&=2h(n-1)+1\\&=2[2h(n-2)+1]+1\\&=2^2h(n-2)+2+1\\&=2^3h(n-3)+2^2+2+1\\&\quad\vdots\\&=2^nh(0)+2^{n-1}+\cdots+2^2+2+1\\&=2^{n-1}+\cdots+2^2+2+1\\&=2^n-1\end{aligned}$$

需要移动盘子的次数为 $2^{64}-1=18\,446\,744\,073\,709\,551\,615$。

假定每秒移动一次，一年有 31 536 000 秒，则一刻不停地来回搬动，也需要花费大约 5849 亿年的时间。假定计算机以每秒 1000 万个盘子的速度进行处理，则需要花费大约 58490 年的时间。

因此，理论上可以计算的问题，实际上并不一定能行。一个问题求解算法的时间复杂度大于多项式（如指数函数）时，算法的执行时间将随 n 的增加而急剧增长，以致即使是中等规模的问题也不能被求解出来，于是在计算复杂性时，将这一类问题称为难解性问题。

5. 空间复杂度

算法的空间复杂度是指算法需要消耗的内存空间。其计算和表示方法与时间复杂度类似，一般都用复杂度的渐近性来表示。同时间复杂度相比，空间复杂度的分析要简单得多。考虑程序的空间复杂度的原因主要有：多用户系统中运行时，需指明分配给该程序的内存大小；可提前知道是否有足够可用的内存来运行该程序；一个问题可能有若干个内存需求各不相同的解决方案，从中择取；利用空间复杂性来估算一个程序所能解决问题的最大规模。

在公主的婚姻的案例中，国王最先使用的顺序算法，其复杂性表现在时间方面；后面由宰相提出的并行算法，其复杂性表现在空间方面。

直觉上，我们认为顺序算法解决不了的问题完全可以用并行算法来解决，甚至会想，并行计算机系统求解问题的速度将随着处理器数目的不断增加而不断提高，从而解决难解性问题，其实这是一种误解。当将一个问题分解到多个处理器上解决时，由于算法中不可避免地存在必须串行执行的操作，从而大大地限制了并行计算机系统的加速能力。

4.3 算法的实现——程序设计语言

高级语言体系和自然语言体系十分相似。我们可以回忆一下语文和英语的学习，就可以得出自然语言的学习过程：基本符号及书写规则→单词→短语→句子→段落→文章。因此，计算机语言的学习过程也很类似：基本符号及书写规则→常量、变量→运算符和表达式→语句→过程、函数→程序。前面提到，在写作中，必须要求文章语法规范、语义清晰。因此程序也要求清晰、规范，符合一定的书写规则。

传统程序的基本构成元素包括常量、变量、运算符、内部函数、表达式、语句、自定义过程或函数等。

现代程序增加了类、对象、消息、事件和方法等元素。

4.3.1 程序设计语言的分类

自 20 世纪 60 年代以来，世界上公布的程序设计语言已有上千种之多，但是只有很小一部分得到了广泛的应用。从发展历程来看，程序设计语言可以分为 4 代。

1. 机器语言

机器语言（Machine Language）是计算机硬件系统能够直接识别的不需翻译的计算机语言。机器语言中的每一条语句实际上是一条二进制形式的指令代码，由操作码和操作数组成。操作码指出进行什么操作；操作数指出参与操作的数或在内存中的地址。用机器语言编写程序工作量大、难于使用，但执行速度快。它的二进制指令代码通常随 CPU 型号的不同而不同，不能通用,因而说它是面向机器的一种低级语言。通常不用机器语言直接编写程序。

2. 汇编语言

汇编语言(Assemble Language)是为特定计算机或计算机系列设计的。汇编语言用助记符代替操作码,用地址符号代替操作数。由于这种"符号化"的做法,所以汇编语言也称为符号语言。用汇编语言编写的程序称为汇编语言"源程序"。汇编语言程序比机器语言程序易读、易检查、易修改,同时又保持了机器语言程序执行速度快、占用存储空间少的优点。汇编语言也是面向机器的一种低级语言,不具备通用性和可移植性。

3. 高级语言

高级语言(High Level Language)是由各种意义的词和数学公式按照一定的语法规则组成的,它更容易阅读、理解和修改,编程效率高。高级语言不是面向机器的,而是面向问题,与具体机器无关,具有很强的通用性和可移植性。高级语言的种类很多,有面向过程的语言,如 Fortran、Basic、Pascal、C 等;有面向对象的语言,如 C++、Java 等。

不同的高级语言有不同的特点和应用范围。Fortran 语言是 1954 年提出的,是出现最早的一种高级语言,适用于科学和工程计算;Basic 语言是初学者的语言,简单易学,人机对话功能强;Pascal 语言是结构化程序语言,适用于教学、科学计算、数据处理和系统软件开发,目前逐步被 C 语言所取代;C 语言程序简练、功能强,适用于系统软件、数值计算、数据处理等,成为目前高级语言中使用最多的语言之一;C++、C♯等面向对象的程序设计语言,给非计算机专业的用户在 Windows 环境下开发软件带来了福音;Java 语言是一种基于 C++的跨平台分布式程序设计语言。

4. 非过程化语言

上述的通用语言仍然都是"过程化语言"。编码的时候,要详细描述问题求解的过程,告诉计算机每一步应该"怎样做"。

4GL 语言是非过程化的,面向应用,只需说明"做什么",不需描述算法细节。目前的 4GL 语言有:查询语言(如数据库查询语言 SQL)和报表生成器;NATURAL、FOXPRO、MANTIS、IDEAL、CSP、DMS、INFO、LINC、FORMAL 等应用生成器;Z、NPL、SPECINT 等形式规格说明语言等。这些具有 4GL 特征的软件工具产品具有缩短应用开发过程、降低维护代价、最大限度地减少调试中出现的问题等优点。

4.3.2　语言处理程序

程序设计语言能够把算法翻译成机器能够理解的可执行程序。这里将计算机不能直接执行的非机器语言源程序翻译成能直接执行的机器语言的语言翻译程序称为语言处理程序。

(1) 源程序。用各种程序设计语言编写的程序称为源程序,计算机不能直接识别和执行。

(2) 目标程序。源程序必须由相应的汇编程序或编译程序翻译成机器能够识别的机器指令代码,计算机才能执行,这正是语言处理程序所要完成的任务。翻译后的机器语言程序称为目标程序。

(3) 汇编程序。将汇编语言源程序翻译成机器语言程序的翻译程序称为汇编程序,汇编过程如图 4.15 所示。

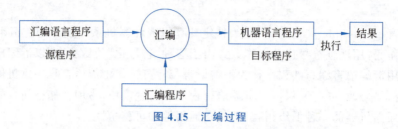

图 4.15　汇编过程

（4）编译方式和解释方式。编译方式是将高级语言源程序通过编译程序翻译成机器语言目标代码，如图 4.16 所示；解释方式是对高级语言源程序进行逐句解释，解释一句就执行一句，但不产生机器语言目标代码。例如，BASIC 语言大都是按这种方式处理的。大部分高级语言都采用编译方式。

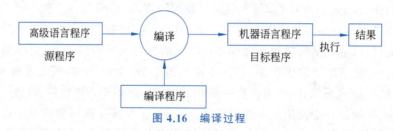

图 4.16　编译过程

4.3.3　常用的高级语言

常用的高级语言包括 Java、C、Python 等。

1. Java

1996 年 1 月，SUN 公司发布了 Java 的第一个开发工具包（JDK 1.0），这是 Java 发展历程中的重要里程碑，标志着 Java 成为一种独立的开发工具。Java 是一门面向对象的编程语言，不仅吸收了 C++ 语言的各种优点，还摒弃了 C++ 里难以理解的多继承、指针等概念。Java 具有简单性、面向对象、分布式、健壮性、安全性、平台独立与可移植性、多线程、动态性等特点。Java 可以编写桌面应用程序、Web 应用程序、分布式系统和嵌入式系统应用程序等。

【例 4-18】 写出例 4-5 的 Java 程序。

```java
public class SumOfSequence  {
    public static void main(String[] args)
    {
        int i, sum;
        sum=0;
        for(i=1; i<=100; i++)
        {
            sum = sum + i;
        }
        System.out.println ("1+2+……+100=%d", sum);
    }
}
```

2. C 语言

C 语言是一种通用的、结构化、面向过程的程序设计语言,于 1972 年由丹尼斯·里奇 (Dennis Ritchie)在贝尔电话实验室实现 UNIX 操作系统时开发。C 语言不仅可用来实现系统软件,也可用于开发应用软件。它还被广泛使用在大量不同的软件平台和不同架构的计算机上,而且几个流行的编译器都采用它来实现。面向对象的编程语言目前主要有 C++、C♯、Java 语言。这 3 种语言都是从 C 语言派生出来的,C 语言的知识几乎都适用于这 3 种语言。

【例 4-19】 写出例 4-5 的 C 语言程序。

```c
#include<stdio.h>
void main()
{
    int i, sum;
    sum=0;
    for(i=1; i<=100; i++)
    {
        sum = sum + i;
    }
    printf("1+2+……+100=%d", sum);
}
```

3. Python 语言

Python 是一种面向对象的直译式计算机程序设计语言,也是一种功能强大的通用型语言,由吉多·范罗苏姆(Guido van Rossum)于 1989 年末开发,已经具有 20 多年的发展历史,成熟且稳定。

Python 主要特点如下。

(1) 简单易学。Python 是一门优雅优美的语言,语法简洁清晰,好学易用。

(2) 免费、开源。Python 是自由/开放源码软件之一。使用者可以自由地发布这个软件的拷贝、阅读它的源代码、对它做改动、把它的一部分用于新的自由软件中。

(3) 可扩展性、可嵌入性和可移植性强。Python 提供了丰富的 API 和工具,以便程序员能够轻松地使用 C 语言、C++、Python 来编写扩展模块。Python 解释器本身也可以被集成到其他需要脚本语言的程序内。因此,很多人还把 Python 作为一种"胶水语言"(Glue Language)使用。

(4) 规范的代码。Python 采用强制缩进的方式使代码具有较好可读性。这与其他大多数计算机程序设计语言不一样。而且 Python 语言写的程序不需要编译成二进制代码。

(5) Python 标准库很丰富。它包含了一组完善且容易理解的标准库,能够轻松完成很多常见的任务,包括正则表达式、文档生成、单元测试、线程、数据库、网页浏览器、CGI、FTP、电子邮件、XML、XML-RPC、HTML、WAV 文件、密码系统、GUI(图形用户界面)、Tk 和其他与系统有关的操作。除了标准库以外,还有许多其他高质量的库,如 wxPython、Twisted 和 Python 图像库等。

(6) Python 支持命令式编程、面向对象程序设计、函数式编程、泛型编程等多种编程范式。Python 是完全面向对象(函数、模块、数字、字符串都是对象)的语言,并且完全支持继承、重载、派生、多继承,有益于增强代码的复用性。

【例 4-20】 写出例 4-5 的 Python 语言程序。

```
n = int(input("请输入 n:"))
s = 0
for i in range(1,n+1):
    s = s + i
print ('1+2+3+...+ ',  n,  '= ',  s)
```

目前新语言研究方向是更贴近自然语言的计算机语言、图形化表达语言、积木式程序构造语言和专业领域化的内容表达与计算语言。

> **思考与探索**
>
> 因为高级语言大多诞生于西方,所以这些语言的语句格式中使用的标点符号一定是英文标点符号,除非作为字符串中的内容,可以使用其他标点符号。语言中的对象的属性、方法、命令等术语本质是英文,学习时结合英文本意来记忆会大大提高学习效率。

基础知识练习

(1) 举例说明什么是数学建模?数学建模的意义何在?

(2) 什么是算法?

(3) 算法应具备哪些特征?

(4) 常用的算法设计策略有哪些?

(5) 算法的描述方式有哪些?

(6) 什么是算法的复杂度分析?

(7) 评价算法的标准有哪些?

(8) 设计一个算法,求 $1+2+4+\cdots+2^n$ 的值,并画出算法流程图。

(9) 某单位发放临时工工资,工人每月工作不超过 20 天时一律发放 2000 元。超过 20 天时分段处理:25 天以内,超过天数每天 100 元,25 天以上每天 150 元。设计一个算法,根据输入的天数,计算应发的工资,并画出算法流程图。

(10) 找出由 n 个数组成的数列 x 中最大的数 Max。如果将数列中的每一个数字大小看成一颗豆子的大小,我们可以利用一个"捡豆子"的生活算法来找到最大数,步骤如下:首先将第一颗豆子放入口袋中;其次从第二颗豆子开始比较,如果正在比较的豆子比口袋中的还大,则将它捡起放入口袋中,同时丢掉原先口袋中的豆子,如此循环直到最后一颗豆子;最后口袋中的豆子就是所有的豆子中最大的一颗。尝试用流程图表示这个算法。

(11) 分别用递推法和递归法计算 $n!$。

(12) 设计一个算法,找出[1,1000]中所有能被 7 或 23 整除的数。

(13) 一张单据上有一个 5 位数的编号,万位数是 1,千位数是 4,百位数是 7,个位数、十位数已经模糊不清。该 5 位数是 57 或 67 的倍数。设计一个算法输出所有满足这些条件的 5 位数的个数。

(14) 雨水淋湿了算术书上的一道题,8个数字只能看清3个,第一个数字虽然看不清,但可看出不是1。设计一个算法求其余数字是什么?

$$[\Box \times (\Box 3 + \Box)]^2 = 8\Box\Box 9$$

(15) 有5个人,第5个人说他比第4个人大2岁,第4个人说他比第3个人大2岁,第3个人说他比第2个人大2岁,第2个人说他比第1个人大2岁,第1个人说他10岁。求第5个人多少岁。利用本章所学问题求解的思维,设计一个算法。

(16) 有个莲花池里起初有一只莲花,每过一天莲花的数量就会翻一倍。假设莲花永远不凋谢,30天的时候莲花池全部长满了莲花,请问第23天的莲花占莲花池的几分之几?利用本章所学问题求解的思维,设计一个算法。

(17) 有一个农场在第一年的时候买了一头刚出生的牛,这头牛在第四年的时候就能生一头小牛,以后每年这头牛就会生一头小牛。这些小牛成长到第四年又会生小牛,以后每年同样会生一头牛,假设牛不死,如此反复。问50年后,这个农场会有多少头牛?利用本章所学问题求解的思维,设计一个算法。

(18) 共有100名学生进行期末考试,考试结束后需要按照试卷上的学号以从小到大的顺序进行排列,采用什么算法最快捷呢?

(19) 结合日常生活中的实例,如ATM机系统、校园一卡通系统、银行存取款系统等,举例说明计算机问题求解的步骤。

(20) 自己设计一种字符串的加密和解密算法,编写函数对用户输入的字符串进行加密和解密,并将加密前、加密后、解密后的字符串输出。

能力拓展与训练

1. 角色模拟

有一个物流公司需要研发物流管理软件。围绕软件的功能和性能需求,分组自选角色扮演用户和计算机技术人员,进行软件需求分析。要求写出软件需求分析报告。

(提示:与用户沟通获取需求的方法有很多,包括访谈、发放调查表、使用情景分析技术、使用快速软件原型技术等。)

2. 实践与探索

(1) 搜索资料,学习使用回溯法解决八皇后问题。

(2) 搜索资料,列出常用的查找和排序算法。

(3) 搜索遗传算法、蚁群算法、免疫算法的资料,了解利用仿生学进行问题求解和算法设计的思维,写出研究报告。

(4) 解析"软件=程序+数据+文档"的含义。

第 5 章 数 据 思 维

5.1 数据的组织和管理

信息是对客观世界中各种事物的运动状态和变化的反映。数据是信息的一种载体,是信息的一种表达方式,在计算机中信息是使用二进制进行编码的。数据是描述客观事物的数值、字符及能输入机器且能被处理的各种符号集合。简言之,数据就是计算机化的信息。

计算机的程序是对信息(数据)进行加工处理。可以说,程序=算法+数据组织和管理,程序的效率取决于两者的综合效果。随着信息量的增大,数据组织和管理变得非常重要,它直接影响程序的效率。

5.1.1 数据结构

数据结构是计算机存储、组织数据的方式。数据结构是指相互之间存在一种或多种特定关系的数据元素的集合。通常情况下,精心选择的数据结构可以带来更高的运行或者存储效率。数据结构往往同高效的检索算法和索引技术有关。

比如,一幅图像是由简单的数值组成的矩阵,一个图形中的几何坐标可以组成表,语言编译程序中使用的栈、符号表和语法树,操作系统中所用到的队列、树状目录等都是有结构的数据。

数据结构通常包括以下几个方面。

(1) 数据的逻辑结构。由数据元素之间的逻辑关系构成。

(2) 数据的存储结构。数据元素及其关系在计算机存储器中的存储表示,也称为数据结构的物理结构。

(3) 数据的运算。施加在该数据上的操作。

1. 逻辑结构

数据的逻辑结构是从逻辑关系上描述数据,它与数据的存储无关,是独立于计算机的,因此数据的逻辑结构可以看成从具体问题中抽象出来的数学模型。数据的逻辑结构有两个要素,一是数据元素,二是关系。根据数据元素之间关系的不同,数据通常有四类基本结构:集合结构、线性结构、树结构和图结构。

1) 集合结构

集合是指比较简单的数据,即少量、相互间没有太大关系的数据。比如,在进行计算某方程组的解时,中间的计算结果数据可以存放在内存中以便以后调用。在程序设计语言中,往往用变量来实现。

2) 线性结构

线性结构是指该结构中的数据元素之间存在一对一的关系。其特点是开始元素和终端元素都是唯一的,除了开始元素和终端元素以外,其余元素都有且仅有一个前驱元素,有且仅有一个后继元素。典型的线性结构有线性表、栈和队列。

(1) 线性表。

简单地说,线性数据是指同类的批量数据,也称线性表。比如,英文字母表(A,B,…,Z)、1000个学生的学号和成绩、3000个职工的姓名和工资、一年中的四个季节(春、夏、秋、冬)等。

(2) 栈。

如果对线性数据操作增加如下规定:数据的插入和删除必须在同一端进行,每次只能插入或删除一个数据元素,则这种线性数据组织方式就称为栈结构。通常将表中允许进行插入、删除操作的一端称为栈顶(Top);同时表的另一端被称为栈底(Bottom)。当栈中没有元素时称为空栈。

栈的插入操作被形象地称为进栈或入栈,删除操作称为出栈或退栈。

栈是先进后出的结构(First In Last Out,FILO),如图5.1(a)所示。日常生活中铁路调度就是栈的应用,如图5.1(b)所示。

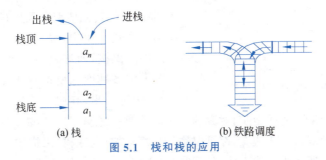

图 5.1 栈和栈的应用

比如,网络浏览器会将用户最近访问过的网址组织为一个栈。这样,用户每访问一个新页面,其地址就会被存放至栈顶;而用户每按下一次"后退"按钮,即可沿相反的次序访问此前刚访问过的页面。

类似地,主流的文本编辑器也大都支持编辑操作的历史记录功能(Ctrl+Z:撤销,Ctrl+Y:恢复),用户的编辑操作被依次记录在一个栈中。一旦出现误操作,用户只需按下"撤销"按钮,即可取消最近一次操作并回到此前的编辑状态。

(3) 队列。

如果对线性数据操作增加如下规定:只允许在表的一端插入元素,而在另一端删除元素,则这种线性数据组织方式就称为队列,如图5.2所示。

队列具有先进先出(Fist In Fist Out,FIFO)的特性。在队列中,允许插入的一端称为队尾(Rear),允许删除的一端则称为队头(Front)。

队列运算包括:入队运算——从队尾插入一个元素;退队运算——从队头删除一个元素。

日常生活中排队就是队列的应用。计算机及其网络自身内部的各种计算资源,无论是多进程共享的CPU时间,还是多用户共享的打印机,都需要借助队列结构实现合理和优化的分配。

图 5.2　队列

3）树结构

如果要组织和处理的数据具有明显的层次特性，比如，家庭成员间的辈分关系、一个学校的组织图，这时可以采用层次数据的组织方法，也形象地称为树结构。

层次模型是数据库系统中最早出现的数据模型，是用树结构来表示各类实体以及实体间的联系。层次数据库是将数据组织成树结构，并用"一对多"的关系联结不同层次的数据库。

严格地讲，满足下面两个条件的基本层次联系的集合称为树状数据模型或层次数据模型（见图 5.3）：

图 5.3　树状数据模型

- 有且只有一个结点没有双亲结点，这个结点称为根结点；
- 根以外的其他结点有且只有一个双亲结点。

在第 1 章例 1-3 中，提到了国际象棋世界冠军"深蓝"。国际象棋、西洋跳棋与围棋、中国象棋一样都属于双人完备博弈。所谓双人完备博弈就是两位选手对垒，轮流走步，其中一方完全知道另一方已经走过的棋步以及未来可能的走步，对弈的结果要么是一方赢（另一方输），要么是和局。

对于任何一种双人完备博弈，都可以用一棵博弈树（与或树）来描述，并通过博弈树搜索策略寻找最佳解。博弈树类似于状态图和问题求解搜索中使用的搜索树。搜索树上的第一个结点对应一个棋局，树的分支表示棋的走步，根结点表示棋局的开始，叶结点表示棋局的结束。一个棋局的结果可以是赢、输或者和局。

树在计算机领域也有着广泛的应用。例如，在编译程序中，用树来表示源程序的语法结构；在数据库系统中，可用树来组织信息；在分析算法的行为时，可用树来描述其执行过程。

4）图结构

有时，还会遇到更复杂一些的数据关系，满足下面两个条件的基本层次联系的集合称为图状数据模型或网状数据模型：

- 允许一个以上的结点无双亲；
- 一个结点可以有多于一个的双亲。

比如，在例 4-1 国际会议排座位问题中，可以将问题转化为在图 G 中找到一条哈密顿回路的问题。

【例 5-1】 哥尼斯堡七桥问题。

1736 年，29 岁的欧拉向圣彼得堡科学院递交了《哥尼斯堡的七座桥》的论文，在解答问题的同时，开创了数学的一个新的分支——图论与几何拓扑。

哥尼斯堡七桥问题：18 世纪的东普鲁士有一座哥尼斯堡城，城中有一座奈夫岛，普雷格尔河的两条支流环绕其旁,并将整个城市分成北区、东区、南区和岛区4个区域,全城共有7座桥将4个城区相连起来,人们可以通过这7座桥到各城区游玩,如图5.4所示。

人们常通过这7座桥到各城区游玩,于是产生了一个有趣的数学难题:寻找走遍这7座桥,且只许走过每座桥一次,最后又回到原出发点的路径。该问题就是著名的"哥尼斯堡七桥问题"。

和例4-1一样,欧拉抽象出问题最本质的东西,忽视问题非本质的东西(如桥的长度等),把每一块陆地考虑成一个点,连接两块陆地的桥以线表示,并由此得到了如图5.5所示的几何图形。

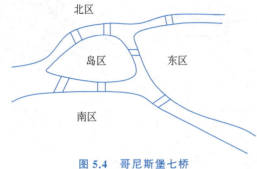
图 5.4 哥尼斯堡七桥

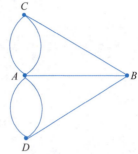
图 5.5 哥尼斯堡七桥的几何图形

若我们分别用 A、B、C、D 四个点表示哥尼斯堡的四个区域。这样著名的"七桥问题"便转化为是否能够用一笔不重复的画出过此七条线的一笔画问题了。

欧拉不仅解决了此问题,且给出了一笔画问题的必需条件:图形必须是连通的;途中的奇点个数是0或2(奇点是指连到一点的边的数目是奇数条)。

由此判断"七桥问题"中4个点全是奇点,可知图不能一笔画出,也就是不存在不重复地通过所有桥的路径。

"哈密尔顿回路问题"与"欧拉回路问题"的不同点:"哈密尔顿回路问题"是访问每个结点一次,而"欧拉回路问题"是访问每条边一次。

欧拉的论文为图论的形成奠定了基础。图论是对现实问题进行抽象的一个强有力的数学工具,已广泛地应用于计算学科、运筹学、信息论、控制论等学科。

在实际应用中,有时图的边或弧上往往与具有一定意义的数有关,即每一条边都有与它相关的数,称为权,这些权可以表示从一个顶点到另一个顶点的距离或耗费等信息。我们将这种带权的图称为赋权图或网,如图5.6所示。

可以利用算法求出图中的最短路径、关键路径等,因此图可以用来解决多类问题:电路网络分析、线路的敷设、交通网络管理、工程项目进度安排、商业活动安排等,是一种应用极为广泛的数据结构。

图 5.6 赋权图示例

网状模型与层次模型的区别在于:网状模型允许多个结点没有双亲结点;网状模型允许结点有多个双亲结点;网状模型允许两个结点之间有多种联系(复合联系);网状模型可以更直接地去描述现实世界;层次模型实际上是网状模型的一个特例。

2. 存储结构

数据对象在计算机中的存储表示称为数据的存储结构,也称为物理结构。把数据对象存储到计算机时,通常要求既要存储各数据元素的数据,又要存储数据元素之间的逻辑关系,数据元素在计算机内用一个结点来表示,数据元素在计算机中由两种基本的存储结构,分别是顺序存储结构和链式存储。

1) 顺序存储结构

顺序存储结构是借助元素在存储器中的相对位置来表示数据元素之间的逻辑关系,通常借助程序设计语言的数组类型来描述,如图 5.7 所示。

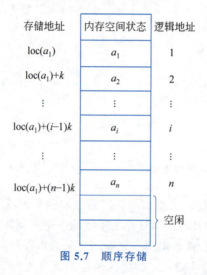

图 5.7 顺序存储

在此方式下,每当插入或删除一个数据,该数据后面的所有数据都必须向后或向前移动。因此,这种方式比较适合于数据相对固定的情况。

2) 链式存储结构

顺序存储结构要求所有的元素依次存放在一片连续的存储空间中,而链式存储结构无须占用整块存储空间,但为了表示结点之间的关系,需要给每个结点附加指针字段用于存放后继元素的存储地址。所以,链式存储结构通常借助于程序设计语言的指针类型来描述。

在链式存储方式中,每个结点由两部分组成:一部分用于存放数据元素的值,称为数据域;另一部分用于存放指针,称为指针域,用于指向该结点的前一个或后一个结点(前件或后件)。对于最后一个数据,就填上一个表示结束的特殊值,这种像链条一样的数据组织方法也称链表结构。设一个头指针 head 指向第一个结点。指定线性表中最后一个结点的指针域为"空"(NULL),如图 5.8 所示。

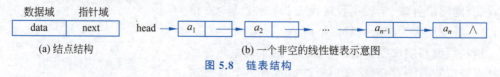

图 5.8 链表结构

【例 5-2】 线性表(A,B,C,D,E,F,G)的单链表存储结构,如图 5.9 所示。整个链表的存取需从头指针开始进行,依次顺着每个结点的指针域找到线性表的各个元素。

头指针 head 位置：16

存储地址	数据域	指针域
1	D	55
8	B	22
22	C	1
37	F	25
16	A	8
25	G	NULL
55	E	37

图 5.9　线性表(A,B,C,D,E,F,G)的单链表存储结构

在此方式下，每当插入或删除一个数据，可以方便地通过修改相关数据的位置信息来完成。因此，这种方式比较适合于数据相对不固定的情况。

> **思考与探索**
>
> 链式存储这种非连续方式中，每个数据都增加了存放位置信息的空间，所以是靠空间来换取数据频繁插入和删除等操作时间的设计，这种空间和时间的平衡问题是计算机中算法和方法设计中经常要考虑的问题。

3．数据结构与算法

数据结构与算法之间存在着密切的关系。可以说不了解施加于数据上的算法需求就无法决定数据结构；反之，算法的结构设计和选择又依赖于作为其基础的数据结构，即数据结构为算法提供了工具。算法是利用这些工具来解决问题的最佳方案。

(1) 数据结构与算法的联系。数据结构是算法实现的基础，算法总是要依赖于某种数据结构来实现的。算法的操作对象是数据结构。算法的设计和选择要同时结合数据结构，简单地说，数据结构的设计就是选择存储方式，如确定问题中的信息是用普通的变量存储还是用其他更加复杂的数据结构。算法设计的实质就是对实际问题要处理的数据选择一种恰当的存储结构，并在选定的存储结构上设计一个好的算法。不同的数据结构的设计将导致差异很大的算法。数据结构是算法设计的基础。算法设计必须考虑数据结构，算法设计是不可能独立于数据结构的。另外，数据结构的设计和选择需要为算法服务。如果某种数据结构不利于算法实现，它将没有太大的实际意义。知道某种数据结构的典型操作才能设计出好的算法。

总之，算法的设计同时伴有数据结构的设计，两者都是为最终解决问题服务的。

(2) 数据结构与算法的区别。数据结构关注的是数据的逻辑结构、存储结构以及基本操作，而算法更多的是关注如何在数据结构的基础上解决实际问题。算法是编程思想，数据结构则是这些思想的逻辑基础。

5.1.2　文件系统和数据库

1．文件系统

在较为复杂的线性表中，数据元素(Data Elements)可由若干数据项组成，由若干数据项组成的数据元素称为记录(Record)，由多个记录构成的线性表称为文件(File)。

以文件方式进行数据组织和管理，一般需要进行文件建立、文件使用、文件删除、文件复制和移动等基本操作，其中文件的使用必须经过打开、读、写、关闭这四个基本步骤。程序设

计语言一般都提供了文件管理功能。

2. 数据库系统

如果数据量非常大,关系也很复杂,这时可以考虑使用数据库技术来组织和管理。

数据管理技术是在 20 世纪 60 年代后期开始的,经历了人工管理、文件管理、数据库系统三个阶段,与前两个阶段相比,数据库系统具有以下特点。

(1) 数据结构化。在数据库系统中数据是面向整个组织的,具有整体的结构化。同时存取数据的方式可以很灵活,可以存取数据库中的某一个数据项、一组数据项、一个记录或者一组记录。

(2) 共享性高、冗余度低、易扩充。数据库系统中的数据不再面向某个应用而是面向整个系统,因而可以被多个用户、多个应用共享使用。使用数据库系统管理数据可以减少数据冗余度,并且数据库系统弹性大,易于扩充,可以适用各种用户的要求。

(3) 数据独立性高。数据独立性包括数据的物理独立性和数据的逻辑独立性。物理独立性是指用户的应用程序与存储在磁盘上的数据库中的数据是相互独立的。数据的物理存储改变了,应用程序不用改变。逻辑独立性是指用户的应用程序与数据库的逻辑结构是相互独立的,数据的逻辑结构改变了,用户程序也可以不变。

利用数据库系统,可以有效地保存和管理数据,并利用这些数据得到各种有用的信息。

1) 数据库系统概述

数据库系统主要包括数据库(Database)和数据库管理系统(Database Management System,DBMS)等。

(1) 数据库。数据库是长期存储在计算机内的、有组织的、可共享的数据集合。数据库中的数据按一定的数据模型组织、描述和存储,具有较小的冗余度、较高的数据独立性和易扩展性,并可为各种用户共享。

(2) 数据库管理系统。数据库管理系统具有建立、维护和使用数据库的功能;具有面向整个应用组织的数据结构、高度的程序与数据的独立性,数据共享性高、冗余度低、一致性好、可扩充性强、安全性和保密性好、数据管理灵活方便等特点;具有使用方便、高效的数据库编程语言的功能;能提供数据共享和安全性保障。

数据库系统包括两部分软件——应用层与数据库管理层。

应用层软件负责数据库与用户之间的交互,决定整个系统的外部特征,例如,采用问答或者填写表格的方式与用户交互,也可以采用文本或图形用户界面的方式等。

数据库管理层软件负责对数据进行操作,例如,数据的添加、修改等。它是位于用户与操作系统之间的一层数据管理软件,主要有以下几个功能。

- 数据定义功能。提供数据定义语言,以对数据库的结构进行描述。
- 数据操纵功能。提供数据操纵语言,用户通过它实现对数据库的查询、插入、修改和删除等操作。
- 数据库的运行管理功能。数据库在建立、运行和维护时由 DBMS 统一管理、控制,以保证数据的安全性、完整性、系统恢复性等。
- 数据库的建立和维护功能。数据库的建立、转换,数据的转储、恢复,数据库性能监视、分析等。

(3) 数据库管理员。数据库和人力、物力、设备、资金等有形资源一样,是整个组织的基本资源,具有全局性、共享性的特点,因此对数据库的规划、设计、协调、控制和维护等需要专门人员来统一管理,这些人员统称为数据库管理员。

2) 数据模型

各个数据及它们相互间的关系称为数据模型。数据库从结构上分主要有四种模型,即层次模型、网状模型、关系模型和面向对象模型。

关系模型是1970年由IBM公司的研究员E.F.Codd首次提出的,是目前最重要的一种数据模型,它建立于严格的数学概念基础上,具有严格的数学定义。20世纪80年代以来推出的数据库管理系统几乎都支持关系模型,关系数据库系统采用关系模型作为数据的组织方式。关系模型应用最为广泛,如SQL Server、MySQL、Oracle、Access、Sybase、Excel等都是常用的关系模型数据库管理系统。

关系模型是对关系的描述,由关系名及其所有属性名组成的集合。格式为

关系名(属性1,属性2,……)

例如,表5.1的学生成绩管理(学号,姓名,高数,英语,计算机)。

表5.1 学生成绩管理

学 号	姓名	高数	英语	计算机
130840101	张三	90	87	92
130740103	李四	77	88	96
130840102	王五	89	97	87
⋮				

关系模型中数据的逻辑结构实际上就是一个二维表,它应具备以下条件。

(1) 关系模型要求关系必须是规范化的。最基本的一个条件:关系的每一个分量必须是不可分的数据项。

(2) 表中每一列的名称必须唯一且每一列除列标题外,必须有相同的数据类型。

(3) 表中不允许有内容完全相同的元组(行)。

(4) 表中的行或列的位置可以任意排列,并不影响所表示的信息内容。

> **思考与探索**
>
> 从抽象到具体的实现思想:数据库技术来源于现实世界的数据及其关系的分析和描述。首先建立抽象的概念模型,然后将概念模型转换为适合计算机实现的逻辑数据模型,最后将数据模型映射为计算机内部具体的物理模型(存储结构)。

5.2 挖掘数据的潜在价值——数据挖掘与数据仓库

从人类认知的历史来看,最早了解自然规律的手段就是观察和归纳,人类最早就是从数据中获取知识的。现在随着信息技术的发展,获取数据的能力有了极大提高,进入了大数据时代,通过观察设备(传感器等)作用于各种自然现象、社会活动和人类行为,产生了大量的

数据。当采用大数据的分析方法和处理手段来解决问题时,我们得到了一系列对于世界的新认知。这些成果包括语音识别、图像判断、自动驾驶等领域。

5.2.1 大数据

1. 大数据的概念

研究机构 Gartner 给出了这样的定义：大数据(Big Data)是指无法在一定时间范围内用常规软件工具进行捕捉、管理和处理的数据集合,是需要新处理模式才能具有更强的决策力、洞察发现力和流程优化能力的海量、高增长率和多样化的信息资产。大数据不仅用来描述大量的数据,还涵盖了处理数据的速度。

麦肯锡全球研究所给出的定义：一种规模大到在获取、存储、管理、分析方面大大超出了传统数据库软件工具能力范围的数据集合,具有海量的数据规模、快速的数据流转、多样的数据类型和价值密度低四大特征。

当前对大数据的基本共识：大数据泛指无法在可容忍的时间内用传统信息技术和软硬件工具对其进行获取、管理和处理的巨量数据集合,具有海量性、多样性、时效性及可变性等特征,需要可伸缩的计算体系结构以支持其存储、处理和分析。

大数据最根本的价值在于为人类提供了认识复杂系统的新思维和新手段,著名计算机科学家、图灵奖获得者 Jim Gray(吉姆·格雷)将数据密集型科研称为继实验观测、理论推导和计算模拟之后,人类探索未知、求解问题的"第四范式",即数据驱动。基于数据,我们可以去触摸、理解和逼近现实复杂系统。

2. 大数据的特点

大数据具有五个层面的特点,可以用五个"V"来代表——Volume(大量)、Velocity(高速)、Variety(多样)、Veracity(真实)、Value(价值)。

(1) Volume(大量)。大数据的起始计量单位至少是 PB(1000 个 TB)、EB(100 万个 TB)或 ZB(10 亿个 TB)。

(2) Velocity(高速)。大数据的处理速度快,时效性要求高。这是大数据区分于传统数据挖掘最显著的特征。

(3) Variety(多样)。大数据的数据类型繁多,包括网络日志、音频、视频、图片、地理位置信息等,多类型的数据对数据的处理能力提出了更高的要求。

(4) Veracity(真实)。只有真实而准确的数据才能让对数据的管控和治理真正有意义。

(5) Value(价值)。大数据的数据价值密度相对较低。以视频为例,连续不间断监控过程中,可能有用的数据仅仅有一两秒。如何通过强大的机器算法更迅速地完成数据的价值"提纯",是大数据时代亟待解决的难题。

大数据时代对人类的数据驾驭能力提出了新的挑战,也为人们获得更为深刻、全面的洞察能力提供了前所未有的空间与潜力。

简言之,从各种各样类型的数据中,快速获得有价值信息的能力,就是大数据技术。

3. 大数据的应用

1) 大数据正在改善我们的生活

大数据不单单只是应用于企业和政府,同样也适用我们生活当中的每个人。比如,我们可以利用穿戴的装备(如智能手表或者智能手环)生成最新的数据,根据热量消耗或睡眠模式提供的数据进行健康情况追踪。

2) 业务流程优化

大数据正在帮助业务流程实现优化。其中应用最广泛的就是供应链及配送路线的优化:利用地理定位和无线电频率的识别追踪货物和送货车;利用实时交通路线数据制定更加优化的路线。

3) 理解客户、满足客户服务需求

大数据的应用目前在这领域是最广为人知的。很多企业搜集社交方面的数据、浏览器的日志、传感器的数据等,并建立出数据模型进行预测,以更好地了解客户以及他们的爱好和行为。比如,通过大数据的应用,电信公司可以更好地预测出流失的客户;沃尔玛更加精准地预测哪个产品会热卖;汽车保险行业更精准地了解客户的需求和驾驶水平。

4) 在体育行业的应用

现在很多运动员在训练的时候应用了大数据技术。比如,使用视频分析来追踪和分析比赛中每个球员的表现,使用智能技术来追踪运动员的营养状况及睡眠状况,并智能地给出战术策略和健康营养方面的建议。

5) 疫情防控和医疗研发

大数据分析应用的计算能力可以让我们在几分钟内就解码整个DNA,从而帮助我们制订出最佳的治疗方案,同时也可以更好地去理解和预测疾病。比如,面对突如其来的疫情,大数据技术凭借强大的数据采集、分析能力,并且结合互联网、区块链、云计算等技术,在疫情追踪、防控、预测等方面,做到了及时响应疫情突发、回应公共安全,为疫情提供了有力的技术支持。

6) 金融交易

大数据在金融行业主要是应用金融交易。比如,现在很多股权的交易都是利用大数据算法进行的。

7) 改善我们的城市

大数据还被应用到改善我们日常生活的城市中。比如,基于城市实时交通信息、利用社交网络和天气数据来优化最新的交通情况。

8) 改善安全和执法

大数据现在已经广泛应用到安全和执法的过程当中。各国安全局利用大数据进行恐怖主义打击;而企业则应用大数据技术防御网络攻击;警察应用大数据工具捕捉罪犯;信用卡公司应用大数据工具来监测欺诈性交易。

9) 优化机器和设备性能

大数据分析还可以让机器和设备在应用上更加智能化和自主化。比如,无人驾驶汽车、智能电话的优化等。

4. 大数据与云计算的关系

云计算是一种基于互联网的计算方式,通过这种方式,共享的软硬件资源和信息可以按需提供给计算机和其他设备。大数据与云计算的关系就像一枚硬币的正反面一样密不可分。大数据的特色在于对海量数据进行分布式数据挖掘,但它必须依托云计算的分布式处理、分布式数据库、云存储和虚拟化技术。

5.2.2 数据挖掘

1. 数据挖掘的作用

大数据时代，数据挖掘是最关键的工作。数据挖掘是一种决策支持过程，它能够基于人工智能、机器学习、模式识别、统计学、数据库、可视化技术等，高度自动化地分析企业的数据，做出归纳性的推理，从中挖掘出潜在的模式，帮助决策者调整市场策略，减少风险，做出正确的决策。

数据挖掘对许多领域都起到重要的作用。数据挖掘的应用领域非常广泛，如金融（风险预测）、零售（顾客行为分析）、体育、电信、气象、电子商务等。数据挖掘可以适用于各种行业，并且为解决诸如欺诈甄别（Fraud Detection）、保留客户（Customer Retention）、消除摩擦（Attrition）、数据库营销（Database Marketing）、市场细分（Market Segmentation）、风险分析（Risk Analysis）、亲和力分析（Affinity Analysis）、客户满意度（Customer Satisfaction）、破产预测（Bankruptcy Prediction）、职务分析（Portfolio Analysis）等业务问题提供了有效的方法。

【例 5-3】 尿布与啤酒的故事。

在一家超市里，有一个有趣的现象：尿布和啤酒赫然摆在一起出售。但是这个奇怪的举措却使尿布和啤酒的销量双双增加了。这不是一个笑话，而是发生在美国沃尔玛连锁店超市的真实案例，并一直为商家所津津乐道。沃尔玛拥有世界上最大的数据仓库系统，为了能够准确了解顾客在其门店的购买习惯，沃尔玛对其顾客的购物行为进行购物篮分析，想知道顾客经常一起购买的商品有哪些。沃尔玛数据仓库里集中了其各门店的详细原始交易数据。在这些原始交易数据的基础上，沃尔玛利用数据挖掘方法对这些数据进行分析和挖掘。一个意外的发现：跟尿布一起购买最多的商品竟是啤酒！经过大量实际调查和分析，揭示了一个隐藏在"尿布与啤酒"背后的美国人的一种行为模式：在美国，一些年轻的父亲下班后经常要到超市去买婴儿尿布，而他们中有30％～40％的人同时也为自己买一些啤酒。产生这一现象的原因：美国的太太们常叮嘱她们的丈夫下班后为小孩买尿布，而丈夫们在买尿布后又随手带回了他们喜欢的啤酒。

按常规思维，尿布与啤酒风马牛不相及，若不是借助数据挖掘技术对大量交易数据进行挖掘分析，沃尔玛是不可能发现数据内在这一有价值的规律的。

2. 数据挖掘的概念

数据挖掘（Data Mining，DM）的概念在1989年8月美国底特律市召开的第十一届国际联合人工智能学术会议上正式提出。从1995年开始，每年举行一次数据库知识发现（Knowledge Discovery in Database，KDD）国际学术会议，把对DM和KDD的研究推入高潮。DM还被译为数据采掘、数据开采、数据发掘等。

数据挖掘就是从大量数据中获取有效的、新颖的、潜在有用的、最终可理解的模式的非平凡过程。简单地说，数据挖掘就是从大量数据中"提取"或"挖掘"知识，又被称为数据库中的知识发现。

数据挖掘与传统的数据分析不同，数据挖掘是在没有确定假设的前提下去挖掘信息、发现知识，其目的不在于验证某个假定模式的正确性，而是自己在数据库中找到模型。比如，商业银行可以利用数据挖掘方法对客户数据进行科学的分析，发现其数据模式及特征、存在的关联关系和业务规律,并根据现有数据预测未来业务的发展趋势,对商业银行管理、制定商业决策、提升核心竞争力具有重要的意义和作用。

数据挖掘是 KDD 过程中对数据真正应用算法抽取知识的那一步骤,是 KDD 过程中的重要环节。

3. 数据挖掘步骤

数据挖掘的大致步骤如下。

(1) 研究问题域:包括掌握应预先了解的有关知识和确定数据挖掘任务;

(2) 选择目标数据集:根据步骤(1)的要求选择要进行挖掘的数据;

(3) 数据预处理:将步骤(2)的数据进行集成、清理、变换等,使数据转换为可以直接应用数据挖掘工具进行挖掘的高质量数据;

(4) 数据挖掘:根据数据挖掘任务和数据性质选择合适的数据挖掘工具和挖掘模式;

(5) 模式解释与评价:去除无用的或冗余的模式,将有趣的模式以用户能理解的方式表示,并存储或提交给用户;

(6) 应用:用上述步骤得到的有趣模式(或知识)指导人的行为。

5.2.3 数据仓库

1. 数据仓库的概念

数据仓库早在 20 世纪 90 年代起就开始流行。由于它为最终用户处理所需要的决策信息提供了一种有效方法,因此数据仓库被广泛应用,并且得到很好的发展。

W.H.Inmon 在 *Building the Data Warehouse* 中定义数据仓库为:"数据仓库是面向主题的、集成的、随时间变化的、历史的、稳定的、支持决策制定过程的数据集合。"

数据仓库研究和解决从数据库中获取信息的问题,它本身是一个非常大的数据库,存储着由数据库中转换和整合而来的数据,特别是指事务处理系统 OLTP(On-Line Transactional Processing)所得来的数据。公司的决策者则利用这些数据作决策;但是,这个转换及整合数据的过程是建立一个数据仓库最大的挑战。数据仓库中的数据主要包括整合性数据、详细和汇总性的数据、历史数据和解释数据的数据。

2. 数据仓库与数据挖掘的关系

若将数据仓库比作矿井,那么数据挖掘就是深入矿井采矿的工作,数据挖掘是从数据仓库中找出有用信息的一种过程与技术。

数据挖掘需要高质量的数据,因此需要认真选择或者建立一种适合数据挖掘应用的数据环境。数据仓库能够满足数据挖掘技术对数据环境的要求。

数据挖掘和数据仓库的协同工作:一方面,数据仓库可以迎合和简化数据挖掘过程中的重要步骤,提高数据挖掘的效率和能力,确保数据挖掘中数据来源的广泛性和完整性;另一方面,数据挖掘技术已经成为数据仓库应用中极为重要和相对独立的方面和工具。

数据仓库不是必需的。如果只是为了数据挖掘,也可以把一个或几个事务数据库导到一个只读的数据库中,就把它当作数据集市,然后在其上进行数据挖掘。

> **思考与探索**
> 　　从简单数据的处理到复杂数据的组织和管理及数据的挖掘,人们逐渐认识到数据的价值,人们利用数据进行论证、决策和知识发现,这就是关于数据的思维,它已逐渐成为人们的一种普适思维方式。

基础知识练习

(1) 什么是数据结构?常用的数据结构有哪些?
(2) 什么是数据库系统?列举生活中所用到的数据库系统的实例。
(3) 什么是大数据?
(4) 什么是数据挖掘和数据仓库?
(5) 数据库和数据仓库有哪些不同之处?
(6) 简述数据的价值。

能力拓展与训练

(1) Web 挖掘是针对包括 Web 页面内容、页面之间的结构、用户访问信息、电子商务信息等在内的各种 Web 数据,运用数据挖掘方法以帮助人们从网络中提取知识,为其提供决策支持。运用所学知识和计算思维,尝试写一份关于"Web 挖掘及其应用"的研究报告。

(2) "对于大数据的运用预示着新一波生产率增长和消费者盈余浪潮的到来",你对这句话是如何理解的,并说明原因。

第 6 章 网络化思维

6.1 计算机网络的基本知识

6.1.1 计算机网络的基本概念

1. 计算机网络的定义

所谓计算机网络,就是把分散布置的多台计算机及专用外部设备,用通信线路互连,并配以相应的网络软件所构成的系统。它将信息传输和信息处理功能相结合,为远程用户提供共享的网络资源,从而提高了网络资源的利用率、可靠性和信息处理能力。

2. 计算机网络的主要功能

计算机网络的功能很多,其中最主要的功能如下。

(1) 数据通信。数据通信是计算机网络最基本的功能,是实现其他功能的基础。它主要是实现计算机与计算机,计算机与终端之间的数据传输。这样,地理位置分散的生产单位或部门可通过计算机网络连接起来,实现集中控制和管理。

(2) 资源共享。资源共享是使用网络的主要目的。计算机系统资源可分成数据资源、软件资源和硬件资源三大类,因此资源共享也分为数据共享、软件共享和硬件共享三类。数据共享是指共享网络中设置的各种专门数据库;软件共享是指共享各种语言处理程序和各类应用程序;硬件共享是指共享计算机系统及其特殊外围设备,是共享其他资源的物质基础。通过资源共享,可使网络中各地区的资源互通有无,分工协作,大大地提高了系统的利用率。

(3) 负荷均衡,分布处理。计算机网络管理可以在各资源主机间分担负荷,使得在某时刻负荷特重的主机可通过网络将一部分任务送给远地空闲的计算机处理。尤其是对于地理跨度大的远程网,还可以利用时间差来均衡负荷不均的现象,合理使用网络资源。

在具有分布处理能力的计算机网络中,在网络操作系统的调度和管理下,一个计算机网络中的多台主机可以协同工作来解决一个依靠单台计算机无法解决的大型任务。这样,以往只有大型计算机才能完成的工作,现在可由多台微机或小型机构成的网络协同完成,而且费用低廉。

(4) 提高系统的可靠性和可用性。网络中的各台计算机可以彼此成为后备机。若网络中有单个部件或少量计算机失效,可由网络将信息传递给其他计算机代为处理,不影响用户的正常操作,还可以从其他计算机的备份数据库中恢复被破坏的数据。

3. 计算机网络的组成

从逻辑功能上来看,计算机网络是由资源子网和通信子网组成的。

（1）资源子网。资源子网由各种数据处理资源和数据存储资源组成，由计算机系统、终端、终端控制器、连网外设、各种软件资源与信息资源组成。

（2）通信子网。通信子网负担整个网络的数据传输、加工和变换等通信处理工作，由网络结点和通信链路组成。

4. 计算机网络的分类

从不同的角度出发，计算机网络有不同的划分方法。

1）按网络的覆盖范围划分

按网络的覆盖范围划分如下。

（1）局域网(Local Area Network，LAN)。局域网的覆盖范围一般是几百米到几十千米，通常是处于同一座建筑物、同一所大学或方圆几千米地域内的专用网络。这种网络一般由部门或单位所有。

（2）城域网(Metropolitan Area Network，MAN)。城域网是在一个城市内部组建的计算机信息网络，提供全市的信息服务。

（3）广域网(Wide Area Network，WAN)。广域网又称远程网。它的覆盖范围一般从几十千米到几千千米，通常遍布一个国家、一个洲甚至全球。

2）按网络的通信介质划分

按网络的通信介质划分如下。

（1）有线网。有线网是采用同轴电缆、双绞线、光纤等有线介质来传输数据的网络。

（2）无线网。无线网是采用激光、微波等无线介质来传输数据的网络。

3）按网络的拓扑结构划分

按网络的拓扑结构分为星状网、总线型网、环状网、树状网和网状网。

> **思考与探索**
>
> 计算机网络的内涵解析：(1)多个计算机系统的互连；(2)网络系统中各个计算机系统是相对独立的；(3)协议起举足轻重的作用；(4)从系统性角度认识计算机网络，包括通信、计算机、数学、物理等多学科的知识和技术。

6.1.2 计算机网络硬件

计算机网络系统主要由硬件系统和软件系统两大部分组成。计算机网络硬件由网络主体设备、网络连接设备和网络传输介质组成。

1. 网络主体设备

计算机网络中的主体设备称为主机(Host)，一般可分为中心站(又称为服务器)和工作站(客户机)两类。

（1）服务器是为网络提供共享资源的基本设备，在其上运行网络操作系统，是网络控制的核心。其工作速度、磁盘及内存容量的指标要求都较高，携带的外部设备多且大都为高级设备。

（2）工作站是网络用户入网操作的结点，有自己的操作系统。用户既可以通过运行工作站上的网络软件共享网络上的公共资源，也可以不进入网络，单独工作。

2. 网络连接设备

针对不同的网络技术形态可能需要使用不同的网络连接设备。常用网络连接设备有以下几种。

(1) 网络适配器。网络适配器又称为网络接口卡(Network Interface Card,NIC)或网卡,是计算机与通信介质的接口,主要实现物理信号的转换、识别、传输,数据传输出错检测,硬件故障的检测。网络适配器通过有线传输介质建立计算机与局域网的物理连接,负责执行通信协议,在计算机之间通过局域网实现数据的快速传输。

(2) 交换机(Switch)。交换机是一种用于电信号转发的网络设备,可以为接入交换机的任意两个网络结点提供独享的电信号通路。最常见的交换机是以太网交换机。其他常见的还有电话语音交换机、光纤交换机等。交换机不但可以对数据的传输进行同步、放大和整形处理,还提供对数据的完整性和正确性的保证。

(3) 路由器(Router)。路由器是网络层的数据转发设备,是连接因特网中各局域网、广域网的设备,它会根据信道的情况自动选择和设定路由,以最佳路径,按前后顺序发送信号。路由器是互联网络的枢纽——"交通警察"。目前,路由器已经广泛应用于各行各业,各种不同档次的产品已成为实现各种骨干网内部连接、骨干网间互联和骨干网与互联网互联互通业务的主力军。路由和交换机之间的主要区别就是交换机发生在 OSI 参考模型第二层(数据链路层),而路由发生在第三层(网络层)。这一区别决定了路由和交换机在移动信息的过程中需使用不同的控制信息,所以两者实现各自功能的方式是不同的。

(4) 网关(Gateway)。网关又称网间连接器、协议转换器。网关在网络层以上实现网络互连,是最复杂的网络互连设备,用于异种网络的互连,不仅有路由器的全部功能,还能对不同网络间的网络协议进行转换。

(5) 网桥(Bridge)。网桥是数据链路层的互连设备,用于将两个相似的网络互连。它具有放大信号的功能,对转发的信号还有寻址和路径选择的功能,即它不但能扩展网络的距离或范围,而且可提高网络的性能、可靠性和安全性。

(6) 集线器(Hub)。集线器的主要功能是对接收的信号进行再生、整形和放大,以扩大网络的传输距离,同时把所有结点集中在以它为中心的结点上。它工作于物理层。集线器与网卡、网线等传输介质一样,属于局域网中的基础设备。

(7) 中继器(RP Repeater)。中继器是工作在物理层上的连接设备,是对信号进行再生和还原的网络设备。适用于完全相同的两类网络的互连,主要功能是通过对数据信号的重新发送或者转发,来扩大网络传输的距离。

3. 网络传输介质

传输介质是通信中实际传送信息的载体。计算机网络中采用的传输介质可分为有线和无线两大类。双绞线、同轴电缆和光纤是常用的三种有线介质;卫星、无线电通信、红外通信、激光通信及微波通信等传送信息的载体属于无线介质。

1) 有线传输介质

有线传输介质包括以下几种。

(1) 双绞线(Twisted-Pair)。双绞线是一种经常使用的物理传输媒体。它是由两条互相绝缘、螺旋状缠绕在一起的铜线组成。

双绞线的特点是成本低，易于铺设，双绞线既能传输数字信号又能传输模拟信号，但容易受外部高频电磁波的影响，线路也有一定噪声。如果用于数字信号的传输，每隔 2～3km 需要加一台中继器或放大器，所以，双绞线一般用于建筑物内的局域网和电话系统。

（2）同轴电缆（Coaxial Cable）。同轴电缆比双绞线的屏蔽性更好，因此可以传输更远的距离。同轴电缆由中心导体、环质绝缘层、金属屏蔽网（用密织的网状导体环绕）和最外层保护性的护套组成。中心导体可以是单股或多股导线。

同轴电缆的特点是价格适中，传输速度快，在高频下抗干扰能力强，传输距离较双绞线远。目前广泛应用于有线电视网络。

（3）光纤（Optical Fiber）。光纤即光导纤维，是一根很细的可传导光线的纤维媒体，其半径仅几微米至一、二百微米。光纤由缆芯、包层、吸收层和防护层四部分组成。缆芯是一股或多股光纤，通常为超纯硅、玻璃纤维或塑料纤维；包层包裹在缆芯的外面，对光的折射率低于缆芯；吸收层用于吸收没有被反射而被泄露的光；防护层对光纤起保护作用。

相对于双绞线和同轴电缆等金属传输媒体来说，光纤的优点是能在长距离内保持高速率传输；体积小，重量轻；低衰减，大容量；不受电磁波的干扰，且无电磁辐射；耐腐蚀等。缺点是价格昂贵，安装、连接不易。目前广泛应用于电信网络、有线电视、计算机网络和视频监控等行业。

2）无线传输介质

无线传输介质非常适用于难于铺设传输线路的边远山区和沿海岛屿，也为大量便携式计算机入网提供了条件，目前常用的无线信道有无线电通信、红外线通信、激光通信和微波通信等。

（1）无线电通信。无线电通信在无线电广播和电视广播中已被广泛使用。国际电信联盟的 ITU-R 已将无线电的频率划分为若干波段。在低频和中频波段内，无线电波可以轻易地通过障碍物，但能量随着与信号源距离的增大而急剧减小，因而可沿地表传播，但距离有限；高频和超高频波段内的电波，会被距地表数百千米高度的电离层反射回地面，因而可用于远距离传输。

蓝牙（Bluetooth）是通过无线电介质来传输数据的，它是由东芝、爱立信、IBM、Intel 和诺基亚于 1998 年 5 月共同提出的近距离无线数据通信技术标准。

（2）红外通信。红外通信是利用红外线进行的通信，已广泛应用于短距离的传输。这项技术自 1974 年发明以来，得到市场的普及、推广与应用，如红外线鼠标、红外线打印机、红外线键盘、电视机和录像机的遥控器等。红外线不能穿透物体，在通信时要求有一定的方向性，即收发设备在视线范围内。红外通信很难被窃听或干扰，但是雨、雾等天气因素对它影响较大。此外，红外通信设备安装非常容易，不需申请频率分配，不授权也可使用。它也可以用于数据通信和计算机网络。红外线是波长在 750nm～1mm 的电磁波，频率高于微波低于可见光。

（3）激光通信。激光通信原理与红外通信基本相同，但使用的是相干激光。它具有与红外线相同的特点，但不同之处是由于激光器件会产生低量放射线，所以需要加装防护设施；激光通信必须向政府管理部门申请，授权分配频率后方可使用。

（4）微波通信。微波通信也是沿直线传播的，但方向性不及红外线和激光强，受天气因素影响不大。微波传输要求发送和接收天线精确对准，由于微波沿直线传播，而地球表面是曲面,天线塔的高度决定了微波的传输距离,因此可通过微波中继接力来增大传输距离。

Wi-Fi 属于微波通信。Wi-Fi 信号是由有线网提供的,只要接一个无线路由器,就可以把有线信号转换成 Wi-Fi 信号。在这个无线路由器的电波覆盖的有效范围都可以采用 Wi-Fi 连接方式进行联网。

卫星通信可以看成一种特殊的微波通信。和一般地面微波通信不同的是,它使用地面同步卫星作为中继站来转发微波信号。

6.2 计算机网络软件

6.2.1 计算机网络软件的组成

网络软件一般是指系统的网络操作系统、计算机网络协议和应用级的提供网络服务功能的专用软件。其中网络操作系统是用于管理网络软、硬资源,提供简单网络管理的系统软件。常见的网络操作系统有 UNIX、Netware、Windows NT、Linux 等。应用级的提供网络服务功能的专用软件是指为某个应用目的而开发的网络软件,如远程教学软件、电子图书馆等。下面重点介绍计算机网络协议。

6.2.2 计算机网络协议的概念

在计算机网络中,为使计算机之间或计算机与终端设备之间能有序而准确地传送数据,必须在数据传输顺序、格式和内容等方面有统一的标准、约定或规则,这组标准、约定或规则称为计算机网络协议。

网络协议主要由三个部分组成,称为网络协议三要素,即语义、语法和规则。

(1) 语义。语义指对构成协议的协议元素的解释,即需要发出何种控制信息、完成何种协议及做出何种应答。

(2) 语法。语法用于规定双方对话的格式,即数据与控制信息的结构或格式。

(3) 规则。规则用于规定双方的应答关系。

描述网络协议的基本结构是协议分层。通信协议被分成不同的层次,在每个层次内又分为若干子层,不同层次的协议完成不同的任务,各层次之间协调工作。

6.2.3 OSI/RM 参考模型

国际标准化组织(ISO)在 1978 年提出了"开放系统互连参考模型"(Open System Interconnection/Reference Model,OSI/RM),OSI 按照分层的结构化技术,构造了顺序式的计算机网络七层协议模型,即物理层、数据链路层、网络层、传输层、会话层、表示层和应用层。每一层都规定有明确的接口任务和接口标准,不同系统对等层之间按相应协议进行通信,同一系统不同层之间通过接口进行通信。除最高层外,每层都向上一层提供服务,同时又是下一层的用户。

(1) 物理层。物理层(或称实体层)是唯一涉及通信介质的一层。它提供与通信介质的连接,作为系统和通信介质的接口,把需要传输的信息转变为可以在实际线路上传送的物理信号,使数据在链路实体间传输二进制位。

（2）数据链路层。数据链路层的工作包含两部分：
- 将来自网络层的数据包添加辅助信息，即为数据包加上头部和尾部，即添加一些控制信息，包括封装信息、差错控制、流量控制、链路管理等；
- 接收来自物理层的比特流，将这些比特流正确地拆分成数据包，即将头部和尾部拆分出来。

数据传输的基本单位是帧(Frame)。

（3）网络层。网络层用于源站点与目标站点之间的信息传输服务，其传输的基本单位是分组(Packet)。信息在网络中传输时，必须进行路由选择、差错检测、顺序及流量控制。

（4）传输层。传输层为源主机与目标主机之间提供可靠的、合理的透明数据传输，其基本传输单位是报文(Message)。这里的通信是源主机与目标主机中的两个应用程序的通信。传输层的作用就是能够识别是哪个应用程序在进行信息传递。

（5）会话层。会话层又称会晤层，它为不同系统内的应用之间建立、维护和结束会话连接。

（6）表示层。表示层向应用层提供信息表示方式，对不同表示方式进行转换管理，提供标准的应用接口、公用信息服务。

（7）应用层。应用层包括面向用户服务的各种软件，如电子邮件服务、远程登录服务等。

但 OSI/RM 模型在当今世界上没有大规模使用。因特网采用的 TCP/IP 并不完全符合 OSI 的七层参考模型。

6.2.4 TCP/IP

1. TCP/IP 的概念

TCP/IP(Transmission Control Protocol/Internet Protocol)，即传输控制协议/因特网互联协议，是针对 Internet 开发的体系结构和网络标准。它定义了电子设备如何连入因特网，以及数据如何在它们之间传输的标准。其目的在于解决异种计算机网络的通信，为各类用户提供通用的、一致的通信服务。

TCP 将消息或文件分成包，以保证数据的传输质量，IP 负责给各种包加地址以便保证数据的传输。TCP/IP 是一个协议族而不是简单的两个协议，包括上百个各种功能的协议，如远程登录、文件传输、域名服务和电子邮件等协议。简单地说，TCP 负责发现传输的问题，一有问题就发出信号，要求重新传输，直到所有数据安全正确地传输到目的地。而 IP 是给因特网的每一台联网设备规定一个地址，即用 Internet 协议语言表示地址。

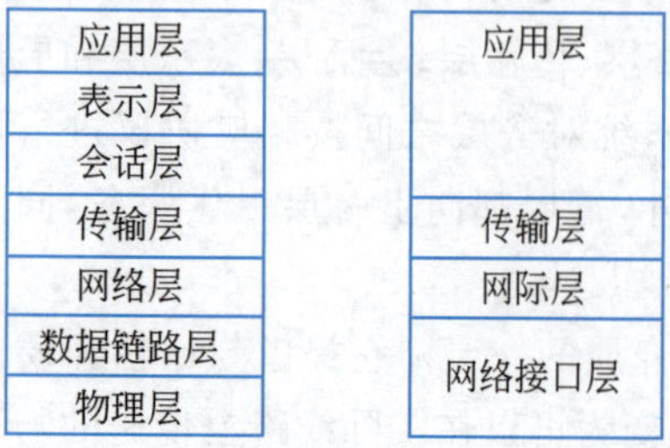

2. TCP/IP 四层体系结构

TCP/IP 采用四层体系结构，如图 6.1 所示。从图中可以看到，TCP/IP 模型去掉了 OSI/RM 模型中的会话层和表示层，这两层的功能合并到应用层实现；同时将 OSI/RM 模型中的数据链路层和物理层合并为网络接口层。每一层都呼叫它的下一层所提供的协议来完成自己的需求。各层的主要功能如下：

图 6.1 OSI/RM 模型与 TCP/IP 模型

1) 应用层

应用层提供各种应用服务,如简单电子邮件传输协议(Simple Mail Transfer Protocol, SMTP)、文件传输协议(File Transfer Protocol, FTP)、网络远程访问协议(Teletype Network, Telnet)、万维网的超文本传输协议(HyperText Transfer Protocol, HTTP)、域名服务(Domain Name Service, DNS)、网上新闻传输协议(Net News Transfer Protocol, NNTP)等。

2) 传输层

传输层提供主机间的数据传送服务,负责对传输的数据进行分组并保证这些分组正确传输和接收。在这一层定义了两个端到端的协议:传输控制协议(Transmission Control Protocol, TCP)和用户数据报协议(User Datagram Protocol, UDP)。TCP是面向连接的协议,它提供可靠的报文传输和对上层应用的连接服务。UDP是面向无连接的不可靠传输的协议,主要用于不需要TCP的排序和流量控制等功能的应用程序。因此,这一层功能一是区分不同的网络应用软件,格式化信息流;二是负责传输控制,提供可靠传输。

3) 网际层

网际层负责相邻计算机之间的通信。其功能包括三方面:一是处理来自传输层的分组发送请求,收到请求后,将分组装入IP数据报,填充报头,选择路径,然后将数据报发往适当的网络接口;二是处理输入数据报,首先检查其合法性,然后进行寻径,假如该数据报已到达目的主机,则去掉报头,将剩下部分交给适当的传输协议,假如该数据报尚未到达,则转发该数据报;三是处理路径、流控、拥塞等问题。

简单地说,其主要功能是为计算机设计和分配地址,使数据能够被正确送达。

网际层定义的协议:IP(Internet Protocol)、ICMP(Internet Control Message Protocol, Internet控制报文协议)、IGMP(Internet Group Manage Protocol, Internet组管理协议)、ARP(Address Resolution Protocol, 地址解析协议)、RARP(Reverse Address Resolution Protocol, 反向地址转换协议)等。

4) 网络接口层

网络接口层与OSI参考模型中的物理层和数据链路层相对应。数据链路层负责接收IP数据包并通过网络发送,或者从网络上接收物理帧,抽出IP数据包,交给IP层。物理层定义了物理介质的各种特性:机械特性、电子特性、功能特性和规程特性。

事实上,TCP/IP本身并未定义该层的协议,而由参与互连的各网络使用自己的物理层和数据链路层协议,然后与TCP/IP的网络接口层进行连接。具体的实现方法随着网络类型的不同而不同。如以太网、令牌环网、光纤分布式数据接口(Fiber Distributed Data Interface, FDDI)网络等。

3. TCP/IP 的数据传输过程

TCP/IP的数据传输过程简述如下。

(1) TCP负责将计算机发送的数据分解成若干个数据报(Datagram),并给每个数据报加上报头,报头上有相应的编号和检验数据是否被破坏的信息,以保证接收端计算机能将数据还原成原来的格式。TCP被称为一种端对端协议,当一台计算机需要与另一台远程计算机连接时,TCP会让它们建立一个连接、发送和接收数据以及终止连接。

(2) IP是负责为每个数据报的报头加上接收端计算机的地址,使数据能找到自己要去的目的地。

(3) 如果传输过程中出现数据丢失和数据失真等情况,TCP 会自动要求数据重传,并重组数据报。

我们可以将上述传送过程简单比喻成"封包"和"解包"的过程。

> **思考与探索**
>
> 计算机网络协议体现了分层求解问题的思想,即将复杂问题层层分解,每层仅实现一种相对独立、明确的功能,这是化解复杂问题的一种普适思维,也是计算机系统的基本思维模式。

6.3　Internet 概述

Internet 是一个全球性的信息通信网络,是连接全球数百万台计算机的计算机网络的集合。它在世界范围内连接了不同专业、不同领域的组织机构和人员,成为人们打破时间和空间限制的有力手段。

1994 年 4 月 20 日,中国通过一条 64Kbps 国际专线全功能接入国际互联网,成为中国互联网的起点。2009 年 1 月 7 日,工业和信息化部为中国移动、中国电信和中国联通发放 3 张 3G 牌照,标志着中国进入 3G 时代。2013 年 12 月 4 日,工业和信息化部正式发放 4G 牌照,标志着中国进入 4G 时代。2020 年,5G 元年,一场涉及企业、行业、国家、区域和全球的 5G 竞赛全速开启。

6.3.1　Internet 的 IP 地址

1. IP 地址的概念

网络中的每台计算机都有一个网络地址(相当于人们的通信地址),发送方在要传输的信息上写上接收方计算机的网络地址,信息才能通过网络传递到接收方。在 Internet 上,每台主机、终端、服务器和路由器都有自己的 IP 地址,这个 IP 地址是全球唯一的,用于标识该机在网络中的位置。常见的 IP 地址,分为 IPv4 与 IPv6 两大类。

1) IPv4 地址

IPv4 地址规定每个 IP 地址用 32 个二进制位表示(占 4 字节)。例如:

第一台计算机的地址编号:00000000 00000000 00000000 00000000

第二台计算机的地址编号:00000000 00000000 00000000 00000001

……

最后一台计算机的地址编号:11111111 11111111 11111111 11111111

所以,有 2^{32} = 4 294 967 296 个地址编号,这表明因特网中最多可有 4 294 967 296 台计算机。

然而,要记住每台计算机的 32 位二进制数据编号是很困难的。为了便于书写和记忆,人们通常用 4 个十进制数来表示 IP 地址,分为 4 段,段与段之间用"."分隔,每段对应 8 个二进制位。因此,每段能表达的十进制数是 0~255。例如,32 位二进制数的表示为

11111111　11111111　11111111　00000111
255.　　　255.　　　255.　　　7

其转换规则是将每字节转换为十进制数据,因为 8 位二进制数最大为 255,所以 IP 地址中每个段的十进制数不超过 255。这个数据并不是很大,会被用完,为此设计了 IPv6。

2) IPv6 地址

IPv6 中,每个地址占 128 位,最大地址个数为 2^{128}。IPv6 地址采用"冒号十六进制"的记法表示,它把每个 16 位的值用十六进制值表示,各值之间用冒号分割。例如:

$$68E6:8C64:FFFF:FFFF:0000:1180:960A:FFFF$$

在十六进制记法中,允许把数字前面的 0 省略。上面 0000 中的前三个 0 可省略。冒号十六进制记法允许零压缩,即一连串连续的零可以用一对冒号取代,例如,FF05:0:0:0:0:0:B3,可以写成 FF05::B3。此记法规定在任一地址中只能使用一次零压缩。

2. IP 地址的分类

在 Internet 中,根据网络地址和主机地址,常将 IP 地址分为 A、B、C、D、E 五类。A 类地址主要用于大型(主干)网络,其特点是网络数量少,但拥有的主机数量多。B 类地址主要用于中等规模(区域)网络,其特点是网络数量和主机数量大致相同。C 类地址主要用于小型局域网络,其特点是网络数量多,但拥有的主机数量少。D 类地址通常用于已知地址的多点传送或者组的寻址。E 类地址为将来使用保留的实验地址,目前尚未开放。

常用的 A、B、C 三类 IP 地址的起始编号和主机数如表 6.1 所示。

表 6.1 A、B、C 三类 IP 地址

IP 地址类型	最大网络数	最小网络号	最大网络号	最多主机数
A	$127(2^7-1)$	1	127	$2^{24}-2=16\ 777\ 214$
B	$16\ 384(2^{14})$	128.0	191.255	$2^{16}-2=65\ 534$
C	$2\ 097\ 152(2^{21})$	192.0.0	223.255.255	$2^8-2=254$

Internet 最高一级的维护机构为网络信息中心,负责分配最高级的 IP 地址。它授权给下一级申请成为 Internet 网点的网络管理中心,每个网点组成一个自治系统。信息中心只给申请成为新网点的组织分配 IP 地址的网络号,主机地址则由申请的组织自己来分配和管理。自治域系统负责自己内部网络的拓扑结构、地址建立与刷新,这种分层管理的方法能有效地防止 IP 地址冲突。

6.3.2 Internet 的域名系统

IP 地址虽然解决了 Internet 上统一地址的问题,并用十进制数来表示各段的二进制数。但是,这串用数字符号表示的 IP 地址非常难以记忆。因此,在 Internet 上采用了一套"名称—IP"的转换方案,即名称和 IP 地址对应的域名系统(Domain Name System,DNS),而用来完成这一转换工作的计算机被称为域名服务器。

1. 域名地址

DNS 使用与主机位置、作用、行业有关的一组字符来表示 IP 地址,这组字符类似英文缩写或汉语拼音,这个符号化了的 IP 地址被称为"域名地址",简称为"域名",并由各段(子域)组成。例如,搜狐的域名为 www.sohu.com。显然,域名地址既容易理解,又方便记忆。

2. 域名结构

Internet 的域名系统和 IP 地址一样,采用典型的层次结构,每层由域或标号组成。最高层域名(顶级域名)由因特网协会(Internet Society)的授权机构负责管理。设置主机域名时必须符合以下规则。

(1) 域名的各段之间以"."分隔。从左向右看,"."右边域总是左边域的上一层,只要上层域的所有下层域名字不重复,那么网上的所有主机的域名就不会重复。

(2) 域名系统最右边的域为一级(顶级)域,如果该级是地理位置,则通常是国家(或地区)代码,如 cn 表示中国,如表 6.2 所示。如果该级中没有位置代码,就默认在美国。常用的机构顶级域名有 7 个,如表 6.3 所示。

表 6.2 国家或地区(部分)顶级域名

国家或地区	代码	国家或地区	代码	国家或地区	代码
中国	cn	英国	uk	加拿大	ca
日本	jp	法国	fr	俄罗斯	ru
韩国	kr	新加坡	sg	澳大利亚	au
丹麦	de	巴西	br	意大利	it

表 6.3 常用的机构顶级域名

代 码	域 名 类 型	代 码	域 名 类 型
com	商业组织	mil	军事部门
edu	教育机构	net	网络支持中心
gov	政府部门	org	各种非营利组织
int	国际组织		

因为美国是 Internet 的发源地,所以美国的主机其第一级域名一般直接说明其主机性质,而不是国家(或地区)代码。如果用户看到某主机的第一级域名为 com、edu、gov 等,一般可以判断这台主机置于美国。其他国家(或地区)的第一级域名一般是其代码。

(3) 第二级是"组织名"。由于美国没有地理位置,这一级就是顶级,对其他国家(或地区)来说是第二级。第三级是"本地名"即省区,第四级是"主机名",即单位名。

(4) 域名不区分大小写字母。一个完整的域名不超过 255 个字符,其子域级数不予限制。

3. 域名分配

域名的层次结构给域名的管理带来了方便,每部分授权给某机构管理,授权机构可以将其所管辖的名字空间进一步划分,授权给若干子机构管理,形成树状结构,如图 6.2 所示。

在中国,一级域名为 cn,二级域名有教育(edu)、电信网(net)、团体(org)、政府(gov)、商业(com)等。

各省份则采用其拼音缩写,如 bj 代表北京、sh 代表上海、hn 代表湖南等。例如,河北工程大学信息与电气工程学院域名为 xindian.hebeu.edu.cn,其中,hebeu 表示河北工程大学,

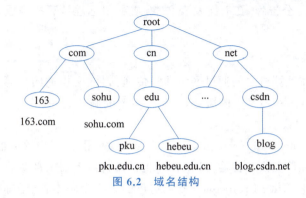

图 6.2 域名结构

xindian 是主机名。

4. DNS 服务

用户使用域名访问 Internet 上的主机时,需要通过提供域名服务的域名服务器将域名解析(转换)成对应的 IP 地址。当用户输入域名时,计算机的网络应用程序自动把请求传递到域名服务器,域名服务器从域名数据库中查询出此域名对应的 IP 地址,并将其返回发出请求的计算机,计算机通过 IP 地址和目标主机进行通信。

Internet 上有许多域名服务器,负责各自层次的域名解析任务,当计算机设置的主域名服务器的名字数据库中查询不到请求的域名时,会把请求转发到另一个域名服务器,直到查询到目标主机。如果所有域名服务器都查不到请求的域名,则返回错误信息。

6.3.3 Internet 提供的主要服务

Internet 提供的服务分为三类:通信(电子邮件、新闻组、对话等)、获取信息(文件传输、自动搜索、分布式文本检索、WWW 等)和共享资源(远程登录、客户机/服务器系统等)。

1. WWW 服务

环球网(World Wide Web,WWW)简称 Web,原意是"遍布世界的蜘蛛网",又称为全球信息网或万维网。目前,WWW 服务是互联网的主要服务形式。WWW 通过超文本把互联网上不同地址的信息有机地组织在一起,并以多媒体的表现形式,把文字、声音、动画、图片等展现在人们面前,为人们提供信息查询服务。通过 WWW,可以实现电子商务、电子政务、网上音乐、网上游戏、网络广告、远程医疗、远程教育、网上新闻等。

2. 文件传输服务

无论两台计算机相距多远,只要它们都连入互联网并且都支持文件传输协议(File Transfer Protocol,FTP),则这两台计算机之间就可以进行文件的传送。访问 FTP 服务器有两种方式:一种是注册用户登录到服务器系统;另一种是匿名(Anonymous)进入服务器系统。

3. 远程登录服务

远程登录(Telnet)是将一台用户主机以仿真终端方式,登录到一个远程主机的分时计算机系统,暂时成为远程计算机的终端,直接调用远程计算机的资源和服务。利用远程登录,用户可以实时使用远地计算机上对外开放的全部资源,可以查询数据库、检索资料,可以通过 Telnet 访问电子公告牌,在上面发表文章,或利用远程计算机完成只有巨型机才能做的工作。

4. 电子邮件服务

电子邮件是指在计算机之间通过网络即时传递信件、文档或图形等各种信息的一种手段。电子邮件是 Internet 最基本的服务,也是最重要的服务之一。

1) 电子邮件的协议

(1) SMTP(Simple Mail Transmission Protocol)采用客户机/服务器模式,适用于服务器与服务器之间的邮件交换和传输。Internet 上的邮件服务器大都遵循 SMTP。

(2) POP3(Post Office Protocol)是邮局协议的第三个版本,电子邮件客户端用它来连接 POP3 电子邮件服务器,访问服务器上的信箱,接收发给自己的电子邮件。当用户登录 POP3 服务器上相应的邮箱后,所有邮件都被下载到客户端计算机上,而在邮件服务器中不保存邮件的副本。

大多数的电子邮件服务软件都支持 SMTP 和 POP3。因此,许多公司或 ISP 都有一台提供 SMTP 和 POP3 功能的服务器。

2) 电子信箱地址(E-mail 地址)

电子信箱地址是 Internet 网上用户所拥有的不与他人重复的唯一地址。电子信箱的格式为

> 用户名@邮箱所在的邮件服务器的域名

其中,@符号代表英语中的 at,@前面的部分为用户名;@后面的部分表示用户信箱所在计算机的域名地址。如 hb_liming@yahoo.com.cn,用户名是 hb_liming,邮件信箱所在的主机域名地址是 yahoo.com.cn。

5. 即时通信服务

即时通信软件包括微信、QQ 等,往往以网上电话、网上聊天的形式出现。即时通信比电子邮件使用还要方便和简单。

思考与探索

1. 超文本(Hypertext)和超媒体(Hypermedia)

超文本和超媒体是 Internet 上常用的组织信息资源的方法,即通过指针来链接分散的信息资源,包括文本、声音、图形、图像、动画、视频等多媒体信息,这种管理信息的方法更符合人类的思维方式。

2. 网络化思维方式

网络丰富了人类的精神世界和物质世界,人们生活在一个物物互联、物人互联、人人互联的网络社会中,改变了人类的思维方式。

基础知识练习

(1) 什么是计算机网络?按照覆盖范围分几类?

(2) 计算机网络的主要功能有哪些?

(3) 网络的拓扑结构有哪几种？简述它们的特点。

(4) 常用的传输介质有哪几类？简述它们的特点。

(5) 简述计算机网络协议的概念。

(6) 什么是 TCP/IP？简述其体系结构。

(7) 什么是 IP 地址？什么是域名？它们的格式分别是什么？IP 地址和域名之间如何转换？

(8) 什么是 WWW？

(9) E-mail 地址的格式是什么？

(10) 中国四大主干网的域名是什么？

(11) 目前 Internet 提供的主要服务有哪些？你还希望增加哪些服务？

能力拓展与训练

1. 分析与论证

(1) 分组考察学校的计算机网络，给出规划与构建方案，并对不同的方案进行分析与论证。

(2) 某公司需要将 5200 台计算机从 120 个地点（假定每个地点的计算机数量大致是平均的）连接到网络中，为此需要申请一个合法的 IP 地址。那么该公司需要申请哪一类地址才能满足要求？这个地址应该如何划分为子网，分配给 120 个物理网络？这个网络中总共可以为多少台计算机单独分配地址？给出地址的子网和主机部分的地址范围。写出解决方案，并加以分析和论证。

2. 实践与探索

(1) 搜索资料，写一份关于微信等即时通信软件的研究报告。

(2) 如何将某个网站中的所有链接内容整体下载至计算机硬盘中？

(3) 收邮件时，如果出现邮件内容显示乱码的情况，应如何解决？

(4) 搜索整理相关信息，写一份关于电子商务与电子政务的报告，内容包括电子商务与电子政务的基本概念、电子商务主要应用模式（C2C、C2B、B2C、B2B）等。

(5) 使用网络过程中遇到过哪些安全问题？应该如何解决？

分组进行交流讨论会，并交回讨论记录摘要，内容包括时间、地点、主持人、参加人员、讨论内容等。

(6) 举例说明分层分类管理思想的具体应用。

(7) 尝试给出一份关于智能家居网络的设计方案。

(8) 生活中还有哪些物联网应用实例？谈谈你对物联网的展望。

第 7 章

伦理思维与职业素养

7.1 工程伦理

7.1.1 工程伦理关注的主要问题

伦理是指作为具有民事能力的个人用来指导行为的基本准则。

工程伦理学是以工程活动中的社会伦理关系为对象,进行系统研究和学术建构的理工与人文两大领域交叉融合的新学科。

工程伦理主要关注工程的四个方面的问题:工程的技术伦理、工程的利益伦理、工程的责任伦理和工程的环境伦理。

1. 工程的技术伦理

工程中的技术活动是技术系统通过人与自然、社会等外界因素发生相互作用的过程,其中人是道德主体,因此工程技术活动涉及到伦理问题,道德评价标准是工程技术活动的基本标准之一。

2. 工程的利益伦理

工程活动是人类社会存在和发展的物质基础,这就意味着所有的机构、团体和个人都有可能在某一项造物活动中成为利益相关者。

利益相关者包括政府及其有关职能部门、工程用户、工程项目建设区域的居民、新闻媒体、社团组织、社会公众、非政府组织等,而且不同的工程项目涉及的利益相关者也有很大不同。因此工程需要面对很多与利益相关者有关的问题,需要考虑各种工程伦理问题,需要承担社会责任。

3. 工程的责任伦理

工程师是工程责任伦理的重要主体,投资人、决策者、企业法人、管理者以及公众也是工程的责任主体。工程师不仅需要忠于雇主,同时也需要对社会、对大自然负有责任。

4. 工程的环境伦理

工程活动造成的环境问题,使得工程的环境伦理受到普遍关注。在工程实践活动的各环节力争减少对环境的负面影响,才能使工程得到可持续发展。

7.1.2 处理工程伦理问题的基本原则

工程伦理需要将公众的安全、健康和福祉放在首位,因此需要坚持人道主义、社会公正和人与自然和谐发展三个基本原则。在具体的不同种类的工程实践活动中,应结合具体的实践情景和要求,在此基本原则的基础上,制定具体的行为准则。

1. 人道主义——处理工程与人之间关系的基本原则

人道主义提倡关怀和尊重,主张人格平等,以人为本,主要包括自主原则和不伤害原则两条基本原则。

(1) 自主原则是指所有人享有平等的价值和普遍尊严,人应该有权决定自己的最佳利益。一是保护隐私,二是知情同意,这两点在医学工程和 IT 工程中被广泛应用。

(2) 不伤害原则是指人人具有生存权,工程应该尊重生命,尽可能避免给人类造成伤害,无论任何工程都必须保证人身安全与健康。

2. 社会公正——处理工程与社会之间关系的基本原则

社会公正原则是建立在社会正义的基础上的一种群体的人道主义,即要尽可能公正与平等地尊重和保障每一个人的生存权、发展权、财产权和隐私权等。社会公正原则在工程实践活动中具体体现为需要兼顾强势群体与弱势群体、主流文化与边缘文化、受益者与受损者、直接利益相关者与间接利益相关者等各方利益。

3. 人与自然和谐发展——处理工程与自然之间关系的基本原则

在处理工程与自然关系时,要注重环境保护,要遵从自然规律和自然的生态规律。

2020 年新冠病毒疫情的肆虐,让我们重新思考,人与自然究竟是一种什么关系?人类应当从人与自然和谐发展的高度去深刻认识人与自然的关系。"一束芦苇,相依而立",人与人、人与自然界都是平等的。人与自然和谐发展不仅要根植在意识中,更要落实到实践中,只有做到知行合一,爱护和珍惜我们赖以生存的自然环境,才能真正实现人与自然的和谐发展。

7.1.3 工程中的风险与防范

1. 工程风险的来源

【案例 1:工程中的风险】

工程中总是难免会伴随着一些风险。

2011 年 10 月份,3500 多万黑莓族网站粉丝发现,由于网络服务中断,他们无法查看自己的电子邮件或浏览网页,这种情况持续了 4 天。此次故障导致黑莓母公司损失高达 5400 万美元。

2013 年 4 月份,美国航空公司的联机订票系统崩溃,导致其不得不通过其他方式为 400 架次航班售票。

2013 年 11 月份,零售巨头沃尔玛网站发生故障,导致其许多原本售价 600 美元的电子消费产品标出极低价格——8.85 美元。

1999 年 6 月 29 日和 30 日,计算机黑客乔纳森.詹姆斯,以代号"c0mrade"非法进入了总共 13 个美国国防部的计算机系统,获得和下载了来自美国国家航空航天局的专用软件,价值约 170 万美元。美国国家航空航天局的计算机系统在 1999 年 7 月被死机 21 天,损失超过 4.1 万美元。

近十年来,世界多国都先后发生过因各种自然灾害引发的大规模停电事故。

从以上案例我们看出：工程风险主要由工程中的技术因素、人为因素和外部环境因素三种不确定因素造成。

2. 工程风险的防范

工程风险的防范主要从以下三个方面来着手。

（1）工程的质量监理。工程质量监理的任务是对施工全过程进行检查、监督和管理，消除影响工程质量的各种不利因素，使工程项目符合合同图纸技术规范和质量标准等方面的要求。

一般软件系统质量监理的主要任务包括开发模型和进度的确认、业务模型及需求的确认、体系结构测试、详细设计监测与系统集成测试、系统试运行监控和最后对整个软件系统的全面验收。

（2）意外风险控制。工程风险是可以预防的，建立工程预警系统是预防事故发生的有效措施之一，可以在一定程度上提前预判工程风险的发生概率，从而提前做好应对风险的准备。意外风险的应对通常采取的措施包括风险回避、风险转移、风险遏制、风险化解、风险自留等手段。

（3）事故应急处置。对于工程事故的有效应对，应该事先准备一套完善的事故应急预案，以保证迅速、有序的开展应急救援活动，更大限度地降低人员伤亡和经济损失。

7.1.4 工程活动中的环境伦理

【案例 2：只为保护它】

2018 年 10 月 24 日，世界上最长的跨海大桥——港珠澳大桥正式通车。在大桥修建过程中，港珠澳大桥工程竟花 3.4 亿元干了一件与大桥建设无关的事！那为什么要付出这么多资金、这么大成本、这么多劳动，值得吗？所有建设者答案是一致的，值得！

只为保护它……

总长约 55 千米的港珠澳大桥穿越伶仃洋，这片水域生活着国家一级保护动物——中华白海豚。

中华白海豚是水生哺乳动物，有"美人鱼"和"水上大熊猫"之称。1988 年，白海豚被列为国家一级重点保护的濒危野生动物。港珠澳大桥主体工程自建设以来，直接投入白海豚生态补偿费用 8000 万元，用于施工中相关的监测费用 4137 万元，环保顾问费用 900 万元，渔业资源生态损失补偿费用约 1.88 亿元，有关环保课题研究费用约 1000 万元，其他费用约 800 万元，上述共计约 3.4 亿元。

（资料来源：https://www.sohu.com/a/271135905_100097861）

1. 心灵环保

解决生态环境问题，不仅是一个管理和技术层面的问题，而且还是一个重要的"心灵环保"的问题。外在的环境与我们内心的状态是息息相关的，人与人、人与自然、自然与自然都是相互影响的，一荣俱荣，一损俱损。

习近平总书记曾指出："我们既要绿水青山，也要金山银山。宁要绿水青山，不要金山银山，而且绿水青山就是金山银山。"

君子有三畏，畏天命，畏大人，畏圣人之言。要有所敬畏，才能够守住做人的原则。人类一定要对自然界心存敬畏与虔诚,保护自然界就是保护自己。现在的工程活动首先要改变征服和改造自然的观念,要尊重自然规律,实现人与自然的协同发展。

2. 工程师需要遵循的环境伦理原则

工程活动中工程技术人员需要遵循的环境伦理原则包括以下四个方面。

(1) 尊重原则:一种行为是否正确,取决于它是否体现了尊重自然这一根本性的道德态度。

(2) 整体性原则:一种行为是否正确,取决于它是否遵从了环境利益与人类利益相协调这一立场。

(3) 不损害原则:一种行为绝对不能以严重损害自然环境的健康为代价。

(4) 补偿原则:一种行为如果对自然环境造成了损害,那么责任人必须做出必要的补偿,以恢复自然环境的健康状态。

在具体的工程场景中,如果上述原则的应用出现冲突,我们可以依据一组评价标准来确定优先度最高的原则。这一组评价标准有以下两条原则组成。

(1) 整体利益高于局部利益原则:人类的一切活动都应服从自然生态系统的根本需要。

(2) 需要性原则:在权衡人与自然利益的优先秩序上,应遵循生存需要高于基本需要、基本需要高于非基本需要的原则。

7.2 信息伦理

信息伦理(Information Ethics)是指涉及信息开发、信息传播、信息管理和利用等方面的伦理要求、伦理准则、伦理规约,以及在此基础上形成的新型的伦理关系。简单地说,信息伦理是指涉及信息开发、信息传播、信息管理和利用等方面的伦理要求。

任何新技术都是一把双刃剑。信息伦理对每个社会成员的道德规范要求是普遍的,在信息交往自由的同时,每个人都必须承担同等的道德责任,共同维护信息伦理秩序。

塞文森(Richard W.Severson)在其著作《信息伦理原则》中提出并倡导了四个有关信息伦理的基本原则:第一,尊重知识产权;第二,尊重隐私;第三,公平参与;第四,无害和道德性。

7.2.1 尊重知识产权

知识产权是指创造性智力成果的完成人或商业标志的所有人依法所享有的权利的统称。知识产权制度是人类文明发展到一个阶段,人们从静态角度保护已有知识的制度。

随着网络的迅猛发展和普及,侵犯网络知识产权的案例层出不穷。网络侵权主要表现在很多方面:在网页、电子公告栏等论坛上随意复制、传播、转载他人的作品;在网络上将他人作品下载并出售;将他人享有版权的作品上传或下载使用,或超越授权范围使用共享软件,软件使用期满,不注册继续使用等;网络管理的侵权行为等。

1. 中国知识产权保护现状

我国从 20 世纪 70 年代末起,逐渐建立起了较完整的知识产权保护法律体系。从 1980

年 6 月 3 日起，中国成为世界知识产权组织的成员国。现已形成了有中国特色的社会主义保护知识产权的法律体系，保护知识产权的法律制度主要包括以下四方面的内容，IT 工程师应积极遵守并增强知识产权的保护意识。

1）商标法

1983 年 3 月开始实施的《中华人民共和国商标法》及其实施细则中，商标注册程序中的申请、审查、注册等诸多方面的原则，与国际上通行的原则是完全一致的。中华人民共和国第十三届全国人民代表大会常务委员会第十次会议于 2019 年 4 月 23 日第四次修正《中华人民共和国商标法》。

2）专利法

1985 年 4 月开始实施的《中华人民共和国专利法》及其实施细则，使中国的知识产权保护范围扩大到对发明创造专利权的保护。为了使中国的专利保护水平进一步向国际标准靠拢，2023 年 11 月 3 日，国务院常务会议审议通过《中华人民共和国专利法实施细则（修正草案）》。

3）著作权法

《中华人民共和国著作权法》及其实施条例，明确了保护文学、艺术和科学作品作者的著作权以及与其相关的权益。依据该法，中国不仅对文字作品、口述作品、音乐、戏剧、舞蹈作品、美术、摄影作品、电影、电视、录像作品、产品设计图纸及其说明、地图、示意图等图形作品给予保护，而且把计算机软件纳入著作权保护范围。

中国是世界上为数不多的明确将计算机软件作为著作权法保护客体的国家之一。国务院还颁布了《计算机软件保护条例》，规定了保护计算机软件的具体实施办法，于 1991 年 10 月施行。国务院于 1992 年 9 月 25 日颁布了《实施国际著作权条约的规定》，对保护外国作品著作权人依国际条约享有的权利做了具体规定。《全国人民代表大会常务委员会关于修改〈中华人民共和国著作权法〉的决定》已由中华人民共和国第十三届全国人民代表大会常务委员会第二十三次会议于 2020 年 11 月 11 日通过，自 2021 年 6 月 1 日起施行。《中华人民共和国著作权法》修正案草案新增"权利人的实际损失或者侵权人的违法所得难以计算的，可参照该权利许可使用费的倍数给予赔偿"条款，且对于情节严重的故意侵权，可以按照上述方法确定数额的一倍以上五倍以下给予赔偿，法定赔偿的上限从 50 万元提升至 500 万元，同时规定将法定赔偿数额的下限定为 500 元。

4）技术合同法与科学技术进步法

全国人民代表大会常务委员会制定的《中华人民共和国技术合同法》和《中华人民共和国科学技术进步法》等，以及国务院制定的一系列保护知识产权的行政法规，使中国的知识产权法律制度进一步完善，在总体上与国际保护水平更为接近和协调。

2. 计算机软件的知识产权保护

我国计算机软件知识产权主要可以采用著作权法保护、专利法保护和商业秘密保护三种形式进行多方面保护。

1）计算机软件的著作权法保护

1994 年，关贸总协定乌拉圭回合签署了《与贸易有关的知识产权协定》（Trade Related Aspects of Intellectual Property Rights，TRIPS），将计算机软件列入保护的范围。2001 年，中国加入世界贸易组织，受 TRIPS 协议约束。国内法提供的对计算机软件的保护不得低于

TRIPS 协议规定的标准。

我国著作权法和有关国际公约认为，计算机程序和相关文档程序的源代码和目标代码都是受著作权法保护的作品，任何未经授权的使用、复制都是非法的，按规定要受到法律的制裁。《计算机软件保护条例》第二十四条第三款中明确规定不能"故意避开或者破坏著作权人为保护其软件著作权而采取的技术措施"。该条款明确保护了权利所有人的合法权利不受侵害，禁止他人非法复制等侵犯他人著作权行为。《计算机软件保护条例》中指出，根据侵权行为造成的不同情况应当承担停止侵害、消除影响、赔礼道歉、赔偿损失等民事责任；情节严重的，还可能依照刑法追究相应的刑事责任。

计算机软件的著作权只保护软件的表达或表现形式，而不保护思想方法及功能等计算机软件的内涵，这为其他软件开发者利用借鉴已有的软件思想去开发新软件提供了方便之门，有利于软件的创新、优化和发展，同时避免了对计算机软件的过度保护。

2）计算机软件的专利法保护

我国专利局公布了《专利审查指南》，是针对现在我国专利的审查制度体系的重要补充和规范文件。对于计算机软件等相关的产品申请专利，该指南中设置了非常严格的条件，之后在 1993 年修订的新版指南中，丰富了上一版中关于计算机软件方面的内容，并且明确了计算机软件如果需要申请专利权，则必须与硬件设备一体，形成一个整体进行专利的申请。在 2006 年、2010 年修订的指南中都指出了：计算机软件必须是"对计算机外部对象或者内部对象进行控制或处理的解决方案"才能被认定为发明创造。所以可以看出，我国对于计算机软件的专利权申请审核是非常严格的。2017 年修订涉及计算机程序产品的发明保护增加"计算机硬件+软件程序"的"实体装置"，以及增加"可读存储介质"保护主题。

国家知识产权局出台了 2023 版《专利审查指南》，本次修改明确了涉及计算机程序的发明可以"保护计算机程序或计算机程序产品"。本次审查指南第二部分第九章涉及计算机程序的发明审查规则的修改，涵盖保护主题、客体、创造性的审查等多个方面，进一步满足新业态、新领域等创新主体的保护需求，对激励创新有重大意义。

3）计算机软件的商业秘密保护

我国《关于禁止侵犯商业秘密的若干规定》中指出，作为权利所有人，商业秘密需要能为其争取既得的或者现有的经济利益和市场优势。同时还应满足有意向要成为商业秘密的计算机软件，其所有人必须从主观意愿出发，对其持有的计算机软件程序进行保密，并且要采取合理的保护措施，这样才能确保自己的商业秘密的权利得以实现。商业秘密的保护可以适用《反不正当竞争法》，《反不正当竞争法》中详细阐述了属于侵犯他人商业秘密的行为，如违约披露或使用、盗窃、胁迫、利诱等。

7.2.2 尊重隐私

【案例 3：美国监狱电话监控供应商 Securus 被黑，大量数据遭窃取】

2018 年 5 月，一位匿名黑客从 Securus 窃取了大量数据，Securus 是一家为监狱囚犯提供电话服务的公司，并且为执法部门提供追踪电话使用服务。窃取的数据里的电子表格中，显示文档属于警方，里面有 2800 个用户名，还有邮件地址、手机号、密码、安全提示问题，数据最早可以追溯到 2011 年。

隐私保护是计算机伦理学最早的课题。隐私权是指公民享有的私人生活安宁与私人信息依法受到保护,不被他人非法侵扰、知悉、搜集、利用和公开等的一种人格权。个人隐私包括:姓名、出生日期、身份证号码、婚姻、家庭、教育、病历、职业、财务情况、电子邮件地址、个人域名、IP地址、手机号码、以及在各个网站登录所需的用户名和密码等信息。这些数据不仅仅局限为个人信息,更多的是企业或单位用户的业务数据,它们同样是需要保护的对象。

7.2.3 公平参与

公平参与原则是指公平地维护所有信息活动参与者的合法权益,并且信息主体间的权利平等。对于专有信息,他人在使用时,除了要取得信息权利人的同意,还需要向权利人支付一定的费用。否则,在未经权利人许可的情况下,擅自侵权使用专有信息就是违背了公正这一原则。

对于公共信息,要注意维护其共有共享性,反对任何强权势力的信息垄断,避免他人受到不应有的损害。每一个人、每一个国家,在同一类别主体的信息地位上,权利是完全平等的。

7.2.4 无害和道德性

无害的原则是指信息在开发、传播、使用时,信息活动中的操作者都必须尽量避免对他人造成伤害。

科技工作者在创造科技成果、利益人类社会的同时,必须权衡科学技术给人类带来的道德风险。《大学》讲:"君子先慎乎德。"国以人为本,人以德为本。信息伦理的一个重要内涵就是信息伦理道德。为了维护良好的信息环境,遵守信息伦理是每位社会成员的义务,信息交往带来自由的同时,每位社会成员都应当共同维护信息伦理秩序。

7.3 以道驭术——IT工程师的道德修养

"钱学森之问"与"钱理群之忧"都一针见血地指出了"培养什么人的问题是教育的首要问题"。蔡元培先生亦精辟论述到:"教育者,养成人格之事业也。使仅仅为灌注知识、练习技能之作用,而不贯之以理想,则是机械之教育,非所以施于人类也。"强调教育的本质乃是培养健全的人,是古今中外前辈先贤们深邃的通识教育思想精要所在。

原则与规范可以约束人们的行为,明确行为的边界。而道德规范,激发的是人们内在的自律。我们中华民族拥有五千年历史文明,并且有着优良完整的伦理道德体系。所以中国的传统道德文化完全可以在人的思想上建立一道强大的防火墙,从而将人类的行为规范在伦理大道上。

以道驭术就是以"道"制约"术"的发展,使"术"的发展合乎"道"的要求。它的内在根据是技术的善恶二重性。作为工程师,应该做到"术""道"结合,以术入道,以道驭术。

7.3.1 IT工程师的责任

【案例4:"奔腾"芯片风波】

1994年,英特尔(Intel)"奔腾"CPU芯片出现一个浮点触发缺陷。英特尔为此付出了4亿多美元的代价。大家知道,表达式"X-(X/Y)Y"的结果应该是0,但当用"奔腾"微处理器计算 4 195 835－(4 195 835/3 145 727)×3 145 727 时,结果不是 0 而是 256。据分析,缺陷源自芯片内的浮点运算器。在计算机中,所有的数字都必须表达成二进制,而"奔腾"微处理器的浮点运算器将数字表达成二进制时,个别情况下会出现计算结果的错误。这个缺隐最初是由一位数学教授在论证一项数学理论时发现的,专家们估计,至少有 1738 对数字在做除数运算时会出现错误。

美国各大新闻媒体和计算机用户,纷纷指责英特尔公司企图掩盖已被发现的问题,这种做法大大损害了消费者对英特尔公司的信任。后来,在多重压力下,英特尔公司表示将根据用户的要求,为他们更换新版的无瑕疵的"奔腾"微处理器。这项规定在"奔腾"系统用户终身使用期内都有效。不过最终给公司造成了 4.75 亿美元的损失。

这起由软件缺陷导致的事故是不是在拷问工程师的责任呢?工程师的责任之重!

1. 对社会的责任

"富贵名誉,自道德来者,如山林中花,自是舒徐繁衍;……若以权力得者,如瓶钵中花,其根不植,其萎可立而待矣。"(《菜根谭》)

世间的功名利禄,如果是通过不断提高自身修养与品行得来的,就好比生长于大地肥沃的树木,枝叶花果自然繁茂;如果是通过权术或暴力得来的,那么就会像瓶中花,没有根基、无法生存。

以道驭术在对社会的责任中,"道"可释义为人们必须遵循的社会行为的准则、规矩、规范。

工程师要始终坚持对公众和未来负责的态度,决不利用其所掌握的科学技术知识违背人类道德范围。一方面,信息技术为人类精神物质文明的进步做出巨大的贡献;另一方面一系列如网瘾少年、盗版侵权、人肉搜索、网络谣言等社会伦理问题,对经济、政治、文化的发展和社会的稳定造成了严重的威胁。工程师应注重整体利益,担负起信息网络健康发展的重要使命。

【案例 5:华夏银行的"内鬼"】

华夏银行原科技开发中心经理覃某,在华夏银行总行核心系统内植入计算机病毒程序,使跨行 ATM 机取款交易不能计入账户,覃某通过其掌握的华夏银行卡多次跨行 ATM 机取款,从 2016 年 11 月 11 日起总共发生了 1358 笔跨行 ATM 机取款交易未入账(从 ATM 机取走了现金,但账户里没有显示),金额合计 717.9 万元。

依照《刑法》规定,判决被告人覃某犯盗窃罪,判处有期徒刑 10 年 6 个月,罚金人民币 11 000 元,剥夺政治权利 2 年。

(资料来源:https://www.sohu.com/a/293078562_99981592)

工程师要拥有技术,更要善用技术!将公众的安全健康和福祉放在首位,是工程师的首要责任。工程师是社会的一份子,其最重要的伦理责任就是对社会负有责任。工程伦理道德要求,当公司利益与公众利益发生冲突时,应服从公众利益。

工程师对社会的责任主要包括以下几个方面:
(1) 预测工程或产品对公众的影响;
(2) 工程师应担负起保护自然环境、生态系统和维护人与自然和谐发展的责任;
(3) 工程师应造福社会,增进福祉;

(4) 对于工程或产品的负面作用和安全隐患,工程师有责任告知公众;

(5) 工程师还应担负起一定的科普责任,科普责任也是社会责任的一部分。

2. 对专业的责任

"以道驭术"在对专业的责任中,"道"可理解为"道法、道路",引申为事物运动变化的规律及法则。

在工程技术活动中,工程师是设计者、实施者、管理者和协调者。工程师必须具有所从事专业的工程技术知识和能力,胜任所从事的工作。

工程师要有追求真理、客观、求实的精神,凡是自己参与的工程,对其设计和建设均应认真对待,杜绝工程失误,并自觉承担相应责任和后果。要具备良好的职业道德,在其职责范围内,不允许将个人的好恶、偏见、恩怨、私利等因素掺杂进工作中。在工程实施的全过程中必须尊重和保护知识产权,尊重和保护公司、雇主、客户的隐私和商业机密,对计算机系统等可能受到的冲击进行正确的评价和预测。

【案例6:中国的十大软件侵权案之一——珊瑚虫】

中国的十大软件侵权案例几乎尽人皆知,其中我们最熟悉的莫过于"珊瑚虫"引发的侵权案。"珊瑚虫"QQ对腾讯正版QQ进行了侵权,改动后将其放置于互联网上供他人下载以牟取私人巨额利益,严重侵犯了腾讯公司的著作权。2008年,法院判决:被告人陈某犯侵犯著作权罪,被判处有期徒刑3年,并处罚金120万元;对被告人陈某违法所得总计117.28万元予以追缴。

作为工程师,若不能担当起相应的专业责任,将会给他人、给自己带来无法挽回的利益损失和名誉损失。

3. 对雇主的责任

【案例7:被捕的爬虫开发者】

自2019年9月以来,多家知名公司相关人员被抓或被调查,这些机构均涉及大数据风控业务和爬虫技术的应用。由此,大数据业务的合规合法问题、爬虫技术的合理应用问题,引起了大数据和金融科技行业的特别重视。

X公司是某快递公司的分包服务商,可以登录该快递公司的后台查询快递信息。X公司的一名员工自行开发了一个爬虫软件,利用这家快递公司给的权限密码登录后台系统,抓取了后台25万条用户信息。这个案件被发现后,开发爬虫软件的员工被定为主犯抓捕,公司法人被定为从犯一起抓捕。公司法人没有参与这件事,不是第一责任人,但仍然是责任关系方。从判刑上来看,主犯是3~7年量刑,从犯是1~2年量刑。

"以道驭术"在对雇主的责任中,"道"可释义为服从、诚信和公平的原则。工程师要对所服务的机构、公司、雇主、客户负责和忠诚。比如,工程师设计招标合同方案时,应全面考虑性价比、进度等因素;在产品的使用前,告知客户使用过程中的风险等。

工程师对雇主的责任主要包括以下几个方面。

(1) 对雇主忠诚,维护雇主合法利益,尽心尽职做好工作;

(2) 不能不顾公司价值取向,依仗专业优势任意作为;

(3) 团队合作,不能越权,也不能渎职;

(4) 保守公司商业机密;

(5) 不做有损公司利益和公司形象的事。

7.3.2 信息产业人员道德规范

作为IT工程师,必须从法律和道德层面提高认识和意识。

在法律层面,我国《刑法》对计算机犯罪的界定包括:违反国家规定,侵入国家事务、国防建设、尖端科学技术领域的计算机信息系统的;违反国家规定,对计算机信息系统功能进行删除、修改、增加、干扰,造成计算机信息系统不能正常运行的;违反国家规定,对计算机信息系统中存储、处理或者传输的数据和应用程序进行删除、修改、增加的操作,后果严重的;故意制作、传播计算机病毒等破坏性程序,影响计算机系统正常运行的。

在道德层面,《大学》讲:"君子先慎乎德。"国以人为本,人以德为本。

德国哲学家康德曾说:"道德责任是以自觉自愿地承担为最高境界的。"

马克思曾经说过,道德的基础是人类精神的自律。把信息伦理内化为人类内在自律的德性,是道德教育发挥调控功能的必由之路。

信息伦理道德是信息社会每个成员应当具备且须遵守的道德行为规范。良好的信息伦理道德环境是信息社会进步和发展的前提条件。信息伦理的兴起与发展植根于信息技术的广泛应用所引起的利益冲突和道德困境,以及建立信息社会新的道德秩序的需要。

信息伦理作为规范信息活动的重要手段,具有信息法律所无法替代的作用。在世界上许多国家和地区,除了制定相应的信息法律外,还通过民间组织制定信息活动规则,用伦理规约来补充法律的不足。

美国计算机协会的信息伦理准则,主要包括保护知识产权、尊重个人隐私、保护信息使用者机密、了解计算机系统可能受到的冲击并能进行正确的评价等条款。

全球许多国家和地区,除了建立相应健全的信息法律作为行为准则外,各个信息行业的组织都制定了自己的道德规范,对信息伦理的完善起到了很好的推动作用。

国际电气电子工程师学会提出的伦理规范如下:

(1) 秉持符合大众安全、健康与福祉的原则,接受进行工程决策的责任,并且立即揭露可能危害大众或环境的因素;

(2) 避免任何实际或已察觉(无论何时发生)的可能利益冲突,并告知可能受影响的团体;

(3) 根据可取得的资料,诚实并确实地陈述声明或评估;

(4) 拒绝任何形式的贿赂;

(5) 改善对于科技的了解、其合适应用及潜在的结果;

(6) 维持并改善我们的技术能力;只在经由训练或依经验取得资格,或相关限制完全解除后,才为他人承担技术性相关任务;

(7) 寻求、接受并提出对于技术性工作的诚实批评;了解并更正错误;并适时对于他人的贡献给予以赞赏;

(8) 公平地对待所有人,不分种族、宗教、性别、职业、年龄与国籍;

(9) 避免因错误或恶意行为而伤害到他人,其财产、声誉或职业;

(10) 协助同事及工作伙伴在专业上的发展,以及支持他们遵守本伦理规范。

7.3.3 IT工程师的职业美德

《左传》中:"太上有立德,其次有立功,其次有立言,虽久不废,此之谓不朽。"中国古代知识分子的人生目标是三立——立德、立功、立言,其中立德是指做人,立功指做事,立言指做学问。古人的顺序很明确:首先是做人,其次是做事,最后才是做学问。

1. 诚实可靠

工程师应当自觉地寻求和坚持真理,避免有所欺骗的行为。各个国家的工程社团职业伦理章程都提出了对工程师诚实可靠的要求。

"信",德之端也。"人""言"为"信",这是一个会意字,即只要是人说的话就能相信,可见古人的淳朴,口说即可为凭。

孔子曰:"自古皆有死,民无信不立"。

先贤孟子曰:"车无辕而不行,人无信则不立。"

可见我们的祖先早在几千年前就告诫后人,只有诚信才是人立足于社会的根本。"诚信做人,诚信为学""内信于心,外信于人",这是每个人自立于天地间的基本道德,何况IT行业?

曾子每日三省吾身,第一个就是"为人谋而不忠乎",就是说你为别人筹划,是不是像为自己谋划一样真诚?为别人帮忙,是不是就像为自己干活一样尽心尽力?

《玉泉子》一书中记载:吕元膺任东都留守时,有一次正和一位处士下棋,突然接到了上面的公文,吕元膺只好暂时离开棋盘去批阅公文,这时,那位棋友趁其不意偷偷挪动了一个棋子,以此胜了吕元膺。其实吕元膺在批阅公文归来,已经发现棋子被挪动了,但是他没有当面揭穿。第二天,吕元膺便辞退那位处士,请他到别处去谋生。周围的人都不明白为什么,就连那位处士自己也不清楚为什么被辞退。

辞退这位棋友这件小事,体现出了吕元膺的高度智慧。他能够见微知著,从这位棋友搞奸诈的小动作中发现了他的劣根性。这位棋友,为了一己私利,跨越了道德底线,降低了自己的人格。小事不小,小中可以见大。

我们中华民族是拥有五千年历史的文明古国,汉字创造的本身便是我们祖先智慧的结晶,信者,人言也。诚信者,真诚守信之谓也。诚信,是一种美德,是一种可贵的善良;诚信,是人类心灵的宝藏,是人生的无形资产。相反,失信,则促使世间的无数不幸和灾祸频频发生,给人类自身带来无尽的灾难。"人无信不立"。

诚信是人立身处世的基点,子曰:"德不孤,必有邻。"《论语》。子曰:"人而无信,不知其可也。大车无輗,小车无軏,其何以行之哉?"《论语》。子曰:"信不足焉,有不信焉。"《道德经》。子曰:"是故君子有大道:必忠信以得之,骄泰以失之。"《大学》。

孟子曰:"以诚为怀,以信为本,以诚待人,至诚通天,诚信为君子之道也"《孟子》。孟子曰:"诚者,天之道也;诚之者,人之道也"《礼记》。真诚是万事万物共同遵循的准则,以诚学习则无事不克,以诚立业则无业不兴,至诚能感通一切!

2. 尽职尽责

工程师的尽职尽责体现了工程伦理的核心,各个国家工程社团职业伦理章程均明确"工程师最综合的美德是负责任的职业精神"。具体体现在公众福利、职业胜任、合作实践以及保持人格的完整等方面。

3. 忠实服务

忠实,意指忠诚老实。中国传统文化中的五德把"忠"放在首位。我们没有任何理由放弃忠诚,只有忠诚,才能在自己的职业生涯中始终保持尽职尽责的态度;只有忠诚,才能善待自己的工作,把职场中的每段时光都作为自己终身事业的一部分,以履行自己的职责为己任。

诚实、公平、忠实地为公众雇主和客户服务,是当代工程师职业伦理规范的基本准则。

4. 慎独——工程师的自律原则

朱熹对"慎独"的解释:君子慎其独,非特显明之处是如此,虽至微至隐,人所不知之地,亦常慎之。小处如此,大处亦如此,明显处如此,隐微处亦如此,表里内外,粗精隐现,无不慎之。

慎独原则强调在一人独处时,内心仍然能坚持道德信念,一丝不苟地按照一定的道德规范做事。

《礼记·中庸》中对"慎独"的解释:君子戒慎乎其所不睹,恐惧乎其所不闻。莫见乎隐,莫显乎微,故君子慎其独也。

晚清名臣曾国藩在遗嘱中第一条说到的就是"慎独"。他说:"慎独则心安。自修之道,莫难于养心,养心之难,又在慎独。能慎独,则内省不疚,可以对天地质鬼神。人无一内愧之事,则天君泰然,守身之先务也。"康熙将"慎独"概括为"暗室不欺",林则徐在居所悬挂一块醒目的横额,上书"慎独"二字,以警醒、勉励自己。

慎独,不仅是某个人的修心养性行为,更是两千多年来我们民族的修为。慎独,被视为几千年来君子自律的最高境界。

慎独,本质上就是《大学》中所说的"诚其心,正其意",也是骆宾王《萤火赋》中的"不欺暗室",是对自我德行的尊重,也是对自己性灵的敬畏。一个诚心正意之人,一个敬畏自己心中神圣道德律的人,一定是善良的、富足的;群处时能守住嘴,独处时守得住心。

慎独,是人生的一种境界,是一场自我与全世界的对话,更是自我与灵魂的对话。

慎独,是中国人的千年修行,是一种静美,一种至高的人生境界。

5. 以道驭术

古人诸葛孔明忠心事主,精于韬略,善于运筹,尽其智术而全道义,竭其忠心而事蜀汉,是道与术、德与才的完美结合。

术合于道,相得益彰。君子有道而小人有术;君子以道经世而小人以术害人;君子以道而杀身成仁,小人以术而杀人成事。

以道驭术,以道义来承载智术,则无往不胜,以术驭道,则处处碰壁。只有达到人和技术完美的结合,才可发挥出技术的本有的灵性。如果想真正地提高自己的职业素养,那么首先得考虑如何能让自己所从事在事业更加符合道,并坚守这个道,怎么能让自己在给大众创造社会价值在同时,使别人通过你的付出,让他在心灵能够得到净化,心性有所提高。而不仅仅是专注于术。

思想家荀子说过"修道而不贰,则天都不能祸"。这就要求我们要用中国传统文化教育为现代高速发展的计算机技术铺设一条伦理大道,使人们能够以道义来承载智术,有道有术,才能真道为本,术为实用,相辅相成,达到人和技术的完美结合,从而形成人的高级内驱力对低级内驱力的调节作用,从而最有效地维护信息领域的正常秩序,促进信息社会沿着友善和谐的方向发展。

7.4 科技文献检索与写作

大数据时代,通过搜索海量信息,高效地、精准地获取有价值的文献资源,以助力工程研究工作,这是每一位工程师的必备技能。在整个项目的生命周期中,文档编写是非常重要的工作,符合要求的规范化的文档,在项目实践中起着表达思想、传递信息的重要作用,是保证项目质量的重要措施。

7.4.1 文献检索

1. 文献信息源

文献信息源,主要有印刷出版的文献信息源和网络信息资源等。

1) 印刷出版的文献信息源

印刷出版的文献信息源常见的有图书、期刊、报纸、科技报告、会议文献、学位论文、专利文献、标准文献、政府出版物、产品资料、科技档案等。

图书一般是对已发表的科研成果、生产技术或经验,或某一知识领域做系统的论述和概括,主要包括学术专著、文集、教科书、普及读物及参考工具书等。其特点是内容较系统、全面、成熟,但出版时间有些长,时效性较差。

期刊也称杂志,是指那些定期或不定期出版、汇集了多位著者论文的连续出版物。其特点是出版周期短,刊载速度快,数量大,内容较新颖、丰富。

报纸有固定的名称,内容新颖,时效性强,出版周期短,发行量大,影响面宽。

科技报告,又称研究报告和技术报告,是关于某项科研成果的正式报告或记录。其特点是单独成册,所报道成果一般必须经过主管部门组织有关单位审定,其内容专深、可靠、详尽,而且不受篇幅限制,可操作性强,报告迅速。但涉及尖端技术或国防内容的报告将被控制发行。

会议文献是指各种科学技术会议上所发表的论文、报告稿、讲演稿等与会议有关的文献。其特点是传播信息及时、论题集中、内容新颖丰富、专业性和学术性强,往往反映某一学科或专业领域内最新学术研究成果、研究动态和发展趋势。

学位论文是高等院校和科研院所的本科生、研究生为获得学位资格(博士、硕士和学士)而撰写的学术研究论文,是撰写者参考大量文献、进行科学研究的基础上完成的。其特点是理论性、系统性较强,内容专一,阐述详细,具有一定的独创性。

专利文献包括专利说明书、专利公报、专利分类表、专利检索工具以及专利的法律文件等。其特点是数量庞大、报道快、学科领域广阔、内容新颖、具有实用性和可靠性。

标准文献是技术标准、技术规范和技术法规等文献的总称,是人们在从事科学实验、工程设计、生产建设、技术转让、国际贸易、商品检验中对工农业产品和工程建设的质量、规格及其检验方法等方面所做的技术规定,是具有法律约束性的技术依据和技术文件。

政府出版物是由各国政府部门及其设立的专门机构发表、出版的文件,可分为行政性文件和科技文献。

产品资料是国内外生产厂商或经销商为了推销产品而印发的以介绍产品为主的出版物,如产品目录、产品说明书、产品数据手册等,对新产品的选型和设计、技术改造、设备引进等具有重要的参考价值。

科技档案是生产建设、科技部门和企事业单位针对具体的工程和项目所形成的技术文件、图样、图表、图片和原始记录等,包括任务书、协议书、技术经济指标、研究计划、方案大纲、技术措施等,主要为内部使用,保密性强,一般有密级限制。

2) 网络信息资源

网络信息资源非常广泛,大体分为正式电子出版物、网络免费学术资源、特色资源三类。

正式电子出版物是由正式出版机构、出版商或数据库商出版发行的,所占比例最大,包括各类数据库、电子期刊、电子图书、电子报纸、多媒体资源及正式出版的特种文献等。其特点是信息含量高,提供检索系统,便于查找利用。但用户必须购买使用权后才可以使用,一般由图书馆、文献情报中心等机构购买后为其用户提供免费使用。

网络免费学术资源完全面向公众开放使用,包括各种政府机构、商业部门、学术团体、行业协会、教育机构等在网上正式发布的网页及其信息,以及用于揭示图书馆馆藏资源的联机公共目录查询系统和开放获取资源等。其特点是信息发布及时、传递速度快、出版费用低、检索方便。

特色资源主要指各教育机构、政府机关、图书馆、学术团体、研究机构,基于自身的特色或围绕地方特色及学科优势搜集相关资源所制作的信息数据库。一般在一定范围内分不同层次发行,不完全向公众开放,如高校自建的学位论文数据库、学术成果数据库等,只在校园网内开放使用。

2. 文献线索检索

文献线索是指文献来源的篇名、作者、出处等文献外部特征。在信息检索的过程中,有时需要首先利用信息源获得相关的文献线索,然后对检索结果进行筛选后,再进行全文文献检索获取全文。

获取文献线索的途径主要有三大科技文献检索系统、搜索引擎和文献引文。

1) 三大科技文献检索系统

科学引文索引(Science Citation Index,SCI)、工程索引(The Engineering Index,EI)、科技会议录索引(Index to Scientific and Technical Proceedings,ISTP)是世界著名的三大科技文献检索系统,是国际公认的进行科学统计与科学评价的主要检索工具。

SCI 是美国科学信息研究所的尤金·加菲尔德于 1957 年在美国费城创办的引文数据库。它通过论文被引用频次等的统计,对学术期刊和科研成果进行多方位的国际学术水平的评价研究,是国际上被公认的值得借鉴的科技文献检索工具。SCI 所收录期刊的内容主要涉及数、理、化、农、林、医、生物等基础科学研究领域,选用刊物来源于 40 多个国家,50 多种文字。

EI 是由美国工程师学会联合会于 1884 年创办的历史上最悠久的一部大型综合性检索工具。EI 目前主要有三个版本:Ei Compendex 光盘数据库、Ei Compendex Web 数据库、Engineering Village 2。EI 是全世界最早的工程文摘来源。其收录年代自 1969 年起,收录的文献涵盖了所有的工程领域。EI 从 1992 年开始收录中国期刊。

ISTP 于 1978 年由美国科学情报研究所编辑出版。该索引收录生命科学、物理、化学、农业、生物、环境科学、工程技术和应用科学等学科的会议文献，包括一般性会议、座谈会、研究会、讨论会、发表会等。其中工程技术与应用科学类文献约占 35%，其他涉及学科基本与 SCI 相同。

2）搜索引擎

搜索引擎是目前获取文献线索的一个重要渠道，特别是学术搜索引擎，如 Google Scholar(谷歌学术搜索)、百度学术等。

Google Scholar(http://Scholar.Google.com)是一个可以免费搜索学术文章的网络搜索引擎，由计算机专家 Anurag Acharya 开发。能够帮助用户查找包括期刊论文、学位论文、书籍、预印本、文摘和技术报告在内的学术文献。

百度学术搜索(http://xueshu.baidu.com)是百度旗下的提供海量中英文文献检索的学术资源搜索平台，2014 年 6 月初上线。涵盖了各类学术期刊、会议论文。

3）文献引文

利用已有文献所附的参考文献作为文献线索，也可以找到一些重要文献。当获得某些文献的全文后，通过不断追溯参考文献来扩大搜索范围，依据文献之间的引用关系，获得越来越多的与自己研究内容相关的文献。尤其是综述类文献后面所附的参考文献意义更大，可以利用这些文献作为线索获取全文。

3. 全文文献检索

全文文献检索是通过文献线索，通过题名、作者、出处等信息，直接找到原始文献的全文，主要有以下途径。

1）全文数据库

全文数据库是获取原始文献的首选。例如，中国知网、万方数据库、超星数字图书馆、Wiley、SpringerLink 等。

中国知网(China National Knowledge Infrastructure，CNKI)是以实现全社会知识资源传播共享与增值利用为目标的信息化建设项目。由清华大学、清华同方发起，始建于 1999 年 6 月。目前是世界上全文信息量规模最大的数字图书馆。

万方数据库是由万方数据公司开发的，涵盖期刊、会议纪要、论文、学术成果、学术会议论文的大型网络数据库，也是和中国知网齐名的中国专业的学术数据库。万方期刊集纳了理、工、农、医、人文等类的科技类期刊全文。

超星数字图书馆由北京世纪超星信息技术发展有限责任公司投资兴建，目前拥有数字图书八十多万种。

SpringerLink 是全球最大的在线科学、技术和医学领域学术资源平台。Springer 的电子图书数据库包括各种的 Springer 图书产品，如专著、教科书、手册、地图集、参考工具书、丛书等。

维普中文期刊服务平台由维普资讯有限公司出品，能够对国内出版发行的 14 000 余种科技期刊、5600 万篇期刊全文进行内容分析和引文分析等文献服务。

2）网上免费资源

目前网上的免费信息源非常丰富，很多大学图书馆都将一些免费资源的网址整理出来，供用户使用，例如，中国科技论文在线、中国预印本服务系统、奇迹文库、国家科技图书文献中心等。

3）馆藏纸质资源

利用各个图书馆的联机公共目录检索系统（Online Public Access Catalogue，OPAC），可以方便快捷地查找馆藏纸质资源。

联机公共目录检索系统是20世纪70年代初发端于美国大学和公共图书馆，是一种通过网络查询馆藏信息资源的联机检索系统。比如，登录国家图书馆主页（http://www.nlc.cn/），单击"馆藏目录"按钮，进入联机公共目录查询系统进行检索和借阅即可。

4）文献传递服务

文献传递是依托国内外图书馆协作网为校内外读者提供的本馆未收藏的文献全文的快速查询、获取和传递服务。比较常用的文献传递系统有读秀学术搜索和国家科技图书文献中心文献传递系统。

读秀（http://www.duxiu.com/）是由海量全文数据及资料基本信息组成的超大型数据库。收入中文图书全文430多万种，元数据2.5亿条。

国家科技图书文献中心是2000年6月12日组建的一个虚拟的科技文献信息服务机构，成员单位包括中国科学院文献情报中心、工程技术图书馆（中国科学技术信息研究所、机械工业信息研究院、冶金工业信息标准研究院、中国化工信息中心）、中国农业科学院图书馆、中国医学科学院图书馆。

5）其他途径

除了上述获取途径之外，还可以通过联系文献作者、访问作者主页、通过网络论坛等互助平台获取全文。

另外，专利文献可以利用中国知网、万方数据资源系统、中华人民共和国国家知识产权局专利检索系统（http://www.sipo.gov.cn）、中国专利信息中心（http://www.cnpat.com.cn），以及SooPat专利检索系统（http://www.soopat.com）来获取专利文献的信息。标准文献可以利用国家标准文献共享服务平台（http://www.cssn.net.cn）查询。

7.4.2 文献阅读

文献检索后，如何有效地阅读文献呢？

学会有效地阅读文献是一项非常重要的技能。只有广看文献，深入学习，才能厚积薄发。

首先，要了解一般文献的结构组成，比如，最常见的文献——论文，其引言部分通常是说明研究工作的背景、意义，概述解决方案；正文部分详细叙述解决问题的方法，并且通过论据或实验对解决方法进行细致的评价；结论部分会对创新性成果进行总结，并对未来的研究工作进行展望。

了解了文献的结构，就可以有的放矢地进行阅读了。一般，阅读文献需要经过泛读和精读两个阶段。

1. 泛读

这个阶段的主要目的是弄清文献的大体想法，抓住论文的主要内容，而不考虑细节。

在此阶段，需要带着任务去认真阅读题目、摘要、引言、章节标题、结论。任务包括：主要的研究工作是什么？主要使用了哪些技术？主要创新点是什么？该项研究的未来发展方向是什么？

如果感觉此文献对目前的研究工作意义不大，就可以迅速放弃，开始下一篇的阅读；如果感觉有意义，就可以开始下一个阶段——精读阶段。

2. 精读

在此阶段，要仔细阅读论文，但是诸如公式证明等细节信息可以忽略掉。在阅读时应该记下重点，或者在论文空白处写标注，记录下看不懂的内容、想问作者的问题、结论中有待进一步的研究工作和文献中存在的问题等。也可以利用 WPS 或其他文献整理的软件，将文献中重要的内容复制过去，并标上文献的标题和作者等相关信息。这个方法积累久了，对提升阅读和写作都有很大帮助。

7.4.3 技术文档的编写

高质量和高效率的文档管理和维护在工程项目中的意义重大。

1. 技术文档的分类和作用

按照技术文档产生和使用的范围，工程项目的技术文档主要包括三类：开发文档、管理文档和产品文档。

（1）开发文档。开发文档用于描述项目开发过程，包括需求、设计、详细技术描述、测试、保证项目质量的一系列文档。比如，可行性研究报告、项目开发计划、项目需求说明书、数据要求说明书、概要设计说明书、详细设计说明书等。

（2）管理文档。管理文档用于记录项目管理的信息，如进度记录、变更情况记录、测试记录、维护记录等。

（3）产品文档。产品文档用于描述产品的使用、维护、增强、转换和传输的信息。产品文档的使用者主要包括用户和维护人员。比如，用户手册、培训手册、参考手册、用户指南、软件硬件支持手册、产品手册等。

2. 技术文档写作的指导原则

1）文档编写是一门艺术

法国作家居斯塔夫·福楼拜说："科学与艺术在山脚下分手，在山顶上会合"。

文档编写和写作一样，也是一门艺术，虽然人们在长期实践活动中发现和总结的一些经验原则，可以在一定程度上起到指导作用。但项目开发是具有创造性的脑力劳动，在规模和复杂度上差异很大，所以文档编写不能按照固定的模式生搬硬套，应允许有一定的灵活性。

文档的灵活性主要表现在以下两个方面。

一是编制文档的种类应根据具体情况增减。不同的项目开发需要产生的文档数量是不同的。比如，一般软件开发过程需要产生的文档有 14 种之多。对于具体的软件开发项目，可以根据实际情况，决定哪些文档可以合并和省略。一般地，当项目的规模、复杂性和潜在风险增大时，文档编制的数量、管理手续和详细程度都将随之增加；反之，则可适当减少。当项目有特殊要求时，也可以创建新的文档种类。对于规模较大的开发项目，文档需要分卷编制。分卷既可以按子系统，也可以按内容。比如，系统设计说明书可分写成系统设计说明书和子系统设计说明书；程序设计说明书可分写成程序设计说明书、接口设计说明书和版本说明；操作手册可分写成操作手册和安装实施过程等。

二是文档的详细程度应根据具体情况而定。文档的详细程度取决于项目的规模、复杂性和项目负责人对项目开发及运行环境需求情况的判断。编档时，可以根据实际情况，在通用的文档模板的基础上予以扩展或缩并。

2) 技术文档的可读性要强

技术文档的主要作用是进行交流和沟通，所以可读性必须强。

进行文档编写时，应清晰易懂，不要产生二义性。比如，需求文档要保证用户易读，就要尽量使用用户术语。不要为了遵循一些抽象的正确性标准而去机械地照搬这些标准方式，这将导致文档毫无意义。"己所不欲，勿施于人"。如果写的文档自己读起来都觉得生僻晦涩，那别人怎么能理解呢？所以，文档编写前，必须了解读者的水平、特点和要求。

3. 技术文档写作的常用技巧

1) 内容组织

（1）所有内容位置得当。有效建立文档组织结构的方法是借鉴和使用标准的文档模板。文档在内容组织上的一个基本原则是：每段内容都有一个合适的位置，而且每段内容都被置于合适的位置。如果随意地设计文档的组织结构，将有可能忽略细节信息或在很多位置多次重复相同的细节。

（2）对于需要重复的内容，进行引用或强化。对于文档中必要的冗余重复信息，可以考虑使用引用，即在文档中交叉引用相关的各项。也可以使用强化，即通过在文档不同部分建立有逻辑性的连接，同一内容以不同的形式在不同部分多次出现，使读者可以更加深刻地理解文档内容。

文档中的引言部分就是一种强化冗余，每一种文档都要包含引言部分，以提供内容梗概。还有各种文档中的说明部分，如对功能性能的说明、对输入输出的描述等，这是为了方便各类文档的读者，避免读者读一种文档时还得参考其他文档。

2) 细节描述

（1）定义术语表。术语表是对重要术语清晰、一致的说明，用于准确描述术语的含义。

常见问题有：术语不一致、出现冗余的术语等。文档中出现的不必要的术语称为冗余术语，言多必有失，文档中不要出现过于复杂的词汇和表达方式，这样会降低文档的精确性和清晰性。

（2）简洁。技术文档的书写主要使用简单语句，尽量不要使用复杂长句，避免使用形容词和副词。另外，一图胜千言，截图、图表的使用会大大提高清晰度。

（3）避免干扰文本。干扰文本是指那些没有实用目的、对文档内容的理解没有贡献的文本。干扰文本会浪费读者的时间和精力，比如，元文本就是一种常见的干扰文本。它是一种对文本内容进行描述的文本，如"这一段的意思是……""本段描述的是……"等。只有当没有元文本读者就无法正确理解文档内容时，元文本才是必要的。

（4）精确。文档的书写不能使用模糊和歧义词汇。

一份优秀文档和一份较差文档的区别在于对细节问题的处理，如遣词造句和组织方式等。所以，要想写出一份漂亮的文档，一是要广泛了解他人实践中的间接经验，二是要加强自身实践，多动手写作，多阅读优秀的文档，从中总结直接经验，包括文档的组织方式、常用的写作技巧和易出错点等。

3) 真诚地站在读者角度编写文档——最重要的技巧

孔子曰:"躬自厚而薄责于人,则远怨矣。"为人处事应该多替别人考虑,从别人的角度看待问题。

技术文档的主要作用是进行交流与沟通,而良好的交流与沟通是项目质量的重要保证,于己于人都有益。如果能够真诚地站在读者角度编写文档,文档可读性一定很强。

7.4.4 科技论文的撰写

科技人员需要借助科技论文将自己的科技研究成果进行记录和总结;论文是科技人员交流学术思想和科研成果的工具,以使成果得以分享,从而促进科技进步和行业进步;通过发表论文,可以公布创新成果,获得知识产权。

1. 科技论文的类型

根据研究内容、研究手段和表达方式的不同,可以分为论证型、研究报告型、发现发明型、计算型、综述型五种类型。

论证型论文主要讨论和证明数学、物理、化学等基础学科的原理、原则、定理、定律、原则或假设的建立、论证及其适用范围、使用条件的讨论。

研究报告型论文是针对科学技术领域的某一课题进行调查与考察、实验与分析,得到系统的全面完整的实验数据等原始资料,并对其进一步加工整理,运用已有的理论进行分析、讨论,做出最新判断,得出新结论。

发现发明型论文主要记述新发现或新发明的事物的背景、现象、本质、特性,以及其运动变化所遵守的规律及使用前景,阐述发明的设备、系统、工具、材料、工艺形成或方法的性能、特点、原理及使用条件。

计算型论文以数学运算及数学解析为主。例如,分析计算机辅助设计的源程序、方法及计算收敛性、稳定性、精确度等。

综述型论文主要是对某一科学技术领域在一定时期发展状况进行回顾和总结,对现状进行分析和评价,对未来进行预测展望,提出建议,具有指导性,能对科学技术的发展起到承前启后的作用。

2. 科技论文的基本结构

从形式上看,一般论文主要包括以下几个部分:标题、摘要、关键词、引言(或前言)、正文、结论、参考文献等。

1) 标题

论文题目是论文的重要组成部分,是文章的旗帜和眼目,是对研究对象的精确具体的描述,体现文章的中心内容、论文的研究方向,并明确界定了论文的研究范围。

论文标题的确定应符合以下原则。

(1) 题名应以简明、确切的词语反映论文的主要内容和强调的观点,切忌笼统,并力求新颖。由于别人要通过论文题目中的关键词来检索论文,所以用语精确是非常重要的。即论文题目要准确得体、简短精练、外延和内涵恰如其分。

(2) 中文题名一般不宜超过 20 个字,必要时可加副题名,要既能反映论文的主题,又能让读者读懂,标题不一定是完整的句子,可以通过将词汇或术语按照语法规则规范地排成序写成。

（3）题名应尽量避免使用符号，如数学、化学符号、非公知公认的简称、缩写、代号、数学式等。

（4）题名中应包括论文的主要关键词，以便为检索提供特定的实用信息。

2）摘要

摘要是对论文研究内容的高度概括，是以提供论文梗概为目的，不应加评论和补充解释。摘要是可以被引用的简明、确切地记述论文重要内容的完整短文，能够为读者阅读、信息人员及计算机检索提供方便。

摘要主要包括以下四个方面的内容。

（1）研究对象和研究目的：准确描述该研究的对象、目的、任务和所涉及的范围，说明提出问题的缘由和研究的重要性。

（2）研究方法：简要说明研究中使用的方法、理论、手段、条件、材料等。

（3）研究结果：简述研究的结果、数据、新发现、得到的效果、性能等。

（4）结论：对研究结果的分析、比较、应用、推广价值等。

摘要的撰写应符合以下原则。

（1）作为一种可阅读和检索的独立使用的文体，摘要不必使用"本文""作者"等作为主语，建议使用第三人称来写。

（2）摘要应结构严谨、表述简明确切，通过阅读科技论文摘要，读者应该能够对论文的研究方法及结论有一个整体性的了解，因此摘要的写法应力求精确简明。慎用长句，句型力求简单。

（3）摘要中一般不要对论文内容作诠释和评论，尤其是自我评价，并注意切忌发空洞的评语和模棱两可的结论。

（4）除了实在无法变通以外，一般不用数学公式和化学结构式。

（5）缩略语、略称和代号等，在首次出现时应加以说明。

（6）国内期刊论文一般要求摘要为200～300字左右。

3）关键词

关键词是为了便于文献检索，从论文标题、摘要、层次标题以及论文内容中挑选出来的能反映论文主题的词或词组。

关键词的选择应注意以下几点。

（1）一篇论文一般选取3～8个词作为关键词。

（2）要选取刊入《汉语主题词表》和专业性主题词表等词表中的规范性词（称叙词或主题词）。

（3）通常关键词是选取论文主要工作或内容所属二级学科名称、研究成果名称或文内若干个成果的总类别名称、采用的科学研究方法的具体名称、主要研究对象的名称、重要的出现频率高的词。

分析图7.1中，题目、摘要和关键词的写法。

4）引言

引言也叫前言，是论文的开头。一篇好的引言犹如一部长剧的序幕，可以使读者了解所研究课题的背景和目前该领域的研究状况以及研究意义、前景、目的等。

> **基于词共现与图卷积的文本分类方法**
>
> **摘　要**：针对文本分类任务中标注数量少的问题，提出了一种基于词共现与图卷积相结合的半监督文本分类方法。模型先使用词共现方法统计语料库中单词的词共现信息，然后过滤词共现信息建立一个包含单词节点和文档节点的大型图结构的文本图，最后将文本图中邻接矩阵和关于节点的特征矩阵输入结合注意力机制的图卷积神经网络中实现了对文本的分类。实验结果表明，与目前多种文本分类算法相比，该方法在经典数据集 20NG、Ohsumed 和 MR 上均取得了更好的效果。
>
> **关键词**：文本分类；词共现；图卷积神经网络

图 7.1　论文举例

一篇科技论文的引言，大致包含以下几个部分。

（1）问题的提出：讲清所研究的问题"是什么"。

（2）选题背景：说明选择这个题目来研究的理由和目的。通过对研究主题范围内的文献的回顾和总结，阐明研究现状和存在的问题，明确要达到的研究目标。

（3）研究方法：说明该研究的理论依据和所使用的科学研究方法。

（4）研究意义和前景：说明该研究的意义和未来的前景。

引言应开门见山，言简意赅，不要与摘要雷同或成为摘要的注释，避免公式推导和一般性的方法介绍。

5）正文

正文是论文的主体和核心部分，是作者对科研实践中所获得的数据、结果以及观察到的现象进行综合分析、推理并上升到理性认识的文字表述。各层次标题间、各段落间（学位论文的各章节间）要存在有机联系，符合逻辑顺序。

6）结论

结论是对科技论文主要研究结果、论点的提炼与概括，应准确、简明、完整，有条理，能使读者全面了解论文的意义、目的和工作内容。同时，要严格区分自己取得的成果与导师及他人的科研工作成果。如果不能得出结论，也可以提出建议、设想、改进的意见或待解决的问题。

7）参考文献

一篇论文的形成一定是由很多文献的知识积累而成的，参考文献是为研究、撰写或编辑论著而引用的有关图书资料。

在学术论文后列出参考文献的目的：一是反映出真实的科学依据；二是体现严肃的科学态度；三是表示对前人成果的尊重，同时也是为了指明引用资料出处，便于检索。

中华人民共和国国家标准 GB/T 7714-2015 中，对文后参考文献的著录项目与著录格式做出了如下规定：

（1）专著。著录格式如下：

> 主要责任者.题名：其他题名信息［文献类型标识/文献载体标识］.其他责任者.版本项.出版地：出版者，出版年：引文页码［引用日期］.获取和访问路径.数字对象唯一标识符.

例如：

> 哈里森,沃尔德伦.经济数学与金融数学[M].谢远涛,译.北京：中国人民大学出版社,2012：235-236.

(2) 连续出版物。著录格式如下：

> 主要责任者.题名：其他题名信息[文献类型标识/文献载体标识].年,卷(期)-年,卷(期).出版地：出版者,出版年[引用日期].获取和访问路径.数字对象唯一标识符.

例如：

> 中国图书馆学会.图书馆学通讯[J]. 1957(1)-1990(4).北京：北京图书馆,1957-1990.

(3) 专利文献。著录格式如下：

> 专利申请者或所有者.专利题名：专利号[文献类型标识/文献载体标识].公告日期或公开日期[引用日期].获取和访问路径.数字对象唯一标识符.

例如：

> 邓一刚.全智能节电器：200610171314.3[P].2006-12-13.

(4) 电子资源。著录格式如下：

> 主要责任者.题名：其他题名信息[文献类型标识/文献载体标识].出版地：出版者,出版年；引文页码(更新或修改日期)[引用日期].获取和访问路径.数字对象唯一标识符.

例如：

> 中国互联网络信息中心.第29次中国互联网络发展现状统计报告[R/OL].(2012-01-16)[2013-03-26].http://www.cnnic.net.cn/hlwfzyj/hlwxbg/201201/P020120709345264469680.pdf.

著录细则：个人著者采用姓在前、名在后的著录形式。欧美著者的名可用缩写字母,缩写名后省略缩写点。欧美著者的中译名只著录其姓；同姓不同名的欧美著者,其中译名不仅要著录其姓,还需著录其名的首字母。依据GB/T 28039-2011有关规定,用汉语拼音书写的人名,姓全大写,其名可缩写,取每个汉字拼音的首字母。

例如：

> 李时珍

又如：

> LI Jiangning

著作方式相同的责任者不超过3个，全部照录。超过3个时，著录前3个责任者，其后加", 等"或与之相应的词。

例如：

> 印森林,吴胜和,李俊飞,等

(5) 文献类型和标识代码。文献类型和标识代码如表7.1所示。

表7.1 文献类型和标识代码

文献类型	标识代码	文献类型	标识代码
普通图书	M	专利	P
会议录	C	数据库	DB
汇编	G	计算机程序	CP
报纸	N	电子公告	EB
期刊	J	档案	A
学位论文	D	舆图	CM
报告	R	数据集	DS
标准	S	其他	Z

(6) 电子资源载体和标识代码。电子资源载体和标识代码如表7.2所示。

表7.2 电子资源载体和标识代码

电子资源的载体类型	标识代码
磁带	MT
磁盘	DK
光盘	CD
联机网络	OL

(资料来源：http://www.scal.edu.cn/dxtsgxb/201906120155)

基础知识练习

(1) 什么是工程伦理学？
(2) 什么是信息伦理？信息伦理原则有哪些？

(3) 什么是知识产权？软件按照知识产权分为哪几类？我国计算机软件知识产权主要采用哪些形式进行多方面保护？

(4) 信息产业人员道德规范有哪些？

(5) 随着人工智能的迅猛发展，机器人伦理研究得到越来越多的关注。机器人是否应该拥有权利？人类是否可以随意虐待机器人？请发表你的意见，并说出理由。

(6) 经常有朋友或同学 QQ 号码被盗的情况，如何防范？

能力拓展与训练

1. 角色模拟

"人肉搜索"就是利用现代信息科技、广聚五湖四海的网友力量、由人工参与解答而非搜索引擎通过机器自动算法获得结果的搜索机制。正方认为：它有着打击违反犯罪行为、监督政府官员行为、强化道德压力、为人排忧解难的正面效用。反方认为：它会不当泄露当事人个人档案信息，侵犯当事人隐私权、名誉权，还有可能演变成"网络暴力"。

请同学们分组自选角色扮演正方和反方人员，进行辩论。

2. 实践与探索

(1) 搜索整理有关"计算机软件保护条例"的信息，学习其中与自己密切相关的内容。

(2) "信息伦理是构建和谐信息社会有力手段"，谈谈你对这句话的理解。

课程大作业

搜索相关资料，撰写不少于 2000 字的课程论文，包括标题、摘要、关键词、正文、结束语、参考文献六部分。

(1) 题目自拟。

比如：浅谈计算机与计算思维——*******（加子标题会更加个性化，以防与其他同学题目相同）、浅谈 0 和 1 的思维、浅谈计算机系统与系统思维、浅谈算法与算法思维、浅谈数据思维、浅谈计网络化思维、浅谈 IT 工程师职业素养等。

(2) 摘要：内容摘要 100～200 字左右。

(3) 关键词：关键词 3～5 个。

(4) 正文标题级别：正文标题级别不少于两级，即 1（正文一级标题，四号加粗字）；1.1（正文二级标题，小四号加粗字）……。

(5) 正文：正文使用小四号宋体字。正文中如果插入表格、Excel 图表元素，图文并茂，将会增加排版分数，但注意一定要内容相符。

(6) 结束语：一是对全文的精简总结；二是给出明确的结论和启示体会等。

(7) 参考文献：将引用的文献按顺序依次列出，文献数不得少于 5 篇，五号字。

(8) 页面设置与装订：A4 纸，页边距：上、下、左、右均为 3cm，上方装订。

项目实例与实训篇

纸上得来终觉浅,绝知此事要躬行。

——陆游(宋)

　　WPS Office 是由北京金山办公软件股份有限公司自主研发的一款办公软件套装,可以实现办公软件最常用的文字、表格、演示、PDF 阅读等多种功能。具有内存占用低、运行速度快、云功能多、强大插件平台支持、免费提供在线存储空间及文档模板的优点。

　　WPS Office 个人版对个人用户永久免费,包含 WPS 文字、WPS 表格、WPS 演示三大功能模块,支持阅读和输出 PDF 文件、具有全面兼容微软 Office 97-2010 格式(doc/docx/xls/xlsx/ppt/pptx 等)的独特优势,覆盖 Windows、Linux、Android、iOS 等多个平台。WPS Office 支持桌面和移动办公,实现了免费的网络存储功能,用户可以在办公室、学校或家里高效率地完成工作,不同地点的人们也可以同时协作自己的文件。WPS 已成为众多企事业单位的标准办公平台。

第 8 章 WPS 文字处理

WPS 文字是 WPS Office 办公软件组件中的一个重要部分,是集文字编辑、页面排版与打印输出于一体的文字处理软件,适用于制作各种文档,如图书、报告、信函、公文、表格等。

本章主要讲述 WPS 文字处理的常用操作。

8.1 认识 WPS 文字

启动 WPS,单击左侧"新建"按钮,打开"新建"对话框,选择"文字"命令,在"新建文档"窗口中选择"空白文档"命令,打开"文字文稿 1"窗口,如图 8.1 所示。该窗口主要由文档标签、快速访问工具栏、选项卡、功能区、对话框启动器、文档编辑区、状态栏等几部分组成。

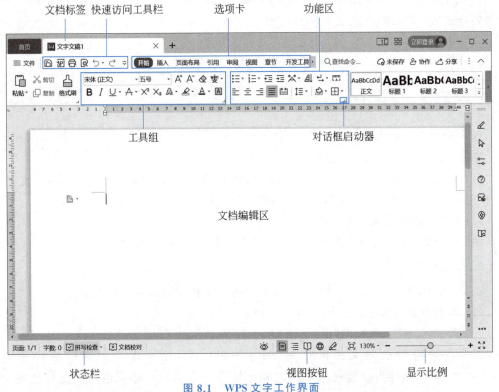

图 8.1 WPS 文字工作界面

1. 文档标签

文档标签位于界面最上方,可完整显示文档名称和扩展名。在 WPS 文字中可以同时打开多个文档进行编辑。WPS 文字以文档标签的形式将文档依次排列,正在编辑的文档以高亮方式显示,若用户需要转到其他文档进行操作,单击相应的文档标签即可。

2. 快速访问工具栏

快速访问工具栏包含了 WPS 文字最常用的保存、输出为 PDF 文档打印、打印预览和撤销、恢复等按钮,用户也可以单击其右方的按钮 ，自定义快速访问工具栏。

3. 选项卡

WPS 文字将用于文档的各种操作,分为开始、插入、页面布局、引用、审阅、视图、章节、开发工具、特色功能共 9 个默认显示的选项卡。另外,还有一些选项卡只在处理相关任务时才出现,如绘图工具、表格工具等。每个选项卡下又包含多个功能组。

4. 功能区

单击选项卡名称,即可看到选项卡下对应的功能区,功能区里分为若干功能组。如"开始"选项卡功能区就包含剪贴板、字体、段落、样式和格式等功能组。每个功能组中又包含若干命令按钮以实现对应的操作。

5. 对话框启动器

每个功能组右下方的按钮 ⌐ 称为对话框启动器,单击它将打开对应的对话框,有些命令需要通过窗口对话的方式来实现。

8.2 文档基本操作

8.2.1 文档的基本操作

1. 新建文档

新建文档常用以下几种方法。

(1) 单击 WPS 窗口左上角"首页"标签中的"新建"按钮,在"新建"窗口中选择"文字"命令,根据需要可以选择"空白文档""新建在线文字"或者新建基于模板的文档等。

(2) 使用"文件"菜单中的"新建"菜单项。

(3) 在 WPS 文字窗口单击文档标签右侧的加号图标,进入新建页面。

2. 保存文档

在文档编辑过程中要注意及时保存文档。保存文档常用以下几种方法。

(1) 单击快速访问工具栏中的"保存"按钮。

(2) 选择"文件"菜单中的"保存"或"另存为"命令。

若用户想将自己的文档保存为 WPS 的云文档,则在保存对话框的底端勾选 □把文档备份到云 ,这样可以方便用户随时随地地查看和编辑文档。也可利用其他安装有 WPS Office 的设备打开该云文档进行查看和编辑。

在 WPS 文字中,用户在保存对话框的底端可以选择 加密(E)... ,使用密码加密以防止其他人打开或修改文档,从而起到保护 WPS 文档的作用。

3. 打开文档

编辑一个已经存在的文档时,需要先打开该文档。打开文档常用以下几种方法。

(1) 直接双击要打开的 WPS 文档。

(2) 打开 WPS,选择"文件"菜单中的"打开"命令。

(3) 在"文件"菜单的"打开"菜单项中单击最近使用过的文档可直接打开。

8.2.2 文档的编辑操作

1. 文本录入与删除

1) 文本录入

在文档编辑区中可以录入文本,文本录入主要包括中文、英文、数字、符号、日期和时间等内容。WPS 文字在输入文本到一行的最右边时,不需要按 Enter 键换行,会根据页面的大小自动换行。若要生成一个段落,则必须按 Enter 键,系统会在行尾插入一个回车符↵。如果需要在同一段落内换行,可以按 Shift+Enter 组合键,系统会在行尾插入一个换行符↓。单击"开始"选项卡的"段落"组中的"显示隐藏段落标记"按钮↵,可以选择回车符、空格等格式标记是否在文档中显示。

如果在输入时需要进行中英文的切换,按 Ctrl+空格组合键即可。

2) 删除文本

若要将已录入的内容删除,连续按 Delete 键是将位于光标后面的内容逐个删除;连续按 Backspace 键则是将位于光标前面的内容逐个删除。

2. 特殊符号与公式的插入

1) 插入标点符号和其他符号

输入文本时,如果需要插入常用标点符号,在切换到中文输入法状态后,可直接按键盘的标点符号,也可以选择"插入"选项卡右侧中的"符号"下拉按钮,在下拉列表中单击需要插入的符号即可。

2) 插入公式

WPS 文字中还集成了公式编辑器,当需要输入复杂的数学公式时,可以使用公式编辑器输入。选择"插入"选项卡右侧中的"公式"按钮,单击"公式"按钮,插入公式的位置会显示编辑框 在此处键入公式。 ,利用"公式工具"选项卡的工具组,选择需要的符号类别和模板类别,在编辑框中输入想要的公式。如果要对已有的公式进行编辑,只要双击已经插入文档的公式,便可以启动公式编辑器。

3. 文本的选择

在对文本进行各种操作之前需要先选择文本。选择文本的常用方法有以下几种。

1) 拖动鼠标

将光标放在所选文本一端,按住鼠标左键拖动鼠标到所选文本另一端即可。

2) 使用文本选定区

将鼠标移到左侧文本选定区,鼠标光标呈向右倾斜的箭头状,单击可选择一行,双击可选择一段,三击可选择全部文本;按住鼠标左键,沿垂直方向拖动也可以选定多行;按住 Ctrl

键后单击也可以选择全部文本。

3) 其他一些快捷方法

(1) 双击字词：选择字词。

(2) Ctrl 键＋单击文本：选择一句话。

(3) Alt 键＋拖动鼠标：选择矩形区域。

(4) Shift 键＋单击：先将光标置于要选定的文本前，按住 Shift 键，再单击要选定的文本区域的末端，可选中两点之间的文本。

(5) 选定不连续文本区域：在选定一块文本区域后，按住 Ctrl 键，再选定另一块文本区域，可实现不连续文本区域的选定。

4. 文本的复制和移动

文本的复制和移动是文档编辑过程中经常使用的操作。

1) 文本的复制

常用以下两种方法。

(1) 单击"开始"选项卡中的"复制""粘贴"按钮。

(2) 鼠标拖动：选定要复制的文本后，按住 Ctrl 键的同时，按住鼠标左键将所选内容拖到目标位置即可。

2) 文本的移动

常用以下两种方法。

(1) 利用剪贴板：单击"开始"选项卡中的"剪切"和"粘贴"按钮进行文本移动。

(2) 鼠标拖动：选定要移动的文本后，按住鼠标左键直接将所选内容拖到目标位置。

(3) 撤销与恢复：利用快速访问工具栏中的"撤销"按钮 ↶ 和"恢复"按钮 ↷ 可以对每次操作进行撤销和恢复，也可以使用撤销和恢复的快捷键 Ctrl＋Z 和 Ctrl＋Y。

8.2.3 查找与替换

查找与替换操作是文字编辑工作中常用的操作之一，这里重点介绍替换操作。

单击"开始"选项卡中的"查找替换"按钮。替换操作通常分为以下几种情况。

1. 全部替换

在"查找内容"和"替换为"下拉列表框中输入或选取内容后，单击"全部替换"按钮，将替换所有查找到的内容；若在"替换为"下拉列表框中不输入任何内容，执行替换操作后查找到的内容将被删除。

2. 选择性替换

在"查找内容"和"替换为"下拉列表框中，若交替单击"查找下一处"和"替换"按钮，可有选择性地进行替换。

3. 条件替换

在"查找和替换"对话框中单击"格式""高级搜索"和"特殊格式"按钮，可以进行搜索范围、格式、特殊字符等条件的限定，从而实现条件替换。

8.3 项目实例：求职档案

8.3.1 项目实例要求

撰写具有说服力和吸引力的求职档案是求职的第一步。本项目实例主要完成求职档案中的求职信、个人简历表、毕业设计说明书。项目实例效果如图 8.2 所示。

图 8.2 求职档案项目实例效果

8.3.2 项目实例实现

1. 求职档案封面与求职信编辑排版

1) 输入文字

输入"青春是人生旅途中最美丽的风景,被赋予了希望、阳光、奋进、浪漫、诗意……。青年兴则国家兴,青年强则国家强,只有为社会做出了贡献的青春,才会留下充实温暖、美丽无悔的记忆……"文字。

2) 插入文件

本项目实例所需其他内容已经存于"1-WPS项目素材"文件夹中的"求职信.docx"和"毕业设计说明书(节选).docx"中,可以利用复制粘贴的方法将其插到本文档中;也可以采用插入文件的方法。

3) 设置字体格式

字体格式包括文本的字体、字形、字号(大小)、颜色、下画线等。本项目实例中"青春是人生旅途中最美丽的风景……"这个段落设置字体为楷体、黑色、三号字。求职信的正文字体为宋体、黑色、四号字。操作步骤:选定要设置格式的文本,使用"开始"选项卡中的"字体"工具组。

注意:字体格式排版前首先需选定要排版的文本对象,否则排版操作只是对光标之后新输入的文本有效。

4) 设置段落格式

段落格式包括文本对齐方式、段落缩进、段间距、行间距等。设置段落格式的操作步骤:选定要设置格式的段落,使用"开始"选项卡中的"段落"工具组。

说明:

(1) 如果先定位插入点,再进行格式设置,格式设置只对插入点后新输入的段落有效,并会沿用到下一段落,直到出现新的格式设置为止。

(2) 对已有的某一段落进行格式设置,只需将插入点放入段落内的任意位置,不需要选中整个段落;如果对多个段落进行格式设置,应选中这些段落。

5) 利用格式刷复制字体格式和段落格式

当设置好一个文本块或段落的格式后,可以使用"开始"选项卡"剪贴板"工具组中的"格式刷"按钮,将设置好的格式快速地复制到其他一些文本块或段落中。

操作步骤如下:

(1) 选定已经设置好字体格式的样本文本块或段落格式的样本段落,单击"开始"选项卡中的"格式刷"按钮,此时鼠标指针变成"刷子"形状。

(2) 拖动鼠标来选定要排版的文本区域,可以看到被选定的文本已具有了新的字体格式或段落格式。

如果要将格式连续复制到多个文本块或段落,则应将上述第(2)步的单击操作改为双击操作(此时"格式刷"按钮变成按下状态),再分别选定多处文本块或段落。完成后单击"格式刷"按钮,则可取消格式刷。

6) 设置边框和底纹

本项目实例中需将求职信中的文字设置边框和10%的灰色底纹。操作步骤:选择需要设置"边框和底纹"的段落,在"开始"选项卡的"段落"工具组中单击按钮⊞·旁边的下三角形箭头,选择下拉菜单中的"边框和底纹"命令,在弹出的对话框中详细设置边框、页面边框和底纹。如果单独设置底纹,可以单击"开始"选项卡的"底纹颜色"按钮♦·旁边的下三角形箭头,在下拉菜单中直接设置底纹。

如果需要去掉文字或段落边框,可先选中加边框的文字或段落,打开"边框和底纹"对话框,在设置区选择"无"项。去掉底纹的操作类似。

7) 设置项目符号和编号

在文档排版中,可以在段落开头加项目符号或者编号。本例的求职信中使用了项目符号。添加项目符号和编号操作步骤:选定要添加项目符号和编号的多个段落,在"开始"选项卡的"段落"工具组中单击"项目符号"按钮☷·或"编号"按钮☷·,也可以单击两个按钮旁边的下三角形箭头,设置或定义新的项目符号或编号。

8) 设置分栏

有时需要将文本多栏显示,只有在页面视图或打印预览时才能真正看到多栏排版的效果。分栏的具体操作步骤:选定需分栏的文本,在"页面布局"选项卡的"页面设置"工具组中单击"分栏"按钮▤,或者选择下拉菜单中的"更多分栏"命令,打开"分栏"对话框进行详细设置。

9) 插入图片和文本框

本项目实例要求在"求职档案""求职信"和"个人简历"中插入图片、图片文件、形状、艺术字和图表等。

(1) 插入与设置艺术字/文本框。单击要插入的位置,在"插入"选项卡中单击"艺术字"按钮▲或"文本框"按钮▤,也可以先输入文字内容,选中文字内容后再单击"艺术字"或"文本框"按钮,将选中的文字内容自动生成艺术字或文本框。

可以像普通文字一样对艺术字/文本框设置格式。本项目实例中分别设置了"求职档案"和"求职信"两处艺术字。

在首页下方插入了文本框"姓名"等信息,其字体格式为宋体、四号、加粗、无线条颜色。

(2) 插入与设置图片/形状/图标/智能图形/流程图/图表。单击要插入的位置,在"插入"选项卡中单击"图片""形状"和"图标"等按钮。

本项目实例在首页中插入了"1-WPS项目素材"文件夹中的图片"努力工作.jpg";在求职信中插入了"形状"中的"心形",并设置其填充色为红色,然后通过复制和粘贴操作形成由16个心形构成的花边。

注意:选择新插入的图形对象,功能区上方会自动出现"绘图工具"选项卡,可以对其进行格式设置;或单击图形对象,在图形对象右侧出现的快捷工具栏中进行设置。

(3) 多个图形对象的操作。在应用中往往要使用多个图形类对象,这时常常需要进行多个图形对象的对齐、叠放次序、组合等操作。

① 使用"Shift+单击"选择多个图片对象(被选择的图形对象必须是非嵌入型,否则无法选中多个对象)。

② 在"绘图工具"选项卡中单击"对齐""组合""旋转"等按钮进行相应设置。

注意:图形对象的版式有嵌入型、浮于文字上方等多种环绕方式。转换操作:单击图形对象,激活"绘图工具"选项卡,单击"环绕"按钮▤进行设置;或单击图形对象时,在图形对象右侧会出现快捷工具栏,选择"布局选项"按钮 。

2. 个人简历表制作

一张表格由若干行和列组成,行与列交叉形成单元格。可以在单元格中输入文字、数字、图片,甚至是另一张表格。

1) 建立表格

单击要插入表格的位置,单击"插入"选项卡中的"表格"按钮,弹出"插入表格"菜单,如图 8.3 所示,通常用以下几种方式建立表格。

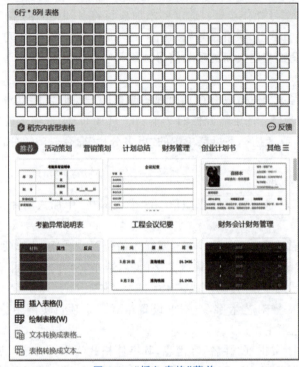

图 8.3 "插入表格"菜单

(1) 直接利用示意框插入表格。

在"插入表格"菜单的行列示意框中向右下方拖动鼠标到需要的行列数时,释放鼠标即可得到一张空表。

(2) 利用"插入表格"命令,插入指定行列数的表格。

(3) 利用"绘制表格"命令,光标变成铅笔状,移动鼠标自由绘制表格。

(4) 利用"文本转换成表格"命令,将选定的文字转换成表格。

说明:将已经输入的文字转换成表格时,需要先使用统一的分隔符标记每行文字中列的开始位置,并使用段落标记标明表格的换行。

2) 编辑表格

根据简历内容的需要建立一张 10 行 6 列的表格,并对表格进行调整。

(1) 表格中区域的选定。表格操作与文档操作一样,也要"先选定,后操作"。WPS 文字提供了多种选择表格的方法,如表 8.1 所示。选定表格时也会同时激活两个新的选项卡,即"表格工具"和"表格样式"选项卡。

表 8.1 在表中选定文本

选 定 目 标	鼠 标 操 作
选定一个单元格	单击单元格左边框，
选定一行	单击该行的左侧，
选定一列	单击该列顶端的边框，
选定多个单元格、多行或多列	在要选定的单元格、行或列上拖动鼠标；或者按下 Shift 键选择连续区域；按住 Ctrl 键，可选中多个不连续区域
选定整张表格	单击表格左上角的 符号

(2) 插入或删除行/列/单元格：

① 选定与插入数量相同或要删除的行/列/单元格，利用"表格工具"选项卡实现插入或删除操作，或在快捷菜单中选择"插入"或"删除"。

② 鼠标光标移到表格后，会在表格的右边线和下边线出现加号，单击加号可以快速插入一行或一列。

(3) 调整表格大小、行高、列宽。常用方法有以下三种。

① 用鼠标拖动表格任意框线，或拖动标尺上的行、列标志，可以调整表格中的行高和列宽。拖动表格右下角的表格尺寸调整标记 ，可调整表格大小。

② 利用"表格工具"选项卡中的"表格行高"按钮 1.00厘米 或"表格列宽"按钮 2.50厘米 进行调整。

③ 右击表格，在弹出的快捷菜单中选择"表格属性"选项，利用"表格属性"对话框中"行"或"列"选项卡输入指定的高度或宽度。

(4) 合并/拆分单元格。本项目实例需要将每一列的第 1～7 行的 7 个单元格合并成一个单元格。

选定将要合并/拆分的单元格，在"表格工具"选项卡中单击"合并单元格"按钮 合并单元格 或"拆分单元格"按钮 拆分单元格。

说明：合并和拆分操作还可以利用"表格工具"选项卡来实现。单击"擦除"按钮，在要删除的表格线上拖动即可删除表格线，从而实现合并操作；单击"绘制表格"按钮，在需要拆分的单元格内拖动即可实现拆分操作。

3) 表格内容的录入与编辑

在表格中输入文本的操作与在文档中的操作相同。WPS 文字把单元格中的内容看作一个独立的文本。本项目实例输入了基本资料、求职意向、教育背景等文字内容，并插入了个人照片。

4) 设置表格格式

表格格式主要包括表格内文本和段落的格式、对齐方式、单元格的边框和底纹、环绕等。本项目实例设置了表格的外框线为 1.5 磅，内框线为 0.5 磅。

在操作表格时，每个单元格中的文本和段落的设置与前面讲述的文档的设置操作相同。

(1) 表格的对齐。在 WPS 文字中，表格具有浮动的功能，可以像图片一样随意移动以及进行图文混排。常用操作有以下两种方式。

① 利用鼠标拖动表格左上角出现的移动表格标记⊕,可实现表格的移动。

② 利用"开始"选项卡的对齐按钮设置。

(2) 表格内容的对齐。右击要设置文本对齐方式的单元格,在弹出的快捷菜单中选择"单元格对齐方式"选项。

(3) 设置表格的边框和底纹。选定要设置格式的单元格区域,单击"表格样式"选项卡中的"底纹"按钮 ◇ 底纹▾ 和"边框"按钮 ⊞ 边框▾,或者利用快捷菜单中的"边框和底纹"选项进行设置。

3. 编排毕业设计说明书

1) 使用"样式"对文档进行编辑

样式是指一组已经命名的字符格式和段落格式的组合。通过使用样式可以批处理的方式给文本设定格式。例如,编写毕业论文时,为了使文档的结构层次清晰,通常要设置多级标题,每级标题和正文均采用特定的文档格式,这样既方便了文档的编辑,也方便了目录的制作,还可以大大减少编辑的工作量。如果要对排版格式进行调整,只需修改相关样式即可。

(1) 应用样式。毕业设计说明书中用到的格式可以应用 WPS 文字提供的样式。应用样式的操作步骤:选定要应用样式的文本,在"开始"选项卡中选择"预设样式"列表中的样式。

(2) 新建样式。如果 WPS 文字中的内置样式不能满足编辑文档的需求,也可以自定义样式。新建样式的操作步骤:先设置新样式文本的字体和段落格式,并选定该文本或段落,在"开始"选项卡中单击"样式"组右下角的"更多"按钮▾,在打开的"新建样式"对话框中创建新的样式,创建好的新样式会自动加入样式列表中供用户使用。

(3) 修改和删除样式。在"样式"列表中,右击要修改或删除的样式,在弹出的快捷菜单中选择"修改样式"或"删除样式"选项。

2) 使用模板

同一类型的文档往往具有相同的格式和结构,使用"模板"可以大大加快创建新文档的速度。WPS 为用户提供了丰富的模板,此外,还可以自己创建新的模板。以创建毕业设计说明书模板为例,先打开一个已排好版的毕业设计说明书,在"文件"菜单中选择"另存为"命令,在弹出的"另存为"对话框的"保存类型"中选择"WPS 文字模板文件(*.wpt)"。

3) 创建目录

(1) 生成目录。应用样式定义好文档的各级标题后,便可以为毕业设计说明书创建目录了。WPS 文字提供了自动生成目录的功能,并能随着内容的增删和修改自动更新目录。具体操作步骤如下:

① 为文档中的章节设置"标题 1""标题 2"等各级标题样式和格式。

② 单击需要插入目录的位置,单击"引用"选项卡中的"目录"按钮。还可以进行自定义目录、更新目录、删除目录等操作。

(2) 更新目录。生成目录之后,如果用户对文档内容进行了修改,可以使用"更新目录"命令调整目录。更新目录的操作步骤:将光标定位于目录中,在快捷菜单中选择"更新目录"选项,打开"更新目录"对话框,根据需要选择"只更新页码"或"更新整个目录"。

4）插入分页符、分节符

一般的毕业设计说明书内容较多，包括封面、摘要、目录、正文、致谢、参考文献等，每个部分可以设置不同的页眉、页脚和页码等，就需要对每部分进行分节操作。具体操作步骤：单击"开始"选项卡中的"显示/隐藏段落标记"按钮 ，显示段落标记，将光标定位在要分节的位置，单击"页面布局"选项卡中的"插入分隔符"按钮 分隔符，在下拉列表中选择"下一页分节符"命令，插入一个分节符。

5）设置页眉、页脚和页码

（1）简单页眉/页脚/页码设置。单击"插入"选项卡中的"页眉和页脚"或"页码"按钮，光标定位在页眉页脚位置，并自动切换到"页眉和页脚"选项卡，完成页眉页脚设置后，在正文任意位置双击即可关闭页眉页脚设置；双击页眉或页脚即可对其进行编辑。

（2）复杂要求的页眉/页脚/页码设置。本项目实例的毕业设计说明书中对页眉的要求比较复杂，在每章的奇数页页眉处显示毕业论文的题目，偶数页页眉处显示本章标题，每章页脚处统一要求显示页码。这就需要在设置页眉和页脚前，先将各章内容分节，并设置奇偶页页眉不同。具体操作步骤：首先为文档插入分节符，然后双击页面底部或顶部，自动切换到"页眉和页脚"选项卡，利用选项卡对应功能区设置页眉、页脚、页码样式等。

说明：如果文档每节中的首页、奇数页、偶数页需要分别使用不同的页眉，单击"页眉页脚选项"按钮 页眉页脚选项，在弹出的对话框中，选中"首页不同"和"奇偶页不同"复选框，然后再编辑各节的首页、奇数页、偶数页页眉。系统默认当前节页眉与上一节相同，直接在本节编辑页眉会影响上一节已经设置好的页眉，因此，如果本节需要与上一节不同的页眉，需要先单击"页眉页脚"选项卡中的"同前节"按钮 ，取消与上一节的链接后再编辑本节页眉。

因为本项目实例要求各节页码格式统一，所以各节页脚都要保持"同前节"，这样第 1 节设置完成后，其他节自动生成相同格式页码。

注意：解决复杂页眉/页脚/页码的设置的关键项：一是插入分节符；二是当前设置的页眉/页脚/页码是否"同前节"。

6）页面设置

页面设置包括页边距、文字方向、纸张方向、纸张大小等。只有在页面视图和打印预览时才能看到页面设置的效果。具体操作步骤：单击"页面"选项卡中各功能按钮进行设置，或者单击"页面设置"组右下角对话框启动器 ，打开"页面设置"对话框进行设置。

7）打印

文档编辑完成后，在页面视图下看到的效果即为打印出来的效果，也可以单击"快速访问工具栏"中的"打印预览"按钮 进入"打印预览"视图，查看打印效果。

如果排版符合打印要求，就可以选择"文件"菜单中的"打印"命令或单击"快速访问工具栏"中的"打印"按钮 ，进行打印设置和打印操作。

8.3.3 项目实例进阶

WPS 文字可以对表格中的数据进行加、减、乘、除、最大值、最小值等简单计算，在 WPS 文字的计算中，系统对表格中的单元格是以行列方式进行标记：在行的方向以字母 A～Z 进行标记；在列的方向，从 1 开始以自然数进行标记，如第一行第一列的单元格记作 A1。

在表格中进行计算时，可以用 A1、A2、B1、B2 这样的形式引用表格中的单元格。在 WPS 文字中对数值进行计算有以下两种方法。

1. 快速计算

选定要参与计算的单元格区域，单击"表格工具"选项卡中的"计算"按钮 计算，从下拉列表中选择计算方法，即可在右侧或下方显示计算结果。

2. 利用公式进行计算

单击要放置计算结果的单元格，单击"表格工具"选项卡中的"公式"按钮 fx 公式，打开"公式"对话框，如图 8.4 所示。

对话框中的"公式"文本框，一般会根据选定的单元格给出公式。如果需要改变公式或者计算范围，首先删除公式框中原有的函数，注意不要删除等号，然后在"粘贴函数"文本框中选择所需函数，再选择表格范围和数值格式，单击"确定"按钮即可计算结果。也可以在"公式"文本框中输入公式引用单元格的内容进行计算。例如，如果需要计算单元格 B2 和 C2 的和减去 D2，可在"公式"文本框中输入公式："＝B2＋C2－D2"，单击"确定"按钮即可。

图 8.4 "公式"对话框

8.3.4 项目实例交流

自学 Office Word 软件，总结与归纳 WPS 文字的应用特色，两者的区别与优势之处有哪些？它们是否有需要改进的地方？

分组进行交流讨论会，并交回讨论记录摘要，记录摘要内容包括时间、地点、主持人（组长，建议轮流当组长）、参加人员、讨论内容等。

8.4 实验 1：文档编辑排版及表格制作

8.4.1 基本技能实验

1. 文档基本编辑

（本题使用"文字处理 1\基本技能实验"文件夹）

打开"WPS 文字 1_ jbjn.docx"文档，文件名另存为"实验 1-1-班级-姓名.docx"。

【提示】　一般地，应用程序默认保存文件的位置都在"库"→"文档"→"我的文档"文件夹。用户可根据需要改变文档的保存路径或改变文件名与类型。

1）插入文件

在文档最后另起一段插入文件"4.爱国不能停留在口号上.docx"的内容。

【提示】

主要分为以下两步。

（1）**确定起始位置**：将光标定位到最后一个自然段的行末，按 Enter 键，出现另一自然段——空行。

（2）**添加内容**：单击"插入"选项卡，单击"对象"右侧下拉按钮，选择"文件中的文字…"命令，在"插入文件"对话框中选择要添加的文件。

2) 设置页面

设置页面：A4，纵向；上、下、左、右页边距均为 2 厘米；每页为 40 行，每行字符数为 35 个字符。

【提示】 "页面"选项卡的"页面设置"组可设置纸张大小、页边距等，或单击"页面设置"组右下角对话框启动器 ，打开"页面设置"对话框，在"文档网格"选项卡选中"指定行和字符网格"单选按钮，设置行和字符数。

3) 设置标题文字

标题文字"家是最小的国，国是千万家"的格式设置为黑体二号，加粗，居中对齐。

4) 查找和替换

利用查找和替换功能：将正文所有的手动换行符↓替换为段落标记↵。

【提示】 按 Ctrl+H 组合键可快速打开"查找和替换"对话框，将光标定位在"查找内容"文本框中，单击"特殊格式"按钮，在列表中选择"手动换行符"，这时会在"查找内容"框中显示出^l；再把光标定位到"替换为"文本框中，在"特殊格式"列表中选择"段落标记"，这时在"替换为"文本框中显示出^p，单击"全部替换"按钮。

5) 设置正文

除标题外的正文设置为左对齐，首行缩进 2 字符，行间距最小值 16 磅。

【提示】

主要分为以下两步。

(1) 选择除标题外的文本：文本的选定有连续或不连续选定两种情况。鼠标拖动或 Shift+单击可实现连续选定；Ctrl+鼠标拖动可实现不连续选定。

(2) 设置格式：在"开始"选项卡的"段落"组功能区进行设置；或单击对话框启动器 ，打开"段落"对话框进行详细设置。

注意：在设置度量值 时，如果当前所用度量单位不符合需要，可以单击度量单位右侧下三角形箭头更改度量单位。

6) 设置正文的小标题

设置正文的四个小标题："1.中国人是了不起的""2.爱国是第一位的""3.弘扬爱国主义精神""4.爱国不能停留在口号上"的边框和底纹：应用范围为段落，0.5 磅蓝色单线边框，黄色底纹。

【提示】 本题有两种方法：

方法一：使用 Ctrl+鼠标拖动选定不连续的 4 个小标题；在"开始"选项卡中单击"边框"按钮 右侧下三角形箭头，在其下拉菜单中选择"边框或底纹"，打开对话框进行边框和底纹的详细设置。

方法二：先按要求设置完成第 1 个小标题后，使用格式刷完成其他标题的格式设置。

7) 设置分栏

设置分栏：第三段起所有文本分两栏，栏宽相等，加分隔线。

【提示】 使用"页面"选项卡中的"分栏"按钮。

8) 设置页眉页码

设置页眉页码：页眉内容为"家国情怀"；页码在页面底端，数字格式为"-数字-"，如-1-、-2-样式，对齐方式为"居中"。

【提示】 主要分为以下两步。

（1）插入页眉：单击"插入"选项卡中的"页眉页脚"按钮。

（2）插入页码：单击"插入"选项卡中的"页码"按钮右侧下三角形箭头▼，打开列表，选择"页码(N)..."命令，在"页码"对话框中进行"样式"和"位置"的设置。

2. 表格创建、编辑和设置

（本题使用"文字处理 1\基本技能实验"文件夹）

1）新建空白文档

新建空白文档，文件名保存为"实验 1-2-班级-姓名.docx"。

2）插入表格

在文档中插入一张 4 行 6 列的表格。

【提示】 使用"插入"选项卡中的"表格"组。

3）设置行高和列宽

设置行高和列宽：第 1、2、3、4 行的行高均为最小值 1 厘米；第 1、2、3、4、5、6 列的列宽分别设置为 2、3、2、2、3、4 厘米。

【提示】 在表格任意位置右击，在弹出的快捷菜单中选择"表格属性"选项，在"行"选项卡中勾选"指定高度"设置行高，利用"上一行"和"下一行"设置其他行高。列宽设置与行高设置方法相同。

4）设置表格位置

表格在页面的位置为水平居中。

【提示】 单击表格左上角的 ⊕ 符号（注意：需要选定整个表格，而不是所有行或所有列），在"段落"组中设置水平居中。或右击表格，在弹出的快捷菜单中选择"表格属性"选项，在对话框的"对齐方式"组中选择"居中"。

5）合并单元格

按图 8.5 所示合并单元格，并在相应的单元格中输入文字。表格内文字设置为仿宋、五号、加粗，中部居中（水平和垂直方向均居中）。

姓名		性别		出生年月	
籍贯				政治面貌	
通讯地址					
电话				邮政编码	

图 8.5 样表

【提示】

（1）合并单元格：选定需要合并的单元格后右击，在弹出的快捷菜单中选择"合并单元格"选项。

（2）文字设置：输入文字，选定所有列，在"开始"选项卡设置字体样式。

（3）中部居中：单击表格左上角的 ⊕，选定表格，右击，在弹出的快捷菜单中选择"单元格对齐方式"中的"中部居中" 。

6）设置表格线

设置表格线，其中外侧框线：第一种线型，蓝色，1.5磅；内侧框线：第一种线型，蓝色，0.5磅。

【提示】

选定表格：单击表格，利用"表格样式"选项卡中的"底纹"和"边框"功能按钮进行设置；或右击，在弹出的快捷菜单中选择"边框和底纹"选项，打开"边框和底纹"对话框进行设置。

> 小贴士：
> ① 同一表格多页显示同一标题。
> 操作方法：选中表格标题行或将光标定位在标题行的单元格内，单击"表格工具"选项卡中的"标题行重复"按钮。
> ② 转换成文本。
> 操作方法：单击表格任意位置，单击"表格工具"选项卡中的"转换成文本"按钮，选择合适的文字分隔符，将表格内容转换成文字。

8.4.2 实训拓展

1. 个性日历制作

（本题使用"文字处理 1\实训拓展\1"文件夹）

利用"日历"模板制作漂亮的个性日历送给朋友，文档保存为"WPS 文字 1_sxtz1.docx"。

2. 使用邮件合并功能批量生成录取通知书

（本题使用"文字处理 1\实训拓展\2"文件夹）

假设现有一份某高校的专业录取数据清单（录取清单.docx），现需要对于此清单中的所有学生发送录取通知书，模板如图 8.6 所示。尝试在此模板中插入数据清单中的信息，生成一个包含所有学生录取通知书的文件，保存为"WPS 文字 1_sxtz2.docx"。

图 8.6　录取通知书模板

8.5　实验2：图文混排

8.5.1　基本技能实验

（本题使用"文字处理2\基本技能实验"文件夹）

打开文件"孝为立身之本.docx"，另存为"实验2-班级-姓名.docx"。

1. 使用艺术字

将标题"孝为立身之本"改成艺术字；其环绕方式为上下型；其位置为相对页面水平居中对齐。

【提示】

（1）选定"孝为立身之本"文字，单击"插入"选项卡中的"艺术字"按钮，在下拉列表中选择需要设置的样式。

（2）右击艺术字的边框线，在弹出的快捷菜单中选择"其他布局选项"选项，在打开的"布局"对话框中设置艺术字位置、环绕方式等；或单击艺术字边框线，激活"绘图工具"选项卡，设置"环绕"方式；或单击艺术字时利用右侧出现的快捷工具栏设置。

2. 使用形状

在文章最后空白处插入"基本形状"中的"心形"；大小：高度为4cm，宽度为9cm；图形位置：相对页面水平居中对齐，垂直方向距页边距下侧19cm；填充与线条：形状填充为黄色，形状轮廓为红色；添加文字"孝亲感恩"，楷体、三号、加粗、黑色、水平居中。

【提示】

（1）插入"心形"：单击"插入"选项卡，在"形状"下拉菜单中选择"基本形状"中的"心形"。

（2）大小和位置的设置：右击"心形"，在弹出的快捷菜单中选择"其他布局选项"选项；或利用"绘图工具"选项卡。

（3）填充与线条的设置：右击"心形"，在弹出的快捷菜单中选择"设置对象格式"选项；或单击"心形"，利用"绘图工具"选项卡。

（4）添加文字的设置：右击"心形"，在弹出的快捷菜单中选择"添加文字"选项，输入"孝亲感恩"，在"开始"选项卡中设置字体格式。

3. 使用图片

在正文第3段后面插入图片文件"陪伴.jpg"，设置大小为原图片的50%。

【提示】

（1）单击"插入"选项卡中的"图片"按钮，选择"本地图片"，打开"插入图片"对话框，选择"文字处理2\基本技能实验"目录下的图片文件"陪伴.jpg"。

（2）右击图片，在弹出的快捷菜单中选择"其他布局选项"选项，使用对话框中的"大小"标签。

注意：如果锁定了纵横比，图片进行缩放时将保持长宽比例不变。如果只设置图片具体的高宽值时，应取消纵横比锁定。

4. 使用文本框

在图片"陪伴.jpg"下方插入一个文本框,文本框内输入文字"孝亲",宋体、五号字、水平居中,并设置文本框的形状轮廓为"无边框颜色"。

【提示】

(1) 选择"插入"选项卡,在"文本框"下拉菜单中选择"横向"命令,光标变成加号,在合适位置绘制文本框。

(2) 文本框中输入文字"孝亲",设置相应字体格式。

(3) 单击选定文本框,在"绘图工具"选项卡的"轮廓"下拉菜单中选择"无边框颜色"。

5. 多个图形对象的使用

将文本框和图片水平居中对齐后进行组合,设置组合对象环绕方式为"四周型",并将其放在正文第3段的右侧。

注意:

(1) 只有图片的环绕方式改为"四周型"等非嵌入型时,才能自由移动或精确设置其位置,也才能与其他图形组合成一个新对象。

(2) 设置组合对象的格式时,注意选择组合对象整体,不要选择组合对象的一部分。

(3) "衬于文字下方"的图片往往不容易选中,如果不能选中图片,可以在"开始"选项卡的"选择"下拉菜单中使用"选择对象"命令。

【提示】

(1) 设置图片环绕方式为"四周型":右击图片,在弹出的快捷菜单中选择"其他布局选项"选项;或选定图片,单击"绘图工具"选项卡中的"环绕"按钮,设置为"四周型环绕"。

(2) 移动图片,使其在文本框的上方,Shift+单击连续选中图片与文本框,单击"绘图工具"选项卡中的"对齐"按钮,选择"水平居中"命令,再单击"组合"按钮,进行组合。

(3) 设置组合对象的环绕方式:右击组合对象,在弹出的快捷菜单中选择"其他布局选项"选项;或选定组合对象,单击"绘图工具"选项卡中的"环绕"按钮,设置为"四周型环绕"。

(4) 拖动组合对象至正文第3段右侧。

8.5.2 实训拓展

1. 制作个性化的求职档案

(本题使用"文字处理 2\实训拓展\1"文件夹)

参考本章项目实例相关内容,动手制作个性化的求职档案,要求内容简洁,美观大方。完成后以"WPS 文字 2_zhsx1.docx"为文件名保存到本文件夹中。

2. 制作立体相框

(本题使用"文字处理 2\实训拓展\2"文件夹)

参照"WPS 文字 3_sxtz2_样张.jpg",利用 WPS 丰富的图形处理功能,制作一个立体相框,完成后以文件名为"WPS 文字 2_sxtz2.docx"保存到本文件夹中。

【提示】

在 WPS 文字中可以设置图片的不同格式,为了使图片具有立体效果,可通过设置图片的阴影、柔化边缘、形状等即可实现具有立体感的相框。

第 9 章 WPS 表格处理

WPS 表格是 WPS Office 办公软件的核心组件之一。使用 WPS 表格可以编制出各种具有专业水准的电子表格,为实现办公自动化奠定坚实的基础。WPS 表格可以自定义公式,或利用函数实现从简单的加减乘除到复杂的财务统计分析运算;可以建立一张具有专业外观的图表,清晰显示数据的大小和变化情况,快速预测数据变化趋势。WPS 表格具有强大的数据管理功能,它不但能处理简单的数据表格,还能处理复杂的数据库,对数据库中的数据进行排序、筛选、分类汇总及分析显示等操作。

本章主要介绍 WPS 表格的基本概念、基本操作、图表应用、数据库管理等内容。

9.1 认识 WPS 表格

9.1.1 WPS 表格工作界面

WPS 表格的运行环境、启动和退出操作与 WPS 文字相似,这里不再累述。

WPS 表格工作界面中包含的元素也与 WPS 文字类似,如图 9.1 所示,只不过增加了公式和数据选项卡,这是它的特色功能。

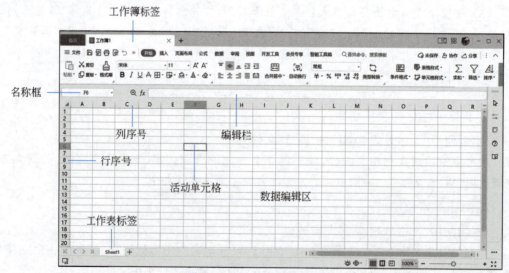

图 9.1 WPS 表格工作界面

1. 名称框

名称框用于显示当前单元格或区域的名称。

2. 编辑栏

编辑栏用于显示、输入或修改选定单元格中的数据和公式。

3. 工作表标签

工作表标签用于显示工作表的名称,可以实现不同工作表之间的切换。

9.1.2　WPS 表格基本概念

在 WPS 表格中,工作簿、工作表和单元格是主要的操作对象。

1. 工作簿

一个 WPS 表格文件就是一个工作簿,是计算和存储数据的文件,其文件的扩展名是.et (也可以保存为.xlsx 类型),每个工作簿由一张或多张工作表组成。

2. 工作表

在 WPS 表格中,工作表主要用于处理和存储数据,通常有两种类型。

1) 普通工作表

普通工作表是存储和处理数据的主要空间,是完成一项工作的最基本单位。它由单元格组成,一个工作表可以包含最多 1 048 576×16 384 个单元格,工作表默认名称为 Sheet。

2) 图表工作表

图表工作表是以图表的形式表示数据的工作表。

3. 单元格

单元格是工作表中行列交汇处的区域,是工作簿的基本操作单位,用于存储数据和公式。任何一个单元格都是由对应的行下标和列下标进行命名与引用的,例如,B5 代表 B 列 5 行单元格。数据只能在单元格中输入。多个连续的单元格称为单元格区域,使用对角线的两个单元格地址来表示,例如,B2:D3 表示包括 B2、B3、C2、C3、D2、D3 共 6 个单元格。

完整的单元格命名格式为

[工作簿名]工作表名!单元格名

例如,[学生成绩]Sheet3！A4 表示的是"学生成绩"工作簿的 Sheet3 工作表中的 A4 单元格。如果要表示的单元格在当前工作簿的当前工作表中,则工作簿名称和工作表名称均可省略。

9.2　项目实例 1：学生管理

9.2.1　项目实例要求

本项目实例的主要任务有:工作表的编辑与排版、总成绩、名次和毕业时间的计算与填充,利用公式和图表进行成绩分析等。通过本项目实例的学习,掌握 WPS 表格的数据录入、公式与函数的使用、工作表格式设置、工作表的基本操作、图表的创建与编辑等知识点,项目实例效果如图 9.2 所示。

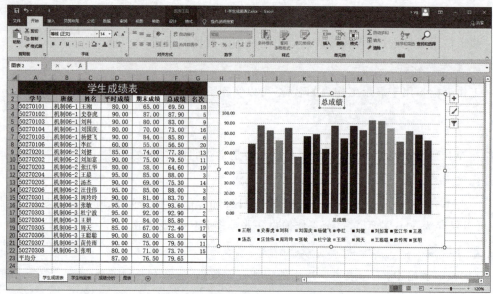

图 9.2 学生管理项目实例效果

9.2.2 项目实例实现

1. 输入信息

在"2-WPS 表格项目素材"文件夹中的"1-学生成绩表.xlsx"中已经有部分数据,包括列标题和学生成绩部分信息。输入的信息包括以下三类。

1) 输入文本

文本是指字母、汉字、数字、空格、其他符号等组成的字符串。默认情况下,在单元格中文本是以左对齐方式放置。文本不能用于数学运算。

2) 输入数值

数值具有运算功能,可以采用整数、小数或科学记数法等方式输入。数值包括数字(0~9)、正号(+)、负号(-,())、小数点(.)、指数符号(E、e)、百分号(%)、千分号(‰)、分数线(/)和货币符号(¥、$)等。默认情况下,在单元格中数字以右对齐的方式放置。本项目实例需输入实验成绩和期末成绩。

(1) 输入负数时,可以直接输入或将数值用括号括起来,例如,-123 和(123)都表示-123。

(2) 输入分数时,分数的前面应加上 0 和一个空格,用于区分日期和数字。例如,直接输入"1/9"显示 1 月 9 日,如果需要输入分数,则需要输入"0 1/9"来表示分数九分之一。

(3) 如果输入的数字要作为文本处理时,在输入时应先输入英文半角单引号('),如 '50270101。单引号表示其后的数字按文字处理,并使数字在单元格中左对齐。也可以先将单元格格式设置为文本,再进行输入。

说明:

(1) 数值输入与数值显示形式有时不同,计算时以输入数值为准。

(2) 当输入数值后单元格内显示一串"#"号,表示输入的数值宽度超过了单元格的宽度。只要增加单元格的宽度就可以正确显示。

(3)用户如果在单元格中输入身份证号码、电话号码等较长的数字时,WPS表格会自动帮助用户识别为数字字符串,即文本格式,并且在单元格中默认为左对齐方式显示。

3)输入日期和时间

WPS表格在默认情况下,单元格中的时间或日期数据以右对齐的方式放置。本项目实例中需输入"入学时间"。

(1)日期的格式规定。在输入日期时,可以用分割符(/或-)或相应的汉字分隔年、月、日各部分。例如,"1967/2/8""1967-2-8""1967年2月8日""8-Feb-67"和"8/Feb/67"都是正确的日期数据。

(2)时间的格式规定。在输入时间时,用冒号(:)或相应的汉字分隔时间的时、分、秒。时间格式规定为"hh:mm:ss〔AM/PM〕",其中"AM/PM"与时间数据之间应有空格,如"3:15:00 PM"。若AM/PM省略,则默认为上午时间。

注意:如果同时输入日期和时间,中间要用空格分隔;如果要显示其他日期和时间格式,则要通过设置单元格格式的方式实现。

2. 单元格填充

当鼠标光标移至活动单元格的右下角时,会出现一个小黑十字形状,称为填充柄,通过上下左右拖动填充柄可以在其他单元格填充与活动单元格内容相关的数据,如序列数据或相同数据。其中,序列数据是指有规律地变化的数据,如日期、时间、月份、等差或等比数列。

当单元格内容是文本时,进行填充表示复制操作。

当单元格内容是数值时,若是只需选定一个含初始值的单元格,拖动填充柄时步长为1或−1进行填充;若选定两个含有趋势初始值的单元格,步长为两个数值之差进行填充;若按下Ctrl键再拖动填充柄,可实现复制操作;也可以设置好初始值后,通过"开始"选项卡"填充"按钮中的"序列"命令,打开"序列"对话框,进行其他类型的填充操作。

数值较大、超过11位时,自动改为文本型数据,填充代表复制操作。

除了WPS表格中已经定义好的序列,用户还可以自己定义一些经常使用的序列数据。操作步骤如下。

(1)单击"文件"菜单中的"选项"命令,打开"选项"对话框,选择"自定义序列"选项卡。

(2)在"输入序列"框中分别输入自定义序列的每一项内容,中间用英文逗号或回车键。例如,建立新的序列"周一、周二、……、周日"。

(3)单击"添加"按钮,将自定义的序列添加到左侧"自定义序列"列表中,以后这些新序列就可以自动填充了。

例如,本项目实例中要想填充空白处的学号,只拖动单元格"50270201"的填充柄至"50270206",再拖动单元格"50270301"的填充柄至"50270308"即可。

3. 利用公式自动计算

WPS表格具有强大的计算功能,计算功能主要依赖于其公式和函数,利用它们可以对表格中的数据进行各种计算和处理。公式由运算符和参与运算的操作数组成,要输入公式,必须先输入"=",然后在"="后输入运算符和操作数,否则WPS表格不会进行计算。

1)公式中的运算符

在公式中采用的运算符可以分为以下四种类型。

(1) 算术运算符,用来完成基本的数学运算。算术运算符包括加号(+)、减号(-)、乘号(×)、除号(/)、乘方(^)、百分号(%)。

(2) 比较运算符,用来完成两个数值的比较,比较的结果是一个逻辑值 True 或 False。比较运算符包括等号(=)、大于号(>)、大于或等于号(>=)、小于号(<)、小于或等于号(<=)和不等号(<>或><)。

(3) 文本运算符,能够将两个文本连接成一个组合文本。文本运算符只有一个运算符,即 &,例如,"计算机" & "信息"运算结果为"计算机信息"。

(4) 引用运算符,将单元格区域进行合并计算。引用运算符包括冒号(:)、逗号(,)和空格,如表 9.1 所示。

表 9.1 引用运算符的功能简介

运算符	含 义	举 例
:(冒号)	区域运算符,对两个引用之间,包括两个引用在内的所有单元格进行引用	SUM(A2:D4)表示对以 A2、D4 为对角线组成的一个矩形区域中的所有单元格求和
,(逗号)	联合运算符,将多个引用合并为一个引用	SUM(A2,D4)表示只对 A2、D4 这两个单元格求和
(空格)	交叉运算符,产生同时属于两个引用的单元格区域的引用	SUM(A1:B2 B1:C2)表示对同属于这两个区域的单元格 B1、B2 进行求和

2) 输入公式表达式

本项目实例中需计算"总成绩"和"平均成绩"。总成绩计算公式:

$$总成绩=实验成绩×30\%+期末成绩×70\%$$

操作步骤如下。

(1) 选定放置运算结果的单元格,这里选定 F2,在 F2 单元格中输入公式表达式,方法有以下两种。

方法一:逐字输入"=D2*0.3+E2*0.7"。

方法二:先输入"=",然后单击 D2 单元格,则 D2 就会出现在当前单元格中,再输入"*0.3+",然后单击 E2 单元格,再输入"*0.7"。

(2) 按 Enter 键,表示公式输入完毕,这时 F2 中将显示计算结果。

(3) 选定放置实验成绩平均分的 D22 单元格,在 D22 单元格中输入"=AVERAGE(D2:D21)",按 Enter 键,显示计算结果。

4. 公式中单元格的引用

引用方式有以下三种。

1) 相对引用

相对引用是指把公式复制或填入到新位置时,且公式中的单元格地址会随着改变。

如本项目实例的 F2 中的公式使用的就是相对地址,这时将 F2 单元格右下角的填充柄向下拖到 F21,就会实现总成绩的公式复制。再拖动 D22 的填充柄到 F22,就会实现平均分的公式复制。

2) 绝对引用

绝对引用是指把公式复制或填到新位置时,公式中的单元格地址保持不变。设置绝对地址只需在行号和列号前加"＄"即可,或者选中要转换的单元格,使用键盘上的 F4 键进行转换。

如果将本项目实例 D22 中的"＝AVERAGE(D2:D21)"改为"＝AVERAGE(＄D＄2:＄D＄21)",这时再拖动 D22 的填充柄会看到什么结果呢?

3) 混合引用

混合引用是指把公式复制或填到新位置时,保持行或列的地址不变。如"＄F2"表示列号绝对引用,行号相对引用;"F＄2"表示行号绝对引用,列号相对引用。

4) 引用不同工作簿或不同工作表中的单元格

在当前工作表中引用同一个工作簿、不同工作表中的单元格的表示方法为

工作表名称!单元格或单元格区域地址

例如,Sheet 2! F8:F16 表示引用 Sheet 2 工作表中 F8 到 F16 单元格区域中的数据。在当前工作表中引用不同工作簿中的单元格的表示方法为

[工作簿]工作表名称!单元格或单元格区域地址

例如,打开工作簿 1 和工作簿 2 这两个文件,在工作簿 2 中引用工作簿 1 的 Sheet 1 工作表的 F16。写法为

[工作簿1]Sheet1!F16

5. 使用函数

在公式表达式中可以使用函数,WPS 表格提供了丰富的函数,如统计函数、三角函数、财务函数、日期与时间函数、数据库函数、文字函数、逻辑函数等。

1) 常用函数

本项目实例首先计算"平均分"。操作步骤如下。

(1) 选定放置运算结果的单元格 D22,单击"开始"选项卡中的"求和"按钮 Σ·下拉菜单的"平均值"命令;或"公式"菜单中的"自动求和"按钮 Σ·下拉菜单的"平均值"命令。

如果要使用的函数不在此下拉菜单中,可以选择"其他函数"命令或单击"公式"菜单中的"插入函数"按钮 Σ·,打开"插入函数"对话框,在此选择所需函数及参数。

(2) 函数输入成功后,会在选定的单元格中显示计算结果,而在编辑栏中会显示输入的公式表达式。

2) 使用 RANK 函数填充名次

本项目实例中,计算完成总成绩后在 G2 单元格处输入公式"＝RANK(F2,F＄2:F＄21)",然后拖动填充柄向下填充,即可得到每人的名次。

RANK 函数的语法为

RANK(数值,引用,排位方式)

其中,"数值"为需要找到名次的数字;"引用"为包含一组数字的数组或引用,根据题意

这里应引用一个固定的范围,所以行号使用了绝对引用。"排位方式"为一个数字,指明排位方式,如果值为 0 或省略,则按降序排列;如果值不为 0,则按升序排列。

也可以利用"插入函数"命令找到 RANK 函数,打开 RANK 函数对话框,如图 9.3 所示。利用鼠标选择所需要的单元格或单元格区域,注意在引用时加上绝对引用。

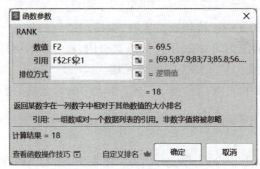

图 9.3　RANK 函数对话框

3) 利用条件格式把不及格的分数用红色文本突出显示

选择 D2:E21(所有成绩),在"开始"选项卡"条件格式"下拉菜单中,单击"突出显示单元格规则"中的"小于"命令,打开"小于"对话框。在单元格中输入相应的数值,在"设置为"列表框中选择"红色文本"选项,单击"确定"按钮即可。

说明:条件格式可用于显示不符合常规的数字,例如,金额中的负值(赤字)、超预算的开支、订单少于某数的运营绩效等。

4) 利用统计函数进行成绩分析

首先添加新的工作表,单击"工作表标签"区域的加号添加新的工作表,新工作表默认名称为"Sheet1",双击"Sheet1"将工作表名称修改为"成绩分析"。在"成绩分析"工作表中输入相应内容,如图 9.4 所示。

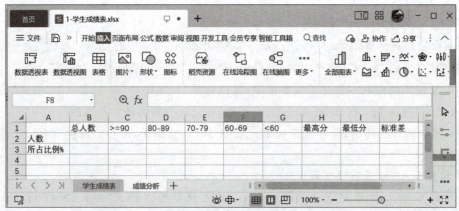

图 9.4　"成绩分析"工作表

下面利用 COUNT、COUNTIF、COUNTIFS、MAX、MIN、STDEV 等函数计算"学生成绩表"中的总人数、各分数段人数和所占比例、最高分、最低分和标准差。

(1) 总人数:在 B2 中插入函数公式"=COUNT(学生成绩表! F2:F21)"。

注意:COUNT 函数中的参数只有数字类型的数据才被计算,所以这里可以将任一成绩列作为参数。

(2) 90 分以上人数：在 C2 中插入函数公式"＝COUNTIF(学生成绩表！F2:F21, ">=90")"。

(3) 80～89 分的人数：在 D2 中插入函数公式"＝COUNTIFS(学生成绩表！F2:F21, ">=80",学生成绩表！F2:F21,"<90")"。

(4) 70～79 分的人数：在 E2 中插入函数公式"＝COUNTIFS(学生成绩表！F2:F21, ">=70",学生成绩表！F2:F21,"<80")"。

(5) 60～69 分的人数：在 F2 中插入函数公式"＝COUNTIFS(学生成绩表！F2:F21, ">=60",学生成绩表！F2:F21,"<70")"。

(6) 60 分以下的人数：在 G2 中插入函数公式"＝COUNTIF(学生成绩表！F2:F21, "<60")"。

(7) 所占比例：在 C3 中输入公式"＝C2/$B$2",拖动填充柄向右填充至 G3,并设置 C3 至 G3 的格式为百分比,小数位数为 1 位。

(8) 最高分：在 H2 中插入函数公式"＝MAX(学生成绩表！F2:F21)"。

(9) 最低分：在 I2 中插入函数公式"＝MIN(学生成绩表！F2:F21)"。

(10) 用 STDEV 函数计算标准差：在 J2 中插入函数公式"＝STDEV(学生成绩表！F2:F21)"。

本项目实例中,通过函数计算后,"成绩分析"工作表的项目实例效果如图 9.5 所示。

	A	B	C	D	E	F	G	H	I	J
1		总人数	>=90	80-89	70-79	60-69	<60	最高分	最低分	标准差
2	人数	20	2	8	7	2	1	93.6	56.5	9.4987
3	所占比例%		10.0%	40.0%	35.0%	10.0%	5.0%			

图 9.5 "成绩分析"工作表的项目实例效果

6. 插入和删除单元格/行/列

本项目实例中需要在表的第一行上方插入一行,并输入表标题"学生成绩表"。

常用插入或删除单元格/行/列的操作步骤：选择要插入或删除的单元格/行/列,右击,在弹出的快捷菜单中选择"插入"或"删除"选项;或选择"开始"选项卡中的"行和列"按钮 下拉菜单的相应选项。

本项目实例在第 1 行前插入空行后,在 A1 中输入文字"学生成绩表"即可。

☆ 相关知识——单元格内容的编辑

1. 单元格的状态

在 WPS 表格中,单元格有两种状态,即选定状态和编辑状态。

(1) 选定状态：用鼠标单击某单元格,即选定当前单元格。此时向单元格输入数据会替换单元格中原有的数据。

(2) 编辑状态：用鼠标双击单元格,在选定当前单元格的同时,在单元格中有插入光标,编辑栏也被激活,此时可修改单元格中原有的数据。

2. 清除单元格

(1) 选定要清除信息的单元格。

(2) 右击,利用弹出的快捷菜单中的"清除内容"选项,根据需要选择相应的命令,包括全部(表示将单元格中的全部信息清除,成为空白单元格,但并不删除单元格)、内容、格式等。

另外,清除单元格内容也可以用 Delete 键或 BackSpace 键。

3. 选择性粘贴

一个单元格可以包括数据(公式及其结果)、批注和格式等多种特性。有时只需要复制单元格中的部分特性,例如,只需要粘贴文本而不粘贴格式,此时可使用"选择性粘贴"命令来实现。

具体操作步骤如下。

① 通过复制或剪切操作将选定单元格区域的内容放入剪贴板。

② 选定目标单元格。

③ 利用"开始"选项卡的"粘贴"下拉列表,选择相应命令,或右击,利用弹出的快捷菜单进行选择性粘贴。

7. 设置单元格的格式

单元格格式包括字体、边框、图案、对齐方式、数字类型等。设置单元格格式的操作步骤:选定要设置格式的单元格区域;在"开始"选项卡中进行设置;或右击选定区域,在弹出的快捷菜单中选择"设置单元格格式"选项,在打开的对话框中进行设置。

注意:

(1) 使用"格式刷"按钮 格式刷 ,可实现单元格格式的快速复制。

(2) 利用"开始"选项卡的 表格样式·或 单元格样式·可快速设置格式。

8. 调整行高和列宽

本项目实例需要将列宽设置为"最适合的列宽",第一行行高设置为 25.5,其他行高为"最适合的行高"。

1) 精确调整

选定要调整的行/列,单击"开始"选项卡中的"行和列"按钮;或右击要调整的整个行/列,在弹出的快捷菜单中选择相应选项。

2) 拖动调整

先选定所有要调整的列(一列或多列),将鼠标移到选定列标号的右边界,鼠标指针呈 ↔ 状时左右拖动实现列宽调整。

3) 自动调整行高/列宽

为了使列宽与该列内容适应,先选定所有要调整的列(一列或多列),鼠标移到要调整的列标号右边界,指针为 ↔ 状时,双击即可。

如果要对多列同时调整为合适列宽,先选定所有要调整的列,双击任一选定列标号的右界。

说明:行高的调整与列宽操作基本相似,只是将列操作换成行操作。

9. 组织工作表的操作

组织工作表的操作包括插入、删除、移动、复制、重命名等。

1) 插入工作表

单击窗口左下角工作表标签栏的"插入工作表"按钮 + ,将会在此工作表的后面插入一张新的工作表;或右击某工作表标签,在弹出的快捷菜单中选择"插入工作表(I)…"选项。

2）删除工作表

右击要删除的工作表标签,在弹出的快捷菜单中选择"删除工作表(D)"选项。

注意：删除工作表时一定要慎重！工作表一旦删除将无法恢复。

3）移动/复制工作表

工作表允许在一个或两个工作簿之间移动。如果要实现工作表在不同的工作簿中移动,需将源工作簿和目标工作簿同时打开。

常用以下两种操作方法。

（1）使用快捷菜单。右击要移动/复制的工作表标签,在弹出的快捷菜单中选择"移动或复制工作表"选项,在打开的对话框中进行设置,如果选择了对话框左下角的"建立副本"选择框,则将复制此工作表。

（2）使用鼠标拖动。单击要移动/复制的工作表标签,按下鼠标左键移到目标位置时释放鼠标;按下 Ctrl 键拖动鼠标即可复制工作表。

本项目实例中需要插入"学生档案表",此表需要复制"学生成绩表"的基本格式和前3列内容,并在后面插入两个新列"政治面貌"和"电子邮箱"。

本项目实例可以先复制"学生成绩表"为"学生成绩表(2)",然后在此表基础上进行内容的修改。

4）重命名工作表

本项目实例中要将"学生成绩表(2)"改名为"学生档案表"。

操作方法：右击要重命名的工作表标签,在弹出的快捷菜单中选择"重命名(R)"选项；或双击需要重命名的工作表标签,呈反相显示后输入新的工作表名称。

5）隐藏或取消隐藏工作表

在工作表被隐藏的同时工作表标签也被隐藏。

操作方法：右击要隐藏的工作表,在弹出的快捷菜单中选择"隐藏工作表"选项。

说明：在"开始"选项卡的"工作表"按钮中也包含了组织工作表的所有命令。

10. 页面设置与打印

1）页面设置

操作方法：在"页面"选项卡中完成页面大小、页边距、页眉/页脚等设置。

2）设置打印区域

如果只想打印工作表中的部分数据,必须要设置数据清单的打印区域,否则,WPS 表格默认打印全部内容。

操作方法：先选定要打印的数据区域,在"页面"选项卡的"打印区域"命令下拉列表中选择"设置打印区域",此时打印的是选定的数据区域,可以先利用"打印预览"命令预览。需要打印全部内容时,在"打印区域"命令下拉列表中选择"取消打印区域"。

3）插入/删除分页符

当工作表中的数据超过设置页面时,系统自动插入分页符,工作表中的数据分页打印。当然用户也可以根据需要人为地插入分页符,将工作表强制分页。

操作方法：利用"页面"选项卡中的 插入分页符 。

11. 创建图表

WPS 表格提供了多种图表类型,每一种类型中还有许多子图表类型和自定义类型。

创建图表方法：选择要创建图表的数据区域，利用"插入"选项卡中的"图表"组创建不同类型图表。

本项目实例需要用两种类型的图表来展示信息。

一是将图表对象位于"学生成绩表"工作表中，图表类型为簇状柱形图，分类轴为"姓名"，数值轴为"总成绩"，图表标题为"总成绩"，如图 9.6 所示。

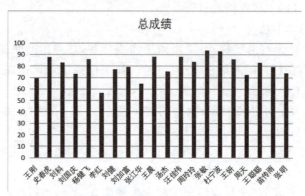

图 9.6　簇状柱形图

操作方法：用 Ctrl 键配合选择"姓名"和"总成绩"两列数据（注意：先拖动鼠标选择"姓名"列，再在按下 Ctrl 键的同时拖动鼠标选择"总成绩"列），在"插入"选项卡的"图表"组中单击"图表"按钮 的下拉列表，选择创建"簇状柱形图"。

二是根据"成绩分析"工作表中的数据绘制图表，并将图表移到"新工作表"，工作表名修改为"图表"，图表类型为二维饼图，分类轴为"各分数段"，数值轴为"各分数段人数"，图表标题为"成绩分析"，图例靠右，数据标志显示类别名称和百分比，如图 9.7 所示。

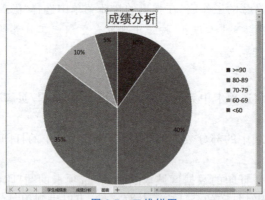

图 9.7　二维饼图

操作方法：配合 Ctrl 键选择 C1:G1 和 C3:G3 两行数据，如图 9.8 所示。利用"插入"选项卡中的"图表"组的插入饼图或圆环图按钮 创建"二维饼图"。单击选择图表，利用"图表工具"选项卡中的"快速布局"按钮 的下拉列表设置图表布局，单击"移动图表"按钮 ，打开"移动图表"对话框，选择"新工作"，将工作表名修改为"图表"，双击图表标题将其修改为"成绩分析"。

注意：当工作表中的数据修改后，与之对应的图表会随着自动改变。

	A	B	C	D	E	F	G	H	I	J
1		总人数	>=90	80-89	70-79	60-69	<60	最高分	最低分	标准差
2	人数	20	2	8	7	2	1	93.6	56.5	9.4987
3	所占比例%		10.0%	40.0%	35.0%	10.0%	5.0%			

图 9.8　“成绩分析”二维饼图选择的数据

12. 图表的编辑

1）添加/删除图表中的数据系列

（1）添加数据系列。右击图表空白处，在弹出的快捷菜单中选择“选择数据…”选项；或单击“图表工具”选项卡中的“选择数据”按钮，打开“编辑数据源”对话框，单击“系列”框上的加号，添加“系列名称”和“系列值”。

（2）删除数据系列。如果删除了工作表中的数据，图表中对应的序列会自动同步删除；如果只是删除图表中的数据系列而不删除工作表中的数据，则可以在图表中单击要删除的数据序列，然后按 Delete 键。

2）更改图表类型

选定图表，单击“图表工具”选项卡中的“更改类型”按钮，打开“更改图表类型”对话框更改图表的类型。

3）移动/复制图表

选定图表，单击“图表工具”选项卡中的“移动图表”按钮，打开“移动图表”对话框进行设置；或使用前面介绍的移动/复制工作表的方法。

4）设置图表中各个元素的格式

以簇状柱形图表为例，图表的基本组成元素如图 9.9 所示。

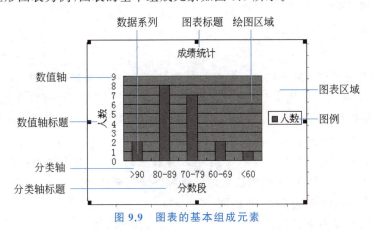

图 9.9　图表的基本组成元素

设置图表中各个元素的格式操作方法：双击要设置格式的元素进行设置；或右击要设置格式的元素，在弹出的快捷菜单中设置；或选定需要设置格式的元素，在“图表工具”选项卡中设置。

注意：只有在选定图表后“图表工具”选项卡才出现。

9.2.3　项目实例交流

（1）在本项目实例实现过程中，你体验到了 WPS 表格的哪些特色？与 WPS 文字有哪些不同？遇到了哪些困难，又是如何解决的？还有哪些功能需要进一步完善？

(2) 分析 WPS 表格函数和图表的分类及应用,并应用到日常生活实例中。

分组进行项目实例交流讨论会,并交回讨论记录摘要,记录摘要内容包括时间、地点、主持人(组长,建议轮流当组长)、参加人员、讨论内容等。

9.3 项目实例 2：教师工资管理

9.3.1 项目实例要求

本项目实例需要对"2-WPS 表格项目素材"文件夹中的"2-教师工资管理表.xlsx"进行查找、排序、筛选、分类汇总、数据透视等简单的数据库管理操作。

9.3.2 项目实例实现

1. 建立数据库

WPS 表格可以把工作表中的数据作为一个简单数据库,例如,本项目实例的"2-教师工资管理表.xlsx"。

建立数据库首先要考虑数据库的结构,即设定该数据库包括哪些字段(列标题)、每个字段的名称和字段值的类型各是什么,以及各字段的排列顺序。

建立数据库的基本操作步骤如下。

(1) 新建一张空白工作表。

(2) 在第一行各列中依次输入字段名,例如,本项目实例中的"工号""部门""姓名""性别"和"基本工资"等。

(3) 输入各记录(行)的值。

2. 排序

数据可以按照升序或降序两个方向进行排列,标题行不参加排序。用于排序的字段称为"关键字",在排序中可以使用一个或多个关键字。当按多个关键字排序时,首先起作用的是主关键字,只有当主关键字相同时,次关键字才起作用,以此类推。WPS 表格的排序规则如下。

(1) 数值排列顺序:从最小的负数到最大的正数。

(2) 文本排列顺序:若是字符或字符中含有数字的文本,则按每个字符对应的 ASCII 码值排列;若是汉字,则可以按汉语拼音的字母顺序或笔画排序。

(3) 逻辑值 False 排在 True 的前面。

(4) 空格排在所有字符的后面。

注意:在"开始"选项卡中的"排序"按钮的下拉列表中选择"自定义排序"选项,可以设置排序是否"数据包括标题"。打开"排序"对话框,单击"选项…"按钮,在打开的"排序选项"对话框中可以设置排序规则。

本项目实例中,假设现有一个涨工资的名额,需要照顾工龄较长而基本工资又较低的教师,那么该把名额分配给哪位教师呢?下面利用排序的方法来解决这个问题。

1) 按单关键字排序

本项目实例先按工龄降序排列找出最优先涨工资的那名教师。操作步骤:单击关键字字段"工龄"对应列中的任一单元格,在"开始"选项卡中单击"升序"按钮 ↓ (↓ 为"降序"按钮)。

2）按多关键字排序

如果按工龄降序排列后，有多名教师工龄相同，即在单关键字排序后遇到关键字段值相同的多条记录，那么就需要使用多关键字进行进一步的排序。操作步骤：单击数据清单内的任一单元格，在"开始"选项卡中的"排序"按钮的下拉列表中选择"自定义排序"选项，打开"排序"对话框，单击"添加条件"按钮，可以增加关键字，如图9.10所示。在"主要关键字"和"次要关键字"下拉列表中分别选择字段名、排序依据和次序。

图9.10 "排序"对话框

3）数据筛选——自动筛选

筛选就是从数据清单中选出满足条件的记录显示，把不满足条件的记录隐藏起来。WPS表格提供了自动筛选和高级筛选两种操作。

如果希望在数据清单中只显示满足条件的记录，隐藏不满足条件的记录，可使用自动筛选功能实现。

本项目实例需要查看"工龄"较长的前5名教师，以及职称为教授和副教授的教师，具体操作步骤如下。

（1）单击数据清单中的任一单元格，在"开始"选项卡中单击"筛选"按钮，此时每一个字段名右侧都会显示一个小箭头，这称为筛选箭头。

（2）单击"工龄"字段的筛选箭头，在打开的对话框中选择"前十项"选项，如图9.11所示。

图9.11 "自动筛选"状态的标题行字段的下拉列表

(3) 在打开的对话框中选择"最大"项,在数字文本框中输入"5",单击"确定"按钮即可筛选出满足条件的记录。

(4) 单击"职称"字段的筛选箭头,在打开的对话框选择"文本筛选"中的"自定义自动筛选方式"选项,在打开的对话框中进行设置。

说明：要取消筛选操作,只需再次单击"筛选"按钮即可。

4) 数据筛选——高级筛选

如果需要将筛选的结果放置在新的工作区,不影响原数据清单中的记录显示,需要使用高级筛选来实现。

下面用高级筛选来实现复杂条件的筛选,在进行此操作之前先新建一张工作表,将"教师工资管理"表中数据复制到新工作表中,并将新工作表改名为"高级筛选"。

高级筛选的操作步骤如下。

(1) 建立条件区域,用来指定筛选满足的条件。

条件区域的书写规则如下。

- 条件区域的位置选在工作表的空白处,建议与数据清单间至少隔开一行或一列。
- 在条件区域写入筛选条件中用到的字段名(建议复制,以使其与数据清单完全一致,包括字符之间的空格),且必须连续。
- 在对应字段名的下方输入条件值。写在同一行表示"与"的关系;写在不同行表示"或"的关系。

图 9.12 给出了筛选条件示例：(a)表示筛选"基本工资"在 5000～8000 元的记录；(b)表示筛选"基本工资"在 5000 元以上或"绩效工资"在 1200 元以下的记录；(c)表示筛选出生物系和数学系这两个部门中"基本工资"在 4500 元以上的记录。

(2) 选择数据清单中的任一单元格,单击"开始"选项卡的"筛选"按钮的下拉列表中的"高级筛选",打开"高级筛选"对话框,如图 9.13 所示。

图 9.12 筛选条件示例

图 9.13 "高级筛选"对话框

(3) 在"列表区域"框中,选定被筛选的数据清单的范围。通常系统自动选定当前的数据清单。

(4) 在"条件区域"框中,选定放置筛选条件的矩形区域。

(5) 如果将筛选结果与原记录清单同时显示,需在"方式"栏中选中"将筛选结果复制到其他位置"选项,然后将光标移到"复制到"框中,在工作表中单击放置筛选结果的起始单元格(本例为 A25);单击"确定"按钮。

5) 分类汇总

分类汇总是将数据清单中的同类数据进行统计。顾名思义,分类汇总必须先按分类字段排序,然后进行分类汇总,包括分类求和、分类求平均值、分类求最大值和分类求最小值等运算。

本项目实例中需要按部门分类求出各部门实发工资的平均值。在进行此操作之前先将"教师工资管理"表复制到新建的工作表中,并将新工作表改名为"分类汇总"。

操作步骤如下。

(1) 按分类字段排序,如按"部门"排序。

(2) 单击"数据"选项卡中的"分类汇总"按钮,打开"分类汇总"对话框,在"分类字段"中选择分类字段,如"部门";在"汇总方式"中选择汇总方式,如"平均值",在"选定汇总项"中选择要汇总的字段名,如选"实发工资"。单击"确定"按钮,汇总结果如图 9.14 所示。左侧出现树状分级显示区,可以单击"−"和"+"可进行折叠和展开。

说明:如果要删除分类汇总结果,在"分类汇总"对话框中选择"全部删除"按钮即可。

	A	B	C	D	E	F	G	H	I	J	K	L	M
1	工号	部门	姓名	性别	婚否	学历	职称	工龄	出生日期	基本工资	绩效工资	扣款	实发工资
2	0101	生物系	姚敏	女	否	研究生	讲师	5	1967/2/8	4500.00	1200.00	190.00	5510.00
3	0103	生物系	张制	男	是	专科	助教	6	1970/4/27	4100.00	1000.00	70.00	5030.00
4	0102	生物系	赵铁钧	男	否	本科	讲师	6	1970/6/16	4500.00	1200.00	190.00	5510.00
5	0105	生物系	王小红	男	是	研究生	副教授	7	1965/1/22	4700.00	1500.00	230.00	5970.00
6	0106	生物系	张小红	女	是	本科	讲师	9	1966/2/17	4600.00	1200.00	220.00	5580.00
7	0104	生物系	张国军	男	是	本科	副教授	17	1958/6/18	4800.00	1500.00	280.00	6020.00
8	0108	生物系	王舒	女	是	研究生	教授	30	1956/1/17	5000.00	2000.00	250.00	6750.00
9	0107	生物系	李振	男	是	本科	教授	30	1946/8/13	5200.00	2000.00	210.00	6990.00
10		生物系 平均值											5920.00
11	0203	数学系	王文娟	女	否	专科	助教	3	1973/8/13	4200.00	1000.00	190.00	5010.00
12	0201	数学系	李德光	男	是	研究生	讲师	3	1970/7/1	4500.00	1200.00	130.00	5570.00
13	0205	数学系	李建立	男	否	本科	助教	4	1971/7/16	4200.00	1000.00	70.00	5130.00
14	0202	数学系	刘芳	女	否	研究生	讲师	4	1968/3/12	4500.00	1200.00	70.00	5630.00
15	0204	数学系	王秀芳	女	否	本科	助教	5	1970/5/8	4200.00	1000.00	70.00	5130.00
16	0208	数学系	杨前进	男	是	专科	助教	8	1968/7/21	4100.00	1000.00	190.00	4910.00
17	0206	数学系	赵前进	男	是	本科	副教授	12	1963/8/25	4700.00	1500.00	118.40	6081.60
18	0207	数学系	张汉书	男	是	本科	教授	28	1947/11/19	5200.00	2000.00	250.00	6950.00
19		数学系 平均值											5551.45
20	0303	物理系	孙芳	女	否	本科	助教	3	1972/5/21	4200.00	1000.00	70.00	5130.00
21	0302	物理系	刘红燕	女	否	研究生	讲师	4	1968/3/25	4500.00	1200.00	11.00	5689.00
22	0301	物理系	王强	男	是	研究生	副教授	10	1962/10/11	4800.00	1500.00	230.00	6070.00
23	0304	物理系	刘红	男	是	研究生	副教授	15	1957/11/20	4700.00	1500.00	250.00	5950.00
24	0305	物理系	王桂兰	女	是	本科	副教授	18	1958/3/19	5000.00	1500.00	230.00	6270.00
25	0306	物理系	孙珍	女	是	本科	教授	30	1946/7/23	5200.00	2000.00	250.00	6950.00
26		物理系 平均值											6009.83
27		总平均值											5810.48

图 9.14 各部门实发工资平均值的汇总结果

9.3.3 项目实例进阶

分类汇总实现按字段进行分类,将计算结果分级显示出来。数据透视表是对数据排序和分类汇总的综合运用,它可以对多个字段的数据进行汇总和分析,这对汇总、分析、浏览和呈现汇总数据非常有用。

下面统计每个部门中不同职称教师的实发工资的平均值,操作步骤如下。

(1) 选择数据清单中的任一单元格,单击"数据"选项卡中的"数据透视表"按钮,打开"创建数据透视表"对话框,指定数据区域、选择数据透视表的位置为"新工作表",单击"确定"按钮后出现数据透视表布局图。

(2)根据本项目实例要求,将"部门"字段拖至轴(行)区域,"职称"字段拖至图例(列)区域,将"实发工资"字段拖至值(数据)区域,并将"实发工资"的值字段设置为平均值,完成后的数据透视表如图 9.15 所示。

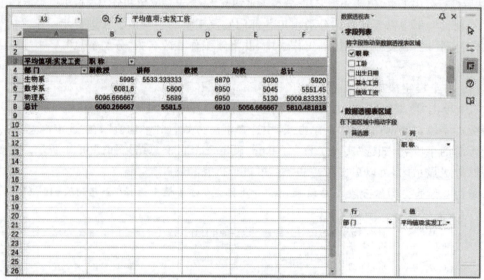

图 9.15　数据透视表

(3)单击数据透视表数据清单中的任一单元格,借助"分析"和"设计"选项卡可以完成数据透视表的编辑。

9.3.4　项目实例交流

自学 Excel 电子表格处理功能,与本章的 WPS 表格相比,两者的区别与优势之处有哪些? 它们是否有需要改进的地方?

学习了 WPS、Word、Excel 后,这些软件的功能结构,即文档建立、数据录入与编辑、美化表格、数据计算、数据分析、打印输出、文档保存等方面是不是有相似之处? 其他类似功能的软件是不是能够融会贯通?

分组进行项目实例交流讨论会,并交回讨论记录摘要,记录摘要内容包括时间、地点、主持人(组长,建议轮流当组长)、参加人员、讨论内容等。

9.4　实验 1: WPS 工作表的基本编辑

9.4.1　基本技能实验

(本题使用"表格处理 1\基本技能实验"文件夹)

打开工作簿 WPS 表格 1_jbjn.xlsx,文件名另存为"实验 1-班级-姓名.xlsx"。

1. 在 Sheet1 中进行操作

1)计算列

按公式"总分=语文+数学+外语"计算"总分"列。

【提示】

（1）选定单元格 F2。

（2）输入公式：单击"开始"选项卡中的"自动求和"按钮∑。

（3）复制公式：拖动 F2 右下角的填充柄向下复制公式至 F13。

2）计算列的平均值

计算"语文""数学""外语""总分"列的平均值，并填写到第 14 行对应列的单元格中。

3）冻结工作表

冻结工作表的第 1 行和前 2 列。

【提示】

（1）选定单元格 C2。

（2）冻结窗口：在"视图"选项卡的"冻结窗格"下拉列表中选择"冻结至第 1 行 B 列"命令。

2. 在 Sheet2 中进行操作

1）单元格合并

合并单元格 A1 至 E1。

2）设置标题格式

将标题"2023 年奖金发放表"的格式设为楷体、14 号、加粗、蓝色。

3）设置单元格样式

设置 A2:E14 单元格区域：使用"表格样式"，隔行填充表格颜色（颜色自定）。

【提示】

（1）选中 A1 至 E1 单元格，单击"开始"选项卡中的"合并居中"按钮；或在"设置单元格格式"对话框的"对齐"选项卡中设置"合并单元格"。

（2）选中合并后的单元格 A1，利用"开始"选项卡设置字体、字号和颜色等。

（3）选定 A2:E14 单元格区域，在"开始"选项卡的"表格样式"按钮的下拉样式中选择一种即可。

4）设置页面

设置页面：A4 纸，横向；上、下边距设置为 2.4cm，左、右边距设置为 1.8cm；自定义页脚文字为"奖学金发放"，位置为居中。

【提示】 可以在"页面布局"选项卡中设置页边距、纸张大小、纸张方向和页眉/页脚。

3. 在 Sheet3 的"缴费清单"中进行操作

1）计算并填充需缴费用

计算并填充：需缴费用＝用水量×水费标准＋用电量×电费标准＋用气量×煤气费标准。

【提示】

（1）选定单元格 F3。

（2）输入公式：＝C3＊$B$30＋D3＊$B$31＋E3＊$B$32。

注意：按题意，应把公式中相对引用的单元格 B30、B31、B32 转换为绝对引用，可以使用 F4 键快速转换（选中要转换的单元格名称，按 F4 键转换）。

(3) 复制公式：拖动 F3 单元格的填充柄或单击"复制"后使用"选择性粘贴"中的"公式"。

2) 计算并填充合计值

计算并填充：需缴费用的合计值。

3) 设置条件格式

为 F3:F26 单元格区域设置条件格式：800 以上（含）的为红色加粗字体，600 以下（含）的为蓝色倾斜字体。

【提示】

(1) 选定单元格区域：F3:F26。

(2) 设置条件格式：单击"开始"选项卡的"条件格式"按钮的下拉菜单"突出显示单元格规则"中的"其他规则"命令，打开"新建格式规则"对话框，按照题目要求在此对话框分别设置两次条件格式设置。

4. 在 Sheet4 的"助学贷款清单"中进行操作

1) 计算并填充"贷款利率"

计算公式：贷款利率＝1.5＋0.1×期限。

2) 计算并填充"还贷日"

利用借贷日和期限（单位为年）进行函数计算。

【提示】

(1) 选定单元格 F3，输入"＝1.5＋0.1＊E3"，拖动单元格 F3 的填充柄。

(2) 选定单元格 G3，单击"开始"选项卡的"求和"按钮 Σ▾ 的下拉菜单中的"其他函数"命令；或单击"公式"选项卡中的"插入函数"按钮，打开"插入函数"对话框。

(3) 找到"日期与时间"函数类别，选择"DATE"函数，打开"函数参数"对话框，在"年""月""日"参数文本框中，分别输入"Year(C3)＋E3""Month(C3)""Day(C3)"（函数名不区分大小写字母）。

(4) 拖动单元格 G3 的填充柄。

3) 计算并填充"还贷金额"

计算公式：还贷金额＝借贷金额×(1＋贷款利率×期限/100)。

4) 设置"借贷日"数据格式

设置"借贷日"的数据格式为日期型，自定义格式"yyyy-mm-dd"；设置"贷款利率"的数据格式为数值型第 4 种，保留 2 位小数。

【提示】 右击要设置的单元格区域，在弹出的快捷菜单中选择"设置单元格格式"选项，打开"设置单元格格式"对话框，单击"数字"选项卡，选择"分类"列表中的"自定义"选项，在右侧"类型"文本框中输入"yyyy-mm-dd"。

9.4.2 实训拓展

1. 建立个人收支流水账管理表

（本题使用"WPS 表格 1\实训拓展\1"文件夹）

参考 WPS 模板中的"个人预算表"，建立个人收支流水账管理表，记录自己的收入和支出情况，并在学期末进行统计分析：自己支出较多的地方在哪里？哪些方面可以节省？完成后保存为 WPS 表格 1_sxtz1.xlsx。

2. 校园歌手比赛成绩统计排名

（本题使用"WPS 表格 1\实训拓展\2"文件夹）

打开工作簿"WPS 表格 1_sxtz2.xlsx"，参考样张图片"WPS 表格 1_zhsx2_样张.jpg"，利用公式和函数给校园歌手比赛进行成绩统计排名，使得全部评委打分后能自动得到每位选手的最后得分和排名。完成后保存。

校园歌手成绩评分标准：比赛满分为 10 分。7 个评委打分后去掉一个最高分和一个最低分，汇总后取平均分，然后依据分数高低排出名次。

> 小贴士：
>
> （1）利用 SUM 函数对每位歌手成绩求和；利用 MAX 和 MIN 函数求出每位歌手的最高分和最低分。
>
> （2）求平均分时不要使用 AVERAGE 函数，因为此处不是直接对单元格区域求平均分。
>
> （3）利用 RANK 函数求排名，第二个参数是参与排名的单元格区域，注意使用绝对引用。

3. 学生成绩评价

（本题使用"WPS 表格 1\实训拓展\3"文件夹）

打开工作簿"WPS 表格 1_sxtz3.xlsx"，求出总分及平均分，用 IF 函数对每位同学的平均分进行评价。评价标准是：[90,100]为优，[80,90)为良，[70,80)为中，[60,70)为及格，[0,60)为不及格。

> 小贴士：
>
> IF 函数可以多层嵌套使用，用于根据 N 个条件区分 N+1 种情况。最多可以嵌套 64 层。

4. 找出问题并修改错误

（本题使用"WPS 表格 1\实训拓展\4"文件夹）

打开工作簿"WPS 表格 1_sxtz4.xlsx"，根据成绩表中所给数据，已经在单元格 F2 中用公式得到一句语言描述"张三的语文成绩是 80 分。"，并进行了公式填充。可是除单元格 F2 外，其他由公式填充得到的语言描述结果并不正确，分析原因并修改单元格 F2 中的公式，使用公式填充后在 F2：H6 单元格区域内的结果都正确（提示：注意公式中单元格的引用方式）。

5. COUNTIF 函数的应用

（本题使用"WPS 表格 1\实训拓展\5"文件夹）

打开工作簿"WPS 表格 1_sxtz5.xlsx"，用 COUNTIF 函数对平均分进行统计是否有重分，结果如图 9.16 所示。

剪贴板 字体 对齐方式 数字

J10 fx

	A	B	C	D	E	F	G	H
1	姓名	语文	数学	外语	总分	平均分	评价	平均分中是否有重分
2	刘志斌	95	96	88	279	93	优	无
3	张华	79	82	92	253	84	良	有
4	王晓明	83	77	55	215	72	中	有
5	高维	88	65	70	223	74	中	无
6	王宁宁	80	57	69	206	69	及格	无
7	李正鑫	62	70	83	215	72	中	有
8	董伟东	66	76	95	237	79	中	无
9	温学丽	71	83	96	250	83	良	无
10	张蕾	79	87	83	249	83	良	无
11	马丽娜	83	91	85	259	86	良	无
12	耿国涛	84	94	75	253	84	良	有
13	郭敏	95	86	66	247	82	良	无
14								

图 9.16 利用 COUNTIF 函数统计是否有重分

小贴士：

在单元格 H2 中输入公式"=IF(COUNTIF($F$2:$F$13,F2)>1,"有","无"))"，公式中的 COUNTIF($F$2:$F$13,F2)函数值如果等于1，表示无重分；如大于1，表示有重分。

9.5 实验 2：WPS 图表的基本操作

9.5.1 基本技能实验

（本题使用"表格处理 2\基本技能实验"文件夹）

打开工作簿"WPS 表格 2_jbjn.xlsx"，文件名另存为"实验 2-班级-姓名.xlsx"。

1. 根据 Sheet1 中的数据创建和编辑柱形图表

1）在 Sheet1 中建立图表

（1）图表类型：柱形图中的簇状柱形图。

（2）数据区域：A2：F8 单元格区域。

（3）图表标题：修改图表标题为"ABC 公司各省各类商品销售额比较"；添加主要横坐标轴标题："商品类别"；主要纵坐标轴标题："销售额"。

【提示】

（1）选定数据区域 A2:F8。

（2）创建图表：单击"插入"选项卡中的"全部图表"按钮。

（3）修改图表标题：选中图表，单击"图表标题"修改标题内容。

（4）添加坐标轴标题：选中图表，单击"图表工具"选项卡的"添加元素"。

2）编辑图表格式

（1）图表标题：楷体，蓝色，18 号字。

（2）分类轴和数值轴格式：宋体，红色，9 号字，分类轴使用竖排文本。

（3）网格线格式：数值轴主要网格线，单实线，1 磅，蓝色。

（4）绘图区格式：无填充色。

【提示】 右击要设置格式的元素，在弹出的快捷菜单中设置；或双击标题，在右侧"属性"窗口设置；或选定设置格式的元素，利用"绘图工具"和"文本工具"选项卡设置。

2. 根据 Sheet2 中的数据创建和编辑饼图

(1) 图表类型：三维饼图，无图例。
(2) 数值轴数据："合计"行数据 B9:F9；分类轴数据：B2:F2 的省份数据。
(3) 图表标题："XY 公司各省合计销售额比较"。
(4) 数据标签：显示省份名称和百分比。
(5) 图表位置：作为新工作表插入，工作表名为"合计"。

【提示】

(1) 选定要创建图表的数据区域 B9:F9 和 B2:F2（不连续的区域使用 Ctrl 键＋鼠标拖动），单击"插入"选项卡的"图表"组中的"插入饼图或圆环图"按钮的下拉菜单中的"三维饼图"按钮。
(2) 双击修改图表标题。
(3) 选定图表，利用"图表工具"选项卡的"快速布局"下拉列表设置图表布局为"布局1"；利用"移动图表"按钮移动图表为新工作表"合计"。

3. 图表编辑

(1) 改变工作表的位置：将 Chart1 图表放在 Sheet3 工作表中。

【提示】 右击图表空白处，使用快捷菜单中的"移动图表"选项；或使用"图表工具"选项卡中的"移动图表"命令。在 Sheet3 中拖动图表到合适位置。

(2) 改变图表类型：将图表类型改为簇状柱形图。

【提示】 右击图表空白处，使用快捷菜单中的"更改图表类型"选项；或使用"图表工具"选项卡中的"更改类型"命令。

(3) 改变系列产生方向：系列产生在行。

【提示】 使用"图表工具"选项卡中的"切换行列"命令。

(4) 添加分类轴数据：单元格 B3:B12 区域。

【提示】 右击图表空白处，使用快捷菜单中的"选择数据"选项，打开"编辑数据源"对话框，单击"类别"框上的编辑按钮 ⬚，选择"轴标签区域"为 B3:B12 的单元格；或使用"图表工具"选项卡中的"选择数据"按钮。

(5) 添加系列名称：系列 1 的名称为"期末成绩"，系列 2 的名称为"平时成绩"。

【提示】 打开"选择数据"的"编辑数据源"对话框，分别使用"编辑"按钮 ⬚ 进行"系列"名称的编辑，"系列 1"的名称选择为单元格 C2"期末成绩"，"系列 2"的名称选择为单元格 D2"平时成绩"。

9.5.2 实训拓展

1. 不同数据系列使用不同图表类型

（本题使用"WPS 表格 2\实训拓展\1"文件夹）

打开工作簿"WPS 表格 2_sxtz1.xlsx"，Sheet1 中的数据清单来源于某超市近 10 年销售情况统计，先使用公式计算出人均销售额，然后参考图 9.17，为"员工人数"和"人均销售额"两列数据建立图表，系列产生在列，其中，"员工人数"使用数据点折线图，"人均销售额"使用簇状柱形图，合理设置各图表元素的格式。

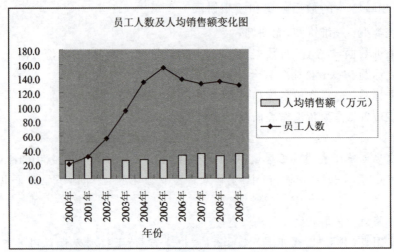

图 9.17　不同系列使用不同图表类型

> **小贴士：**
> 　　创建图表后，在某个数据系列快捷菜单中选择"图表类型"命令，打开"图表类型"对话框，可以改变该数据系列的图表类型，从而可以实现在同一图表的不同数据系列中使用不同的图表类型。

2. 制作学生早读出勤率图表

（本题使用"WPS 表格 2\实训拓展\2"文件夹）

调查学生一周早读出勤情况，选择 5 个班最近一周的出勤率数据建立数据清单，用数据点折线图显示出勤率变化曲线，并合理设置各图表元素的格式。完成后保存为"WPS 表格 2_sxtz2.xlsx"。

9.6　实验 3：WPS 数据库的应用

9.6.1　基本技能实验

（本题使用"WPS 表格 3\基本技能实验"文件夹）

打开工作簿"WPS 表格 3_jbjn.xlsx"，文件名另存为"实验 3-班级-姓名.xlsx"。

1. 用公式计算

用公式计算以下字段的值。

1）设置贷款利率

贷款利率设置：3 年以下（含 3 年）为 5.40，3～5 年（含 5 年）为 5.76，5 年以上为 5.94。

【提示】

（1）选定单元格 F3。

（2）输入嵌套公式：=IF(E3<=3,5.40,IF(E3<=5,5.76,5.94))，注意括号要成对，且要用英文括号。

(3) 复制公式：使用 F3 的填充柄。

2) 计算还贷日

还贷日由借贷日和贷款期限得到。

【提示】

(1) 选定单元格 G3。

(2) 单击"开始"选项卡的"求和"按钮 ∑·下拉菜单中的"其他函数"命令，选择 DATE 函数，打开"函数参数"对话框，在"年""月""日"参数文本框中，分别输入"YEAR(C3)＋E3" "MONTH(C3)""DAY(C3)"。

(3) 复制公式：使用 G3 的填充柄。

3) 计算还贷金额

还贷金额＝借贷金额×(1＋期限×贷款利率/100)。

2. 插入新工作表

插入新工作表 Sheet2、Sheet3 和 Sheet4，将 Sheet1 工作表中数据清单复制到 Sheet2、Sheet3 和 Sheet4 中。

【提示】

(1) 插入工作表：在工作表标签栏单击"新建工作表"按钮 ＋。

(2) 选定工作表：单击 Sheet1 左上角"工作表选定块"，选定整张工作表，按 Ctrl＋C 组合键复制整张工作表，再单击要粘贴的工作表单元格 A1，按 Ctrl＋V 组合键进行粘贴。

3. 数据排序

在 Sheet1 工作表中对数据进行排序。主关键字为银行(升序)，第二关键字为期限(降序)，第三关键字为借贷金额(降序)。

【提示】

单击数据清单内的任一单元格，在"开始"选项卡中单击"排序"按钮。

注意：如果先选中数据清单中的一个单元格，再进行多关键字排序、高级筛选、分类汇总、数据透视表等操作，数据区域就可以被自动识别。

4. 分类汇总

在 Sheet2 工作表中对数据进行分类汇总，分类字段为"银行"，汇总方式为求和，汇总项为借贷金额和还贷金额，汇总结果显示在数据下方。

【提示】

(1) 按分类字段"银行"排序。

(2) 单击"数据"选项卡中的"分类汇总"按钮。

5. 数据筛选

在 Sheet3 工作表中对数据进行筛选。

筛选条件：住址为雅安花园或都市绿洲、期限为 5～10 年(含 5 年和 10 年)、借贷金额多于 80 000 元(含 80 000 元)。条件区域：起始单元格为 L2。筛选结果复制位置：起始单元格为 A45。

【提示】

(1) 输入筛选条件：从条件区域 L2 开始，复制数据清单中的"住址""期限""借贷金额"字段，依次粘贴到 L2、M2、N2 连续单元格中，在字段名下输入相应值。注意，同一行表示"与"的关系，不同行表示"或"的关系。

(2) 选择数据清单中任一单元格。

(3) 高级筛选：单击"开始"选项卡的"筛选"按钮的下拉列表中的"高级筛选"按钮。

6. 为 Sheet4 中的数据在新工作表中建立数据透视表

(1) 行标签：银行。

(2) 列标签：期限。

(3) 数据区域：姓名为计数项，借贷金额为求和项，还贷金额为平均值项。

【提示】

(1) 选择数据清单中任一单元格。

(2) 单击"数据"选项卡中的"数据透视图"按钮。

9.6.2 实训拓展

1. 企业工资管理

(本题使用"WPS 表格 3\实训拓展\1"文件夹)

某公司是一家小型工业企业，主要有两个生产车间：一车间和二车间，车间职工人数不多，主要有三种职务类别，即管理人员、辅助管理人员、工人。每个职工的工资项目有基本工资、岗位工资、福利费、副食补助、奖金、事假扣款、病假扣款，除基本工资因人而异外，其他工资项目将根据职工职务类别和部门来决定，而且随时间的变化而变化。打开本题文件夹中的"WPS 表格 3_sxtz1.xlsx 文件"，结合工作表中给出的职工病事假情况，生成该月职工工资一览表。

(1) 基本工资：如果是一级管理人员，基本工资是 3000 元，辅助管理人员是 2300 元，工人是 1500 元。

(2) 岗位工资：根据职务类别不同进行发放，工人是 1000 元，辅助管理工人是 1200 元，一级管理人员是 1500 元。

(3) 福利费：一车间的工人福利费为基本工资的 20%，一车间的非工人福利费为基本工资的 30%；二车间的工人福利费为基本工资的 25%，其他为基本工资 35%。

(4) 副食补贴：基本工资大于 2000 元的职工没有副食补贴，基本工资小于 2000 元的职工副食补贴为基本工资的 10%。

(5) 奖金：奖金根据部门的效益决定，一车间的奖金为 300 元，二车间的奖金为 800 元。

(6) 应发工资：(1)+(2)+(3)+(4)+(5)。

(7) 事假扣款：如果事假小于 15 天，将应发工资平均分到每天(每月按 22 天计算)，按天扣钱；如果事假大于 15 天，应发工资全部扣除。

(8) 病假扣款：如果病假小于 15 天，工人扣款为 300 元，非工人扣款为 400 元；如果病假大于 15 天，工人扣款为 500 元，非工人扣款为 700 元。

(9) 实发工资：应发工资减去各种扣款。

为了满足企业的管理需要,插入两张工作表,复制职工工资一览表数据,将两张工作表分别命名为"工资分类汇总"和"工资筛选",对职工工资情况进行如下统计分析。

(1) 在"工资分类汇总"工作表中,分类汇总各部门各职务类别的职工应发工资总数。

(2) 利用"工资分类汇总"工作表汇总数据分别为一车间和二车间绘制饼形图表工作表,图表标题为"一车间应发工资汇总图"和"二车间应发工资汇总图"。

(3) 在"工资筛选"工作表中筛选出一级管理人员和辅助管理人员应发工资大于或等于5000且小于7000的记录。

(4) 利用"职工工资一览表"工作表中的数据在新工作表中创立数据透视表,统计各车间各职务类别职工的应发工资和实发工资平均值,工作表命名为"工资数据透视"。

2. 产品销售记录表统计分析

(本题使用"WPS 表格 3\实训拓展\2"文件夹)

通过对某小型螺丝制造企业调研得知:该企业有 TX1、TX2、…、TX8 共 8 名推销员,面向全国所有省份推销 LS01、LS02、…、LS15 共 15 种商品。推销员签订的每一份销售合同都有唯一的合同号,每个合同又可以包括不同种类的若干产品。每个销售合同执行完毕后,都要给合同中的每种产品登记产品销售信息,包括销售日期、合同号、产品名称、产品单价、数量、总价、销往省份、销售员姓名等。企业管理人员可以随时依据此产品销售信息统计一段时间以来所有产品的总销售额、不同产品销售额、不同推销员销售额、不同省份销售额、不同产品销售走势、不同推销员销售走势、不同省份销售走势,并对产品销售信息按月份和合同作深度分析。请帮助该企业建立产品销售记录表,在表中添加模拟产品销售数据,并利用 WPS 图表和数据库管理功能建立一套基于此记录表的数据统计分析模型,满足企业日常管理的需要,提高该企业的管理效率。完成后保存为"WPS 表格 3_sxtz2.xlsx"。

本章附录　单元格中出现的常见提示信息

1. 单元格中提示"♯♯♯♯♯♯"信息

问题分析:单元格中数字、日期或时间型数据的长度比单元格宽,也就是单元格的宽度不足造成的。

解决方法:增加列宽或使单元格中的数据字号变小。

2. 单元格中提示"♯NAME?"信息

问题分析:公式使用了不存在的名称造成的。

解决方法:

(1) 确认使用的名称是否存在,单击"公式"选项卡中的"名称管理器"按钮,如果所需的名称没有被列出,则执行"新建"按钮添加相应的名称。

(2) 如果是名称、函数名拼写错误,应修改拼写错误。

(3) 确认公式中使用的所有区域引用都使用了英文的冒号(:)或英文的逗号,例如,SUM(A1:B5)或 SUM(A1,B5)。

3. 单元格中提示"♯VALUE!"信息

问题分析:当使用错误的参数或运算对象的类型时,或当公式自动更正功能不能更正公式时,会造成这种错误信息。主要有以下三种。

(1) 在需要数字或逻辑值时输入了文本,WPS 表格不能将文本转换为正确的数据类型。

解决方法:确认公式或函数所需的运算符或参数正确,而且公式引用的单元格中包含有效的数值。例如,单元格 B1 中包含一文本,单元格 B2 中包含的是数字,那么公式"＝B1＋B2"就会产生这种错误。可执行"插入→函数"命令,在打开的对话框中的"选择函数"列表框中选择 SUM 函数,SUM 函数将这两个值相加(SUM 函数忽略文本),即"＝SUM(B1：B2)"。

(2) 给需要单一数值的运算符或函数赋了一个数值区域。

解决方法:将数值区域改为单一数值。

(3) 将单元引用、公式或函数作为数组常量输入。

4. 单元格中提示"♯DIV/0!"信息

问题分析:公式中是否引用了空白的单元格或数值为 0 的单元格或 0 值作为除数。

解决方法:将除数或除数中的单元格引用修改为非零值或检查函数的返回值。

5. 单元格中提示"♯NUM!"信息

问题分析:当函数或公式中使用了不正确的数字时将出现错误信息"♯NUM!"。

解决方法:应确认函数中使用的参数类型正确无误。

6. ♯NULL!

问题分析:当试图为两个并不相交的区域指定交叉点时将出现错误信息"♯NULL!"。

解决方法:如果要引用两个不相交的区域,则使用联合运算符即英文的逗号。

7. ♯REF!

问题分析:删除了由其他公式引用的单元格,或将移动单元格粘贴到由其他公式引用的单元格中,导致单元格引用无效时将产生错误信息"♯REF!"。

解决方法:更改公式或者在删除或粘贴单元格之后,立即单击"撤销"按钮,以恢复工作表中的单元格。

第 10 章

WPS 演示文稿制作

WPS 演示是一款功能强大的演示文稿制作软件。演示文稿是由若干张幻灯片组成的，这些幻灯片能够以图、表、音、像等多种形式用于教育培训、学术报告、会议演讲、产品发布、商业演示、广告宣传等。

本章主要介绍 WSP 演示的基本操作，以及如何制作图文并茂的多媒体演示文稿。

10.1　WPS 演示简介

WPS 演示为用户提供了普通视图、幻灯片浏览视图、备注页视图、阅读视图、幻灯片放映视图和母版视图，帮助用户更方便地查看和编辑演示文稿。

1. 普通视图

普通视图是软件默认的视图，在普通视图中，可以输入演讲者的备注、编辑演示文稿及查看当前幻灯片的整体状况。幻灯片的普通视图如图 10.1 所示，它有三个工作区域：左边是幻灯片大纲区，右边是幻灯片编辑区，底部是备注区。

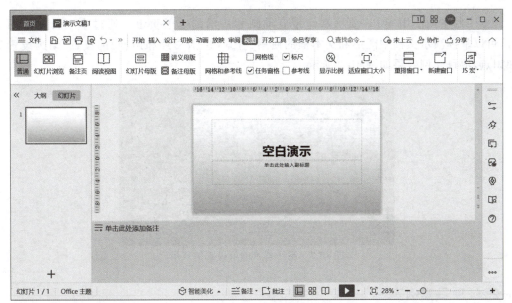

图 10.1　普通视图

2. 幻灯片浏览视图

在幻灯片浏览视图中可以同时看到演示文稿中的所有幻灯片，这些幻灯片以缩略图形式显示。在这里可以方便地实现添加、删除和移动幻灯片操作，但不能直接编辑幻灯片的内容，如果要修改幻灯片的内容，需要切换到普通视图方式下进行。

3. 备注页视图

备注页视图是用来编辑备注的，备注页视图分为上下两部分：上半部分是幻灯片的缩小图像，下半部分是文本预留区。用户可以在观看幻灯片的缩小图像时，在文本预留区内输入该幻灯片的备注内容。

4. 阅读视图

阅读视图主要用于用户自己查看演示文稿，而非全屏放映演示文稿。

5. 幻灯片放映视图

在幻灯片放映视图下，幻灯片的内容占满整个屏幕，是实际放映出来的效果。

6. 母版视图

母版是幻灯片的模板，其中存储了文本和各种对象在幻灯片上的放置位置、文本或占位符的大小、文本样式、背景、颜色主题、效果和动画等信息。使用母版视图可以对任何一个演示文稿的所有幻灯片、备注页或讲义的样式进行全局更改。

10.2　项目实例1：电子贺卡

10.2.1　项目实例要求

本项目实例使用 WPS 演示制作带有动画和音乐的电子贺卡。通过本项目实例的学习，可以掌握演示文稿中图形和文本框的使用、背景（包括图片和声音）的设置、动画设置等知识点，项目实例效果如图 10.2 所示。

图 10.2　电子贺卡的项目实例效果

10.2.2　项目实例实现

1. 新建一张"空白"版式的幻灯片

幻灯片版式是指幻灯片中的对象在幻灯片上的排列方式。版式由占位符组成。占位符可放置文字、图形、表格、图表、视频等各种对象。WPS演示的每一套新建模板在默认情况下包含11种版式。新建空白幻灯片默认版式是"标题"幻灯片。

操作步骤如下。

(1) 新建演示文稿和幻灯片。

启动WPS后,单击WPS窗口左上角"首页"标签中的"新建",在"新建"窗口左侧菜单中选择"新建演示",单击右侧窗口的加号"新建空白演示",自动新建一张"标题"幻灯片,这种版式的幻灯片上有两个文本框占位符,分别提示输入标题和副标题。

(2) 选择版式。

在"开始"选项卡的"版式"下拉列表中选择需要的版式,本项目实例因为要自定义版式,所以使用"空白"版式。

2. 设置背景

WPS演示可以通过更改幻灯片的颜色、阴影、图案、纹理或者使用图片来改变幻灯片的背景。本项目实例中选择"3-WPS演示项目素材"文件夹中的"小花.jpg"图片作为贺卡幻灯片的背景。

操作步骤如下。

(1) 单击"设计"选项卡"背景"按钮的下拉列表的"背景(K)…";或右击幻灯片,在弹出的快捷菜单中选择"设置背景格式"选项。

(2) 在右侧打开的"对象属性"面板中,选择"填充"项的"图片或纹理填充"单选按钮。

(3) 在"图片填充"下拉列表中选择"本地文件",找到"3-WPS演示项目素材"文件夹中的"小花.jpg"文件。

3. 插入图片

本项目实例需要在幻灯片右下方插入"毕业.wmf"图片,并根据需要调整大小、位置等格式。

插入图片的方法有以下两类。

(1) 使用带图片的版式:在"开始"选项卡的"版式"下拉列表中选择带图片的版式。

(2) 向已有幻灯片插入图片:直接将图片从文件夹中拖至幻灯片上;或单击"插入"选项卡中的"图片"按钮。

4. 插入艺术字

本项目实例在幻灯片中央位置插入了艺术字"新年快乐 学业有成"。

插入艺术字的操作与WPS文字相同,艺术字形状可通过"文本工具"选项卡的"文本效果"下拉菜单中的"转换"选项来完成。

5. 插入形状

本项目实例设置了"新""春""祝""福"共4个心形。

(1) 在"插入"选项卡的"形状"下拉列表中选择"心形",用鼠标拖动绘制在幻灯片上。

(2) 右击"心形",在弹出的快捷菜单中选择"设置对象格式"选项,选择"填充"项中的"图片或纹理填充"单选按钮,在"图片填充"下拉列表中选择"本地文件",找到"3-WPS演示项目素材"文件夹中的"Sunset.jpg"文件。

(3) 右击"心形",在弹出的快捷菜单中选择"编辑文字"选项,输入文字"新",格式为华文楷体、60号、黄色。

（4）另外的"春""祝""福"3个形状可以通过复制"新"图形来完成，只需修改文字，然后将它们放在贺卡的合适位置。

6. 插入文本框

单击"插入"选项卡中的"文本框"按钮，输入文字"祝：同学们"，设置字体为华文楷体、48号、加粗、蓝色。

7. 设置片内动画（幻灯片内部各个对象的动画）

（1）选中要设置动画的"新""春""祝""福"4个图形。

（2）设置动画。

在"动画"选项卡"动画样式"列表中可以为对象选择动画，单击列表右侧按钮可以选择更多动画样式，如图10.3所示。这里为"新""春""祝""福"4个心形选择了"渐变式回旋"方式。

图10.3　在"动画"选项卡中"添加效果"

同样地，为"祝：同学们"选择"动画样式"列表"进入"中的"飞入"方式，为"新年快乐　学业有成"选择"进入"中的"缩放"方式，为图片"毕业.wmf"选择"强调"中的"放大/缩小"方式。

（3）设置动画的启动方式。

单击"动画"选项卡中的"动画窗格"按钮，打开"动画窗格"对话框，可以在每个对象的下拉列表中设置启动方式，如图10.4所示。"开始"方式包括"单击时""在上一动画之后"和"与上一动画同时"三个选项。本项目实例中所有对象都设为"在上一动画之后"。

另外，也可以通过"动画"选项卡"计时"组设置动画的启动方式。

（4）设置动画的方向属性。

在"动画"选项卡的"动画属性"下拉列表框中设置方向属性。本项目实例为"祝：同学们"选择了"自右侧"的方向；或在"动画窗格"按钮对话框中"方向"下拉列表设置。

（5）设置动画的速度。

如图10.4所示，单击"动画窗格"的"速度"下拉列表设置对象动画的速度。本项目实例中为"祝：同学们"选择"非常快"，其他对象选择"中速"。

（6）改变动画出现的顺序。

在"动画"选项卡"动画窗格"中，可以拖动对象改变动画出现的顺序；也可以选中需要更改动画顺序的对象，使用"动画窗格"下方的"重新排序"箭头来改变动画顺序。

（7）声音等其他选项的设置。

单击"动画窗格"中每个对象的下拉列表中的"效果选项"命令，在打开的对话框中进行相关设置。本项目实例中，为"新""春""祝""福"4个心形和"祝：同学们"都设置了"风铃"声音，为"新年快乐　学业有成"设置了"鼓声"。

8. 插入背景音乐

本项目实例插入了"3-WPS演示项目素材"文件夹中的"新年好.mp3"文件作为背景音乐，并设置幻灯片放映时自动播放、直到幻灯片末尾、放映时隐藏图标，操作步骤如下。

（1）单击"插入"选项卡中的"音频"按钮，在打开的"插入音频"对话框中选定要插入的文件，可以在幻灯片上看见一个小喇叭图标，下方有一个播放控制台。

（2）选中"小喇叭"图标时出现"音频工具"选项卡，可以设置开始播放方式、当前页或者跨幻灯片播放、循环播放和放映时隐藏等。

图10.4　"动画窗格"设置

9. 放映幻灯片

演示文稿制作完成之后，需要将制作的成果放映出来。最简单的放映方法是单击窗口下方任务栏右侧的"幻灯片放映视图"按钮，默认从当前幻灯片开始播放。或打开"放映"选项卡进行详细的放映设置。

10.2.3　项目实例进阶

1. 手机遥控播放演示文稿

幻灯片播放使用WPS打开PPT，选中幻灯片"放映"选项卡中的"手机遥控"，会弹出手机遥控页面，页面展示遥控使用的二维码。使用手机上安装的WPS Office，点击右上角图标扫一扫即可遥控播放PPT。

2. 屏幕录制

利用WPS演示自带的"屏幕录制"功能录制一段PPT的播放视频。具体操作方法：打开"放映"选项卡中的"屏幕录制"，打开"屏幕录制"控制窗口，选择"录制区域""声音来源""摄像头"等。右上角"更多"可以设置"输出目录""视频格式""鼠标"等。录制结束后自动将视频保存到指定输出目录，视频格式默认为MP4格式。

10.2.4　项目实例交流

（1）本项目实例的新春贺卡还可以增加哪些内容？

（2）除了WPS演示以外，还有哪些软件可以制作贺卡？它们各具哪些特色？

分组进行交流讨论会，并交回讨论记录摘要，记录摘要内容包括时间、地点、主持人（组长，建议轮流当组长）、参加人员、讨论内容等。

10.3 项目实例2：公司简介

10.3.1 项目实例要求

本项目实例是使用WPS演示制作一份公司简介的演示文稿。其内容包括企业概况、企业人才、企业组织、业绩回顾等。通过本项目实例的学习，可以掌握演示文稿的编辑、超链接、放映等知识点，项目实例效果如图10.5所示。

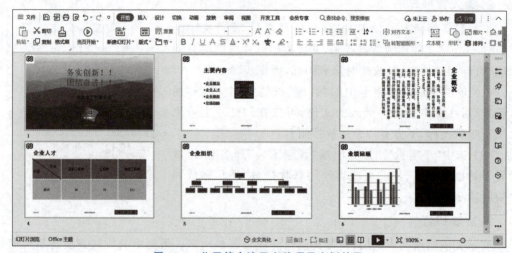

图10.5 公司简介演示文稿项目实例效果

10.3.2 项目实例实现

1. 创建新演示文稿和插入幻灯片

1）创建标题幻灯片

打开WPS，单击WPS窗口"首页"标签中的"新建"，选择"新建演示"，新建一张"标题"幻灯片，在标题幻灯片中输入文字内容，标题为"务实创新！！团结奋进！！"，格式为宋体、60号、加粗、蓝色，副标题为"——创新电子有限公司"，格式为宋体、32号、加粗、黑色。

2）创建普通幻灯片

在"普通视图"下添加幻灯片，常用的操作方法有以下两种。

（1）单击"开始"选项卡中的"新建幻灯片"按钮。

（2）右击"普通视图"大纲区，在弹出的快捷菜单中选择"新建幻灯片"选项。

在本项目实例中再插入5张普通幻灯片，第1张幻灯片的版式是"标题和内容"，第2张的版式是"垂直排列标题与文本"，第3张和第4张的版式是"标题和内容"，第5的版式是"两栏内容"，然后按照项目实例效果图所示输入相应的文字。

2. 使用占位符

占位符是一种带有虚线边框或阴影线边缘的框。经常出现在演示文稿的模板中,用来占位。占位符由文本占位符、图表占位符、媒体占位符、图片占位符和表格占位符等类型。

1) 利用文本占位符输入文字

文本占位符在幻灯片中表现为一个虚线框。虚线框内部往往带有"单击此处添加标题"之类的提示语。单击激活插入点,提示语会自动消失,用户可在占位符中输入内容。多余的占位符可以选中后进行删除。

在文本占位符中输入的文字能在大纲视图中预览,并且按级别不同位置也有所不同。通过在大纲视图中选中文字进行操作,可以直接改变演示文稿中文本的字体、字号,这是文本占位符特有的优势。在幻灯片中插入的文本框内输入文字,在大纲视图中则不会出现,不能利用大纲视图进行批量格式设置。

2) 利用文本框输入文字

在没有文本占位符的地方,如果要在幻灯片中添加文本字符,可以通过插入文本框来实现。具体操作方法与 WPS 文字中插入文本框操作相同。

3. 插入表格、图像、图表、视频和音频等对象

可以在幻灯片中插入表格、图片、形状、图表、组织机构图、视频和音频等多种对象,它们的插入方法相同,以下称为"对象"。主要有以下两种方式。

1) 使用带对象的版式

使用"开始"选项卡的"幻灯片版式"下拉列表中带某对象的版式,在此版式的幻灯片中单击某对象的图标添加对象。

例如,单击"插入图表"图标,一个默认的样本图表会出现在图表区内。

2) 向已有幻灯片上插入对象

使用"插入"选项卡中的"表格"组/"图像"组/"插图"组/"媒体"组。

本项目实例第 1 张幻灯片中插入了"3-WPS 演示项目素材"文件夹中的"计算机.wmf"文件,第 2 张插入了文件夹中的"计算机.gif"文件,第 3 张插入了文件夹中的"main.mid"文件,第 4 张插入了一个 2 行 4 列的表格,第 5 张插入了组织结构图,第 6 张插入了一张图表和文件夹中的视频文件"logo.avi"。

想想议议:如何使插入的声音应用到多张幻灯片中?

4. 设置背景

本项目实例中选择了"3-WPS 项目素材"文件夹中的"Blue hills.jpg"图片作为标题幻灯片的背景。操作方法:单击"设计"选项卡中的"背景"按钮,在对话框中选择"图片或纹理填充"选项,同时勾选"隐藏背景图形"选项。

5. 使用幻灯片母版

模板是用来存放版式、设计方案、背景、字体、颜色、幻灯片、大小等信息的模板,修改模板格式或在模板中添加对象,该更改会自动应用到对应的幻灯片中。利用母版可以大幅提升演示文稿的制作效率,并且能够重复使用。

本项目实例需要给每张幻灯片的左上角插入"3-WPS 演示项目素材"文件夹中的"公司徽标.jpg",标题样式设置为黑体,44 号,加粗,在页脚处添加日期、公司名称和页码。也可以为所有幻灯片设置统一的"主题""颜色""字体""背景"等。

1)打开幻灯片母版编辑画面

单击"视图"选项卡中的"幻灯片母版"按钮,弹出如图10.6所示的幻灯片母版编辑画面。

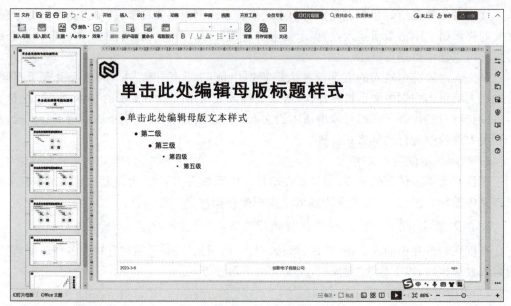

图10.6　幻灯片母版编辑画面

2)母版的格式设置

母版中的占位符是一个特殊的文本框,具有文本框的各种属性。母版编辑画面的各占位符中的文字原文并不显示在幻灯片上,只用于控制文本的格式。

操作方法:单击需要设置格式的占位符,通过"绘图工具"选项卡的各组命令进行占位符的相关设置;或右击占位符,在弹出的快捷菜单中设置。

3)在母版上插入对象

可以在母版上插入图片、图示、文本框、音频、页眉、页脚等很多对象,在母版上插入的对象将出现在所有基于该母版的幻灯片上。

本项目实例在幻灯片母版上插入了"3-WPS演示项目素材"文件夹中的"公司徽标.jpg"文件。利用"页眉页脚"对话框为母版插入日期、公司名称和页码。

6. 设置片内动画(幻灯片内部各个对象的动画)

对幻灯片中的对象设置动画效果可以采用"动画"选项卡中的相关命令。本项目实例中幻灯片的动画效果设置方式与本章项目实例1中相关操作相同,这里不再赘述。

7. 设置片间动画(幻灯片之间的切换效果)

操作方法:在"普通视图"或"幻灯片浏览视图"中,选择要设置切换效果的幻灯片,在"切换"选项卡中,通过该选项卡中各组命令选择需要的效果选项和换片方式。

本项目实例片间动画为"擦除"。

8. 创建和编辑超链接

可以在演示文稿中添加超链接，然后在播放时利用超链接跳转到演示文稿的某一页、其他演示文稿、文档、电子表格、Internet 中的 Web 网站和电子邮件地址等。

本项目实例需要设置的超链接：给第 3~6 张幻灯片添加"上一张""下一张""返回"（指返回第一张幻灯片）动作按钮；单击标题幻灯片中的"计算机.wmf"，超链接到"3-WPS 演示项目素材"文件夹中的"科普一下计算机.docx"；"主要内容"幻灯片中，将文字"企业概况""企业人才""企业组织""业绩回顾"分别链接到相应的幻灯片。

幻灯片中的任何对象均可作为超链接的起点。设置超链接后，作为超链接起点的文本会出现下画线，并且显示成系统指定的颜色。

创建超链接的方法有以下两种。

1）利用动作按钮创建超链接

利用 WPS 演示提供的动作按钮，可以方便地实现跳转到下一张、上一张、第一张、最后一张幻灯片，以及音频和视频的播放等。

操作方法：选择要添加动作按钮的幻灯片，在"插入"选项卡"形状"下拉列表中选择"动作按钮"选项。选择一种合适的动作按钮后，在幻灯片的合适位置上按下鼠标左键并拖动鼠标画出该按钮，松开鼠标后就会打开"操作设置"对话框，然后根据动作需要进行选择。

2）使用"超链接"命令创建超链接

操作方法：在幻灯片中选择作超链接的对象，单击"插入"选项卡中的"链接"按钮，打开"插入超链接"对话框选择要链接的文件。

编辑/删除超链接的操作方法：右击要编辑/删除的超链接对象，在弹出的快捷菜单进行操作。

9. 放映幻灯片

1）设置放映方式

用户可以选择用不同的方式放映幻灯片，具体操作步骤如下。

（1）选择"幻灯片放映"选项卡中的"放映设置"命令，打开"设置放映方式"对话框，根据需要选择放映方式和相关参数；或选择"放映设置"下拉列表中的"手动放映"或"自动放映"。

（2）在"放映类型"选项组中选择适当的放映类型。放映类型有演讲者放映（全屏幕）和展台自动循环放映（全屏幕）。演讲者放映以全屏幕方式放映幻灯片，这是最常用的方式。展台自动循环放映以全屏幕形式在展台循环放映。选择此项可自动放映演示文稿，在放映过程中除了保留鼠标指针用于选择屏幕对象，其余功能全部无效，按 Esc 键终止放映。

（3）在"放映选项"组中选择是否进行循环放映等。

（4）在"放映幻灯片"组中选择放映幻灯片的范围、全部、部分或自定义放映。

（5）在"换片方式"组中选中"手动"单选按钮，可以通过鼠标或键盘实现幻灯片的切换。选中"如果存在排练时间,则使用它"单选按钮,则设置的排练时间将起作用。

2）自定义放映幻灯片

由于演示文稿的放映场合和观众的不同，如果希望只放映演示文稿中的一部分幻灯片，可以通过自定义放映来实现，使用自定义放映不但能够选择性地放映演示文稿中的部分幻灯片，还可以根据需要调整幻灯片的放映顺序，而不改变原演示文稿内容。

操作步骤如下。

（1）新建自定义放映：选择"幻灯片放映"选项卡中的"自定义放映"命令，打开"自定义放映"对话框，单击"新建"按钮，打开"定义自定义放映"对话框。

（2）选择添加自定义放映幻灯片：在"幻灯片放映名称"文本框中输入自定义放映名称，默认名称为"自定义放映1"，在"在演示文稿中的幻灯片"列表框中，按下Ctrl键选中要放映的幻灯片，单击"添加"按钮（本例选择了原演示文稿中的2张幻灯片）。

3）播放自定义放映

创建好自定义放映幻灯片后，就可以对自定义放映的幻灯片进行放映。单击"放映"选项卡中的"放映设置"命令，打开"设置放映方式"对话框，在"放映幻灯片"组中选中"自定义放映"，选择列表中自定义放映的名称，如"自定义放映1"，单击"确定"按钮播放即可。

注意：有选择地放映幻灯片有两种方法，一种是隐藏不需要放映的幻灯片，另一种是设置自定义放映。

4）放映控制

单击"放映"选项卡中的"从头开始"按钮，或按F5键，从第一张幻灯片开始放映。若希望从某张幻灯片开始放映，可以把该幻灯片作为当前幻灯片，然后单击状态栏右侧的幻灯片放映图标，或者单击"放映"选项卡中的"从当前开始"按钮，或按Shift+F5组合键，均可以从当前幻灯片开始放映。结束放映可以使用Esc键。

10. 应用设计方案

设计方案是经过样式设置的一整套幻灯片模板。包含标题、小结、内容页等多种不同版式的幻灯片。在设计方案中对文字、外观、幻灯片背景、幻灯片配色方案、形状、外观等都做了设计。用户只需应用设计方案即可完成幻灯片的外观设计。应用设计方案使制作出来的演示文稿更专业、版式更合理、主题更鲜明、界面更美观、字体更规范、配色更标准，可以迅速提升一篇演示文稿的形象。

选择设计方案的操作方法：在"设计"选项卡的"设计方案"列表中进行选择。

11. 保存演示文稿

WPS演示在"另存为"对话框的"文件类型"下拉列表中提供了很多类型，常用的有以下几种。

1）放映文件

保存为幻灯片放映的文件扩展名为ppsx。当从桌面或文件夹窗口中打开这类文件时，它们会自动放映。如果从WPS窗口中打开此类文件，放映结束时，该演示文稿仍然会保持打开状态，并可编辑。

2）模板文件

保存为模板的文件扩展名为potx。将编辑好的演示文稿作为模板保存起来，在以后制作其他演示文稿时可以直接套用它的样式。

3）各类图形文件

可以将演示文稿中的每一张幻灯片作为一个图形文件存放在一个已命名的文件夹中，包括jpg、gif、bmp、wmf、png等类型文件。

10.3.3 项目实例进阶

打包就是将单个或多个文件,集成在一起,生成一种独立于运行环境的文件。如果要播放演示文稿的计算机上没有安装播放器,未包含所使用的全部字体、超链接的声音、影片等文件,可以将要播放的演示文稿进行打包。

选择"文件"菜单的"文件打包"中的"将演示文档打包成文件夹"或"将演示文档打包成压缩文件"命令,打开"演示文件打包"对话框进行设置。

10.3.4 项目实例交流

(1) 使用 WPS 演示中的哪些技术可以实现风格统一?
(2) 制作演示文稿的原则有哪些?
(3) 自学 PowerPoint 演示文稿制作功能,两者的区别与优势之处有哪些?它们是否有需要改进的地方?
(4) 总结 WPS 的文字、表格和演示的特色(也是在生活工作中选择此软件的原因之一)。

分组进行交流讨论会,并交回讨论记录摘要,记录摘要内容包括时间、地点、主持人(组长,建议轮流当组长)、参加人员、讨论内容等。

10.4 实验:制作演示文稿

10.4.1 基本技能实验

(本题使用"演示文稿制作\基本技能实验"文件夹)

在"演示文稿制作\基本技能实验"文件夹中新建 WPS 演示文稿,内容为《竹石》《劝学》等励志诗词鉴赏,文件名保存为"实验-班级-姓名.pptx"。

1. 设置和应用母版

选择并设置一种适合本演示文稿内容的母版主题、主题颜色或主题字体;根据个人喜好或工作需求修改母版标题样式和母版文本样式;在母版右下角插入图片"加油.jpg",大小为原图片的 20%。

【提示】

(1) 启动 WPS,新建一个空白演示文稿。
(2) 进入"幻灯片母版"视图:单击"视图"选项卡中的"幻灯片母版"按钮,进入幻灯片母版视图。
(3) 设置母版主题:在"幻灯片母版"选项卡"主题"按钮下拉列表中选择一种主题。
(4) 修改母版标题样式和母版文本样式:在幻灯片母版视图左边幻灯片大纲区中选择第一张母版幻灯片缩略图,在幻灯片编辑区对其样式进行编辑。例如,修改"单击此处编辑母版标题样式"为黑体、54号、加粗、蓝色;修改"单击此处编辑母版文本样式"为仿宋、36号、居中,浅蓝色。也可以根据喜好或工作需求来修改。
(5) 在母版中插入图片:在左边幻灯片大纲区中选择第一张母版幻灯片缩略图,"插入"选项卡中单击"图片"按钮,选择"演示文稿制作\基本技能实验"文件夹中的"加油.jpg",

右击此图片,在弹出的快捷菜单中选择"设置图片格式",将图片大小设为原图片的20%。

(6) 关闭母版:单击"幻灯片母版"选项卡中的"关闭"按钮,可以关闭母版视图,或单击"视图"选项卡中的"普通"按钮切换到普通视图。

2. 制作标题幻灯片

设置第一张幻灯片的版式为"标题幻灯片",设置背景图片为background.jpg,隐藏母版背景图形,在标题占位符中输入"你我共勉",格式为66号、居中、黑色,在副标题占位符中输入"献给正在努力奋斗的你!",格式为36号、居中、蓝色。

【提示】

(1) 修改幻灯片版式:在"开始"选项卡的"版式"下拉列表中设置幻灯片版式。

(2) 设置背景图片:单击"设计"选项卡中的"背景"按钮;或右击幻灯片,在弹出的快捷菜单中选择"设置背景格式"选项,选择"填充"项中的"图片或纹理填充"单选按钮,"图片源"选择"演示文稿制作\基本技能实验"文件夹中的"background.jpg"文件。同时选中"隐藏背景图形"复选按钮。

(3) 输入内容:在标题和副标题文本占位符位置输入相应文本内容,并进行字体格式调整。

3. 插入第2~4张幻灯片

插入第2~4张幻灯片,选择"标题与内容"版式,将"励志诗词.txt"中的第1~2首诗的标题和内容分别添到第3~4张幻灯片的标题和文本占位符中。

【提示】

(1) 按Ctrl+M快捷键;或将光标定位在"普通视图"大纲区中,按Enter键;或在"开始"选项卡的"新建幻灯片"下拉列表中选择版式为"标题和内容";或右击"普通视图"大纲区第一张幻灯片,在弹出的快捷菜单中选择"新建幻灯片"选项。这些幻灯片自动继承了前面设置好的母版标题样式、文本样式和右下角的"加油.jpg"图片。

(2) 通过复制+粘贴,将"励志诗词.txt"文件中的第1~2首诗的标题和内容分别粘贴到第3~4张幻灯片的标题和文本占位符中。

4. 编辑修改第2张幻灯片

更改第2张幻灯片的版式,选择"标题和竖排文字"版式,标题占位符中输入"目录",文本占位符中分别输入两行文字《竹石》和《劝学》,并分别设置超链接到第3~4张幻灯片。

【提示】

(1) 更改版式:在大纲区选中第2张幻灯片,在"开始"选项卡的"版式"下拉列表中选择版式为"标题和竖排文字"。

(2) 输入标题和文本内容。

(3) 设置超链接:分别右击要添加超链接的文本"《竹石》"和"《劝学》",在弹出的快捷菜单中选择"超链接"选项,单击"插入超链接"对话框中的"本文档中的位置",选择对应的幻灯片。

5. 设置片内动画

设置第3张幻灯片中文本占位符的动画:"擦除""自左侧""按段落"。

设置第 4 张幻灯片中文本占位符的动画：进入效果为"自左侧""飞入""按段落"，持续时间为 3 秒；退出效果为"飞出""到右下部"且鼠标单击时开始。

【提示】

(1) 设置动画：选定第 3 张幻灯片文本占位符对应的文本框，在"动画"选项卡"动画"列表中选择"擦除"，在"动画属性"下拉列表中选择"自左侧"，在"文本属性"下拉列表中选择"按段落播放"。

(2) 设置动画：选定第 4 张幻灯片文本占位符对应的文本框；单击窗口右侧"任务"窗格中的"动画窗格" ✿，在"动画窗格"中单击"添加效果"按钮；或在"动画"选项卡"动画"组中单击"更多"按钮 ，选择"进入"选项组中的"飞入"选项。

(3) 设置进入效果：利用"动画"选项卡"动画属性"和"文本属性"的下拉列表设置。

(4) 设置进入效果持续时间：在"动画"选项卡"持续时间"数字列表框中输入 3。

设置动画退出效果的方法步骤与进入效果相同，不再赘述。

注意：同一个对象可以添加多个动画效果，可以是不同类型的动画，如进入、退出、强调等。

6. 设置片间动画

设置所有幻灯片的切换动画为"立方体"，单击时换片。

【提示】

(1) 设置切换动画：在"切换"选项卡"幻灯片切换效果"列表框中选择，或单击"更多"按钮 ，在展开的切换动画库中单击"立方体"选项。

(2) 设置换片方式：选中"切换"选项卡中的"单击鼠标时"复选框，并单击"应用到全部"按钮。

7. 显示幻灯片编号，显示页脚文字为"励志人生"

【提示】

单击"插入"选项卡中的"页眉页脚"按钮，在对话框中选中"幻灯片编号"复选框，选中"页脚"复选框，并在文本框中输入页脚文字。

8. 插入背景音乐

插入背景音乐文件"music.mp3"、幻灯片开始放映时自动播放、跨幻灯片播放、放映时隐藏图标。

【提示】

(1) 单击"插入"选项卡中的"音频"按钮。

(2) 选中插入的音频文件，在"音频工具"选项卡的"开始"下拉列表中选择"自动"选项；选择"跨幻灯片播放"和"放映时隐藏"选项。

10.4.2 实训拓展

1. 制作生日贺卡

(本题使用"演示文稿制作\实训拓展\1"文件夹)

参照本教程项目实例 1，制作一张生日贺卡，完成后保存为"WPS 演示_ zhsx1.pptx"。要求：

(1)根据需要安排贺卡内容。
(2)使用背景图片。
(3)使用背景音乐。
(4)多个对象使用动画效果。

2. 制作"我的家乡介绍"演示文稿

(本题使用"演示文稿制作\实训拓展\2"文件夹)

利用 WPS 演示的多媒体功能,介绍宣传我的家乡,完成后保存为"WPS 演示_zhsx2.pptx"。

要求:

(1)至少有 10 张幻灯片。
(2)使用主题、设置背景美化幻灯片。
(3)使用动作按钮。
(4)使用超链接。
(5)使用多种不同的幻灯片切换方式。
(6)使用动画效果。
(7)将一首自己喜欢的歌曲作为背景音乐贯穿所有幻灯片。
(8)放映并观看效果。

3. 制作电子相册

(本题使用"演示文稿制作\实训拓展\3"文件夹)

利用 WPS 演示制作个人相册,展示自己的成长历程,作为感恩父母的一份礼物。

> **小贴士:**
> 　　可用多个节来组织大型幻灯片版面,以方便演示文稿的管理和导航。另外,通过对幻灯片进行标记并将其分为多个节,可实现与他人协作创建演示文稿。

第 11 章 综合项目实训

11.1.1 综合项目实训目标

1. 知识和技能目标

本章的综合项目实训,要求学生以小组形式,综合使用多种应用软件完成,以培养和提高学生综合使用文字处理、电子表格、演示文稿等多个应用软件的能力。

2. 素质目标

培养团队合作能力和自主学习、终身学习的意识,树立社会主义核心价值观,培育与提升家国情怀和高远的理想追求。

11.1.2 综合项目实训任务和要求

成立 2~3 人的项目实训小组,实行组长负责制,小组讨论、实验实训、项目考核答辩等活动均以小组活动形式进行。

各组围绕"践行社会主义核心价值观"这一主题,自拟题目。富强、民主、文明、和谐是国家层面的价值目标,自由、平等、公正、法治是社会层面的价值取向,爱国、敬业、诚信、友善是公民个人层面的价值准则,这 24 个字是社会主义核心价值观的基本内容。题目与这 24 个字内容相关。

1. 建立项目实训文件夹

建立项目实训文件夹,在此文件夹中建立与主题相关的文件夹及文件,小组内部注意文件夹和文件命名的统一性。把与项目实训主题相关的资料文件放入相应的文件夹中,比如,文字、音乐、图片、动图等。

2. 搜集相关资料

在 Internet 中利用搜索引擎搜索资源,能对搜索到的有价值的资源进行下载或保存,对相应的内容做到资源管理分层存储。

3. 制作"践行社会主义核心价值观"倡议书

制作"践行社会主义核心价值观"倡议书,使用 WPS 文字进行文档编辑与排版、表格制作和图文混排等操作。倡议书的字体和格式符合要求,图文编排合理,内容积极向上,传递正能量。

4. 制作"践行社会主义核心价值观"为主题的演示文稿

制作"践行社会主义核心价值观"为主题的演示文稿,使用 WPS 演示进行幻灯片的编辑,幻灯片中的各种对象(文本框、图片和声音等对象)的格式设置、幻灯片模板、母版、背景和配色方案的使用与设置,添加动态效果,使用超链接等。

5. 制作"家国情怀"为主题的电子表格

通过搜索反映我国科技发展和成就、中国传统文化等家国情怀的数据,制作电子表格和图表。

6. 全部项目实训内容汇总打包

使用 WPS Office 等工具,制作项目的启动界面和主界面,并通过创建超链接将上述内容链接在相应的幻灯片或网页上,实现内容的汇总打包。

参 考 文 献

[1] 薛红梅，申艳光. 大学计算机：计算思维与信息技术[M]. 北京：清华大学出版社，2023.
[2] 申艳光，范永健. IT 工程师之炼[M]. 北京：清华大学出版社，2021.

图书资源支持

感谢您一直以来对清华版图书的支持和爱护。为了配合本书的使用,本书提供配套的资源,有需求的读者请扫描下方的"书圈"微信公众号二维码,在图书专区下载,也可以拨打电话或发送电子邮件咨询。

如果您在使用本书的过程中遇到了什么问题,或者有相关图书出版计划,也请您发邮件告诉我们,以便我们更好地为您服务。

我们的联系方式:

清华大学出版社计算机与信息分社网站:https://www.shuimushuhui.com/

地　　址:北京市海淀区双清路学研大厦 A 座 714

邮　　编:100084

电　　话:010-83470236　010-83470237

客服邮箱:2301891038@qq.com

QQ:2301891038(请写明您的单位和姓名)

资源下载: 关注公众号"书圈"下载配套资源。

资源下载、样书申请

书圈

图书案例

清华计算机学堂

观看课程直播